口絵１　海洋保護区となった産卵場に集まるナミハタの群れ（これを産卵集群という）

口絵２　ナミハタとサンゴ礁に暮らすハタの仲間たち
いずれの種も，産卵のために群れをつくる習性をもつ．

図 2-1　ナミハタと代表的な形状のサンゴ（26 ページ）

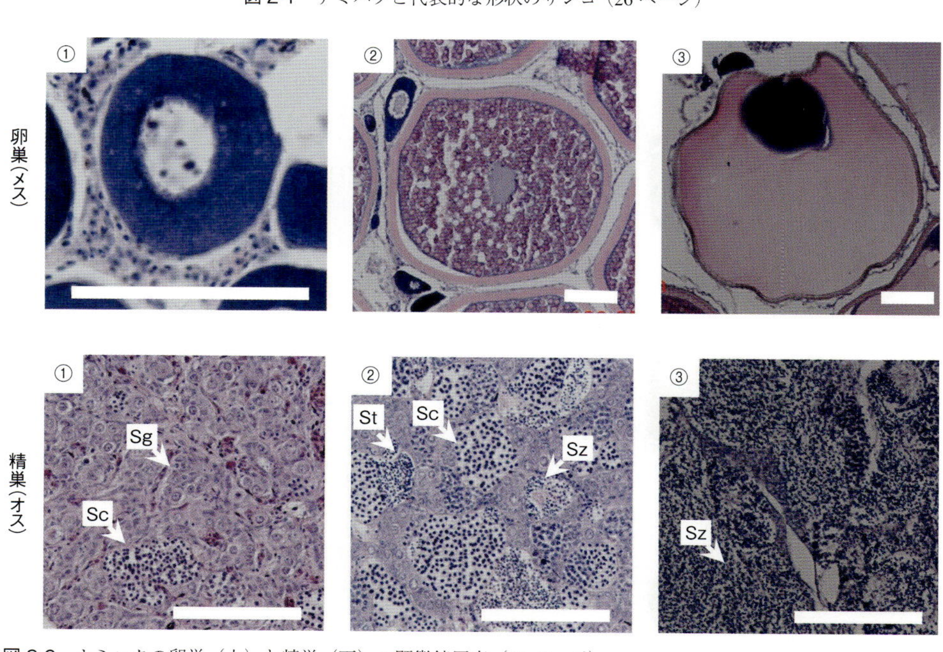

図 2-6　ナミハタの卵巣（上）と精巣（下）の顕微鏡写真（33 ページ）
特殊な薬品で染めたもの．卵巣（卵細胞の拡大）（上）と精巣（下）の典型的な顕微鏡写真．①→②→③の段階で発達していく．精巣細胞は，Sg（精原細胞）→ Sc（精母細胞）→ St（精細胞）→ Sz（精子）の順に発達する．スケール（白の横線）：0.1 mm．Ohta & Ebisawa（2015）を改変．

図 5-3　ナミハタの産卵集群の様子（80 ページ）

図 6-6　産卵場で再捕されたナミハタが，どこで放流されたのかを示した図（105 ページ）
3 年間のデータを合わせて示す．複数のナミハタが近接した場所で放流されていた場合は，数を×（かける）マークの後に示している．Nanami et al.（2015）を改変（航空写真：環境省国際サンゴ礁研究・モニタリングセンター提供）．

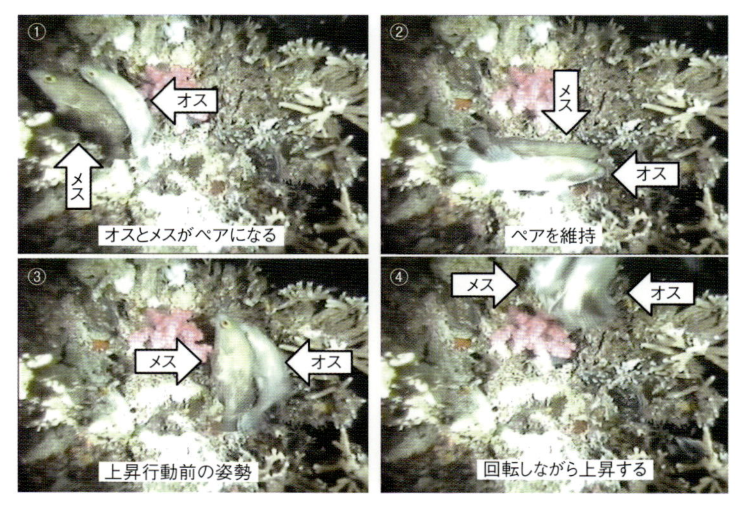

図 8-2　オスとメスのペア産卵（その 1）（136 ページ）
動画を静止画として取り出したもの．Nanami et al.（2013b）を改変．

図 10-5 産卵期に大量に水揚げされたナミハタ
（海洋保護区ができる前）（171 ページ）

図 10-7 ナミハタの産卵場保護区の境界を示すブイを
設置する筆者（左）と漁業者（右）（176 ページ）

図 11-8　ナミハタの産卵場保護区を知らせるポスター（190 ページ）
2012 年（左），2013 年（中央），2014 年（右）．

水産研究・教育機構叢書

海洋保護区で魚を守る

サンゴ礁に暮らすナミハタのはなし

名波 敦・太田 格・秋田雄一・河端雄毅 著

恒星社厚生閣

まえがき

近年，地球環境の悪化や人間活動により，海の生き物は生きていくことが厳しい状況に直面しています．とりわけ，多種多様な海の生き物が生息し，生き物の楽園と呼ばれるサンゴ礁では，事態は一層深刻です．例えば，サンゴの死滅によって生き物たちは住み場所を失い続けています．また，人間が食用として獲る魚の数は減り続けています．このようななか，サンゴ（造礁サンゴ）を増やし，環境の回復を試みようとする情報はニュース・ブログ・ダイビング雑誌・書籍などで紹介されています．しかし，サンゴ礁の主人公ともいえる魚について，自然界で守りながら増やそうとする研究や取り組みについては，あまり知られていないのが現状です．

一方，世界に目を向けると，海の生き物を守るために「海洋保護区」という考え方が脚光を浴びています．第 10 回生物多様性条約締約国会議（COP10）で決定された戦略計画 2011-2020（愛知ターゲット）においても，世界の国々は 2020 年までに沿岸・海洋域の 10％を海洋保護区として設定することが決議されています．このように，海洋保護区を用いて海の生き物を守る取り組みは，世界では主流になりつつあります．しかし，わが国において「実際に海洋保護区によって魚を守ることを試み，その取り組みを検証している研究はあるだろうか？」ということに思いをはせますと，そのような知見は広く知られているとはいえません．

また，「海洋保護区」について“手つかずの自然が保たれた生き物の楽園”というイメージをもち，「海洋保護区をつくることはすべての人々から賛同される．提案すれば，すぐに実現するものだ」と思われる方もいるかもしれません．一方で，海洋保護区の目指す目標にはさまざまなものがあります．世界に目を向ければ，「漁業者の暮らしを支えるために，食用の魚を守り増やす」ために設定された海洋保護区があります．そして，多くの問題と向き合っていかなければ海洋保護区は実現しないでしょう．したがって「誰のために，どのような生き物を守るための海洋保護区なのか？」あるいは「海洋保護区をつくる際にどのような問題に直面し，それをどのように解決したのか？」という問いに対して，具体的な事例を紹介することが必要と思われます．

このような観点から，この本では，わが国最大の規模をもつサンゴ礁（石西礁湖：石垣島近海のサンゴ礁）で，研究者と漁業者が協力しながら，ナミハタと呼ばれる食用の魚に着目し，海洋保護区をつくって守る取り組みを紹介します．

第1部では，特定の日・特定の場所に，卵を産むために集まるサンゴ礁の魚について解説します．そして，沖縄のサンゴ礁に住むナミハタが，1年に1回か2回だけ，卵を産むために集まる習性があることを紹介します．また，ナミハタの数が減った主な原因が，産卵のために集まったナミハタを集中的に漁獲した結果であることを解説します．そして，産卵場を海洋保護区にする必要性を示します．

第2部では，「設定された海洋保護区が，ナミハタを守るために本当に有効なのか？」という問いに対して，研究者自らが実証した成果を紹介します．また，単なる科学的な知見の解説にとどまらず，研究者が漁業者と協力しながら，どのような困難を乗り越えて成果を出したのか，読み物としても楽しめるように配慮しました．

第3部では，科学的な知見をもつ研究者が漁業者に魚を守る大切さを伝え，漁業者がこれに賛同し，実際に海洋保護区をつくるに至った経緯を紹介します．すばらしいアイデアも実現しなければ意味がありません．また，地域の人々の協力がなければ，海洋保護区は実現できません．そこで，海洋保護区というアイデアを漁業者に納得してもらった経緯，実際に海洋保護区をつくることの大変な作業，問題が発生した場合の改良点など，研究者が科学的な調査を行うだけでなく，多くの人とコミュニケーションを取る必要性を紹介します．このような，海の生き物の保全における科学と社会活動の融合は，2016年7月にハワイで開催された第13回国際サンゴ礁学会のメインテーマが “Bridging Science to Policy（科学から政策への橋渡し）” であったことからも，近年の重要な課題となっています．

この本は，海の生き物や魚の暮らしぶりに興味のある方々はもちろんのこと，陸や海を問わず，また魚に限らず，生物の生態や保全に興味のある方々にも読んでもらえればうれしく思います．また，研究者と漁業者の協力を紹介することは，さまざまな立場の人々の関わりあいを研究対象とする社会学の面からも，良い事例を提供していると思います．したがって，生物を守り育てるために取り組んだ社会学的な研究事例として読んでいただければ，一層うれしく思います．

この本の執筆にあたり，竹垣 毅さん（長崎大学水産学部）・畑 啓生さん（愛媛大学理学部）・牧野光琢さん（水産研究教育機構・中央水産研究所）・奥山隼一さん（水産研究教育機構・西海区水産研究所）には，行動学・生態学・社会学の観点から，多くの懇切丁寧なコメントとご意見をいただきました．また，筆者らの理解不足や勘違いもご指摘くださいました．4名の方々からのお力添えにより，この本ができたことはいうまでもありません．なお，この本の中で不備な点があれば，それらは筆者らの責任であることをお断りしておきます．

この本を通じて，海洋保護区によって海の生き物を守る取り組みの実際・苦労・成果を，多くの人に知っていただければ幸いです．

2018年9月
著者を代表して
名波　敦

目　次

まえがき——iii

第１部　産卵場に集まる魚たち －海洋保護区の必要性－

第１章　産卵集群と海洋保護区（名波　敦）　2

1-1　サンゴ礁の魚たち——2
1-2　産卵場に集まる魚たち——3
1-3　なぜ産卵集群をつくるのか？——10
1-4　乱獲されてきた産卵集群——13
1-5　海洋保護区で産卵場を守る——17

第２章　ナミハタってどんな魚？（太田　格）　24

2-1　ナミハタの紹介——24
2-2　サンゴを住み家にする——25
2-3　何を食べているのか？——26
2-4　何歳まで生きる？——28
2-5　どれぐらい大きくなる？——31
2-6　何歳で卵を産める？——32
2-7　いつ卵を産むのか？——34
2-8　どんな卵を産むのか？——36
2-9　メスからオスへ性転換——39

第３章　漁業データからみたナミハタの産卵集群（太田　格）　44

3-1　漁業から得られるデータ——44
3-2　漁業データでみたナミハタ——48
3-3　漁業データから産卵集群を調べる——51

第４章　ナミハタの資源量と将来—保護区の必要性を検証する（太田　格）　59

4-1　資源量の推定——59
4-2　将来を予測する——64

第２部　産卵場をめぐる調査 －海洋保護区の検証－

第５章　海洋保護区になったナミハタの産卵場（名波　敦）　72

5-1　ハタの仲間の産卵集群 —— 72
5-2　ナミハタの産卵場 —— 74
5-3　産卵場を海洋保護区にする —— 78
5-4　海洋保護区の効果（1）：“群がり具合”の比較 —— 81
5-5　海洋保護区の効果（2）：何匹のナミハタを守れたか？ —— 83
5-6　海洋保護区の効果（3）：サイズの大きいナミハタ —— 87
5-7　海洋保護区の効果（4）：オスとメス —— 90

第６章　どこから産卵場に集まってくる？（名波　敦）　96

6-1　産卵移動の距離を調べる意味 —— 96
6-2　これまでに行われた研究 —— 98
6-3　ナミハタに“名札”をつける —— 100
6-4　産卵移動の距離がわかった！ —— 105
6-5　この調査からわかったこと —— 110

第７章　何日間，産卵場を保護する？（河端雄毅）　113

7-1　産卵場に滞在する日数を調べる意味 —— 113
7-2　超音波テレメトリーとは？ —— 114
7-3　産卵場での滞在日数 —— 120
7-4　なぜオスの「お出かけ日数」はばらつくのか？ —— 123
7-5　オスの「お出かけ日数」の謎がわかった！ —— 128

第８章　本当に産卵している？（名波　敦）　131

8-1　魚の産卵行動と産卵時刻 —— 131
8-2　ナミハタの産卵行動を知りたい —— 133
8-3　ナミハタの産卵を確認！ —— 135
8-4　“加入の効果”の可能性 —— 145

第９章　産卵した後どこに行く？（河端雄毅・名波　敦）　149

9-1　もとの住み家にもどる行動 —— 149
9-2　ナミハタは帰巣性をもつのか？ —— 150
9-3　なぜ産卵場と住み家を行き来できるのか？ —— 152
9-4　もとの住み家にもどるメリットは？ —— 154
9-5　帰巣性からナミハタを守る取り組みを考える —— 155

第３部　産卵場を守る取り組み －海洋保護区をめぐる活動－

第10章　海人とともに歩んだ道のり（秋田雄一）　160

10-1　魚の生態を熟知している人たち ―― 160
10-2　ナミハタの産卵場保護区をつくったいきさつ ―― 163
10-3　ヨナラ水道での保護区実施に向けて ―― 171
10-4　調査結果のフィードバック ―― 173

第11章　海洋保護区をめぐる順応的管理（秋田雄一）　178

11-1　管理策の改良プロセス ―― 178
11-2　順応的管理（その1）：保護の日数を増やす ―― 185
11-3　順応的管理（その2）：保護区のエリアを広げる ―― 186
11-4　順応的管理（その3）：関係者との連携・普及 ―― 189
11-5　産卵場保護区の副次的効果 ―― 194
11-6　産卵場保護区を末永く続けるために ―― 197

コラム１　月の満ち欠けと旧暦カレンダー ―― 201
コラム２　海洋保護区の定義 ―― 204
コラム３　サンゴ礁の魚を守る海洋保護区のあり方 ―― 207
コラム４　ないならば自分で作ろう ―― 211

文献 ―― 213
あとがき ―― 223

第1部

産卵場に集まる魚たち
――海洋保護区の必要性――

すべての生き物にとって子孫を残すことは大切である．もしも産卵場が守られずに，そこに集まる生き物が子孫を残せないとしたら……．その未来は決して明るくないだろう．

サンゴ礁には，特定の時期・特定の場所に群れをつくって産卵する，不思議な習性をもつ魚たちがいる．しかし，その習性のために人間によって乱獲されてきた．そのため，世界中で保護の動きが始まっている．

沖縄のサンゴ礁にも，この不思議な習性をもつ魚がいる．その魚の名前はナミハタ．ナミハタの暮らしぶりを調べたところ，産卵場を守らないと数が減り続けることがわかった．

そこで登場するのが海洋保護区という考え方である．ここでは，ナミハタを含む多くの魚にとって，産卵場を海洋保護区にする必要性を解説しよう．

第1部のキーワード
サンゴ礁　産卵集群
海洋保護区　ナミハタ
月周リズム

第1章

産卵集群と海洋保護区

サンゴ礁にはさまざまな種類の魚たちが暮らしている．本章では，サンゴ礁に暮らす魚たちの中に，産卵のときに移動し，大規模な群れをつくるという不思議な習性をもつ種類がいることを紹介し，その習性のために人間に乱獲されてきたことを解説する．さらに，減り続ける魚を守る方法として，近年になって世界的に注目されている海洋保護区について，基本的な考え方を紹介したうえで，産卵場を海洋保護区にする必要性と効果を解説する．また，世界各地でみられる，産卵場を守るための海洋保護区を紹介する．

1-1 サンゴ礁の魚たち

(1) 魚は楽園の主人公

サンゴ礁という言葉から，皆さんは何を思い浮かべるだろうか？　白い砂浜，エメラルドグリーンに輝く海，色とりどりの生き物たち……．生物の楽園と呼ばれるサンゴ礁は，多くの人の心を惹きつけてやまない．サンゴ礁の海に潜ってみると，数えきれないくらいの多くの種類の魚たちが出迎えてくれる．サンゴ礁にはどれぐらいの種類の魚がいるのだろうか？　オーストラリアのグレート・バリア・リーフと呼ばれる世界最大のサンゴ礁には，1200 種以上の魚が住んでいる（Randall et al. 1997）．沖縄のサンゴ礁からは，少なくとも 700 種の魚が報告されている（伊藤 2009）．サンゴ礁の魚たちは，さまざまな色や形をしており，その愛らしい姿からダイビングの人気者である．また，熱帯・亜熱帯の地域や国々で，食の恵みを与えてくれる大切な生き物である．魚たちは，サンゴ礁の主人公といって間違いないだろう．

(2) 不思議な習性をもつ魚たち

サンゴ礁に住む魚たちは，産卵することで子孫を残す．そして，魚たちの産卵行動は実に多様性に富んでいる（モイヤー・中村 1994）．例えば，オスとメスが常日頃からペアを組み，一緒に生活している者同士で産卵する種類がいる（クマノミの仲間など）．一方，オスのなわばりの中にメスが複数匹住んでいて，1 匹のオスが複数のメスと産卵する種類がいる（ベラの仲間など）．また，サンゴや岩に群れをつくり，群れのメンバー同士で産卵する種類がいる（スズメダイの仲間など）．このような産卵行動をとる種類は，ほとんどの場合，ふだん住んでいる場所で産卵する．

しかし，サンゴ礁の魚の中には，非常に不思議な習性をもつ種類がいることが知られている．ふだんは群れをつくらないのに，産卵するときにだけ群れをつくる種類がいるのである（**口絵 1**）．その中には，ふだんの住み場所から大移動し，移動先で大きな群れをつくる種類もいる．また，群れができる場所は特定の場所に限られ，必ずその場所で産卵する．このように，ふだんは群れをつくらない種類が，産卵のときだけ特定の場所に集まってできる群れを**産卵集群**（**spawning aggregation**）と呼ぶ（Sadovy de Mitcheson & Colin 2012）．研究者によって見解が異なるものの，産卵集群をつくるサンゴ礁の魚は，世界におよそ 80 ～ 120 種いるといわれている（Nemeth 2009，Sadovy de Mitcheson & Colin 2012）．

1-2　産卵場に集まる魚たち

(1) 産卵集群とは？

サンゴ礁の魚の産卵集群について，世界に先がけて着目したのは，欧米の研究者たちである．彼らの研究の出発点は，「産卵集群とは何か？」を定義[*1]することであった．最初に産卵集群の定義を示したのは Domeier & Colin（1997）であり，その後さまざまな議論を経て詳細が検討された（Claydon 2004）．筆

[*1] ある専門用語について，誤解や混乱を避けるために，意味や考え方を明確に定めたもの．

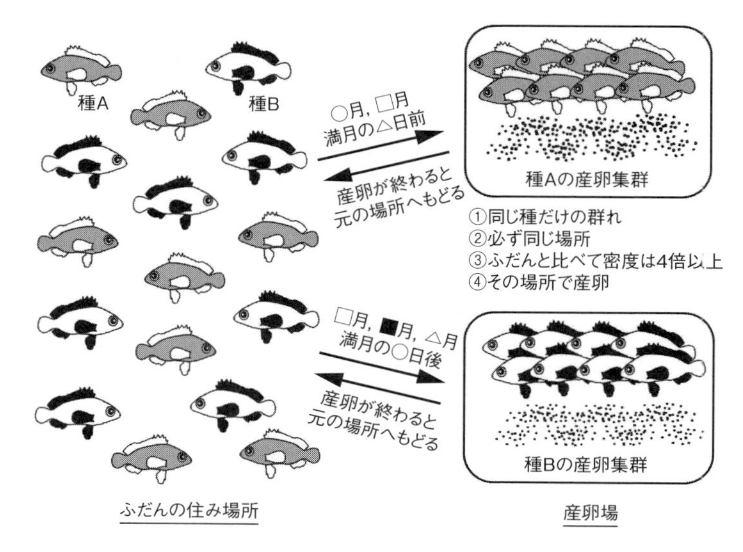

図 1-1　産卵集群の模式図
Domeier（2012）の定義に従ったもの．

者が知る限りの最新の定義として，2012年に発表されたものを紹介しよう（Domeier 2012）（図 1-1）．

①**産卵のために同一の種がくり返し群れをつくること**：同じ種だけで群れをつくることが重要なポイントである．また，産卵ではない理由で群れをつくる場合は，産卵集群とはいえない．“くり返し”とは，一定の時間サイクルで群れができることを意味し，「1年ごと」や「1カ月ごと」などさまざまな時間スケールがある．

②**群れは特定の時期に特定の場所にできること**：“特定の時期”とは，「5月と6月」というように，季節が限定されることに加え，種類によっては「満月の7日後」といった月の満ち欠けに応じた特定の日を意味する．産卵時期ではない季節に群れをつくる場合は，産卵集群とはいえない．“特定の場所”とは，群れができる場所が，ある定まった海域に限定されることを意味する．したがって，産卵時期であっても，偶発的にできる群れ（群れができる場所が時と場合によって定まらない場合）は産卵集群とはいえない．

③群れの密度はふだんの生息場所における密度の4倍以上であること：“4倍以上”という数値は，ある魚の群れが産卵集群かどうかを判定するための重要な指標となる．

④群れができる場所が次世代の供給源となっていること：わかりやすくいえば，「上の3つの定義を満たした群れが，本当に産卵しているのか確かめなさい」ということである．産卵を確かめるには，産卵行動を直接観察するのが一番良い．しかし，産卵行動の確認が困難なとき，メスが抱えている卵が十分に成熟していることを確認できた場合や，産卵場にいるメスに産卵した形跡がみられた場合，これらの現象をもって（間接的ではあるが）産卵の証拠とみなす研究者もいる（Sadovy de Mitcheson & Colin 2012）．

Domeier（2012）は，この定義はサンゴ礁の魚に限らず，他の海域に住む魚やエビ・カニの仲間などにも当てはまるケースがあることを紹介しているが，詳しい解説は別の機会に譲ることとしよう[*2]．本書でサンゴ礁の魚に着目する理由は，産卵集群をつくる魚が食用として乱獲され，世界各地でその保護が叫ばれているからである（**1-4**）．大切なのは，ある魚の群れを見つけた場合，Domeier（2012）の定義に従った検証を行ったうえで，産卵集群かどうかを判断することである．

（2）産卵集群の2つのタイプ

Domeier（2012）は，産卵のための移動距離や群れをつくる回数などに着目し，産卵集群を2つにタイプ分けしている（**図1-2**）．

① Resident spawning aggregation：直訳すると“（住み場所に）滞在して産卵する群れ”という意味である．ふだんの住み場所や，住み場所のすぐ近くにできる産卵集群である．1日の中の特定の時刻になると群れをつくり，産卵

*2　読者の中には「産卵のために大移動する生物は他にもいる」という方がいるかもしれない．例えば　サケの仲間は自分の生まれ育った河川にもどって産卵する．ウミガメの仲間は，産卵のときに砂浜にやってくる．これらの行動は産卵回遊と呼ばれる．また，陸の生き物でも，カニの仲間（オカガニ・クリスマスアカガニなど）が産卵のために海岸に大移動することが知られている．本章では，産卵集群についてDomeier（2012）の定義に従って話を展開することとし，産卵回遊や産卵移動そのものについては扱わないこととする．

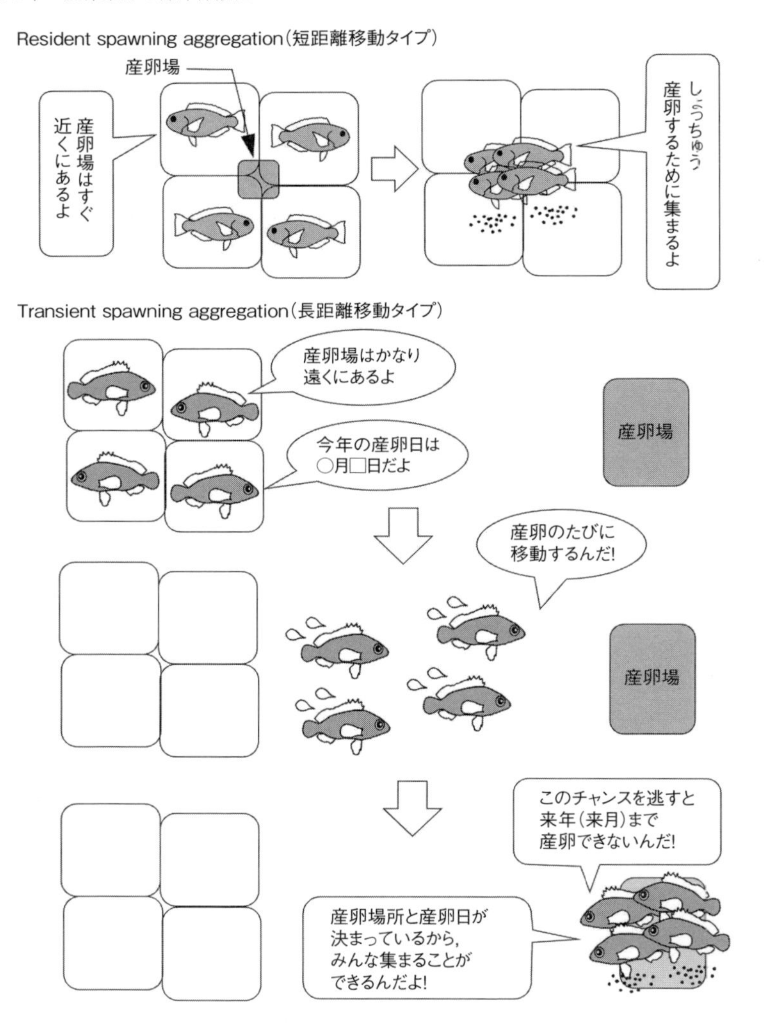

図 1-2　産卵集群の 2 つのタイプの模式図
白のエリアは魚のふだんの住み場所を表す.

行動は数時間以内で終了する．産卵の後，速やかに群れは解消する．産卵時期には，群れが毎日形成されることがあり，産卵集群が 1 年中みられる場合もある．魚の立場からみれば，産卵できる機会は年間を通してかなり多い．このような群れをつくる魚の種類を，本書では“短距離移動タイプ”と呼ぶことにする．

② Transient spawning aggregation：直訳すると“（住み場所に）滞在しないで産卵する群れ”という意味である．ふだんの住み場所からかなり離れた場所にできる産卵集群である．1年の中で限られた季節だけに群れが形成され，数日間から数週間，産卵場に留まる．群れは1年中みられることはない．魚の立場からみれば，産卵できる機会は年間を通して数えるほどの回数しかない．すなわち，限られた機会を逃さず産卵を成功させないと子孫を残せないタイプといえる．このような群れをつくる魚の種類を，本書では“長距離移動タイプ”と呼ぶことにする．

Nemeth（2009）は，タイプ別の違いをさらに詳しく紹介している．短距離移動タイプの魚は，ニザダイ・ブダイ・ベラの仲間が代表的である．産卵のための移動距離は2 kmを超えることはほとんどないとされている．体があまり大きくならない種類が多いが，カンムリブダイ *Bolbometopon muricatum* やメガネモチノウオ *Cheilinus undulates* といった大型になる種も含まれる．一方，長距離移動タイプの魚は，体が大型化する種類が多く（1 mを超す種類もいる），ハタ・フエダイ・フエフキダイの仲間が代表的である．産卵の移動距離は数～数十kmに及び，種類によっては100 km以上も移動するらしい．

(3) 産卵集群をつくる魚たち

サンゴ礁の魚で，産卵集群をつくる種類をいくつか紹介する．ここでは本書の主人公であるナミハタを含む，ハタの仲間[*3]に限定する（**口絵2**）．ハタの仲間は，いずれの種も長距離移動タイプである［他の種類については，Sadovy de Mitcheson & Colin（2012）を参照されたい］．以下に，産卵集群がみられる季節と月周リズム（**コラム1**：201ページ参照）に着目して紹介する

[*3] サンゴ礁の魚に不慣れな方のために，ハタの仲間について説明する．ハタの仲間は暖かい海に暮らし，エビ・カニ・魚などを食べる肉食性の魚である．ハタの仲間は美味であるため，サンゴ礁に囲まれた島嶼国では食用魚として利用される．また，体色が美しい種類やサイズが大型化する種類はダイビングでも人気がある．

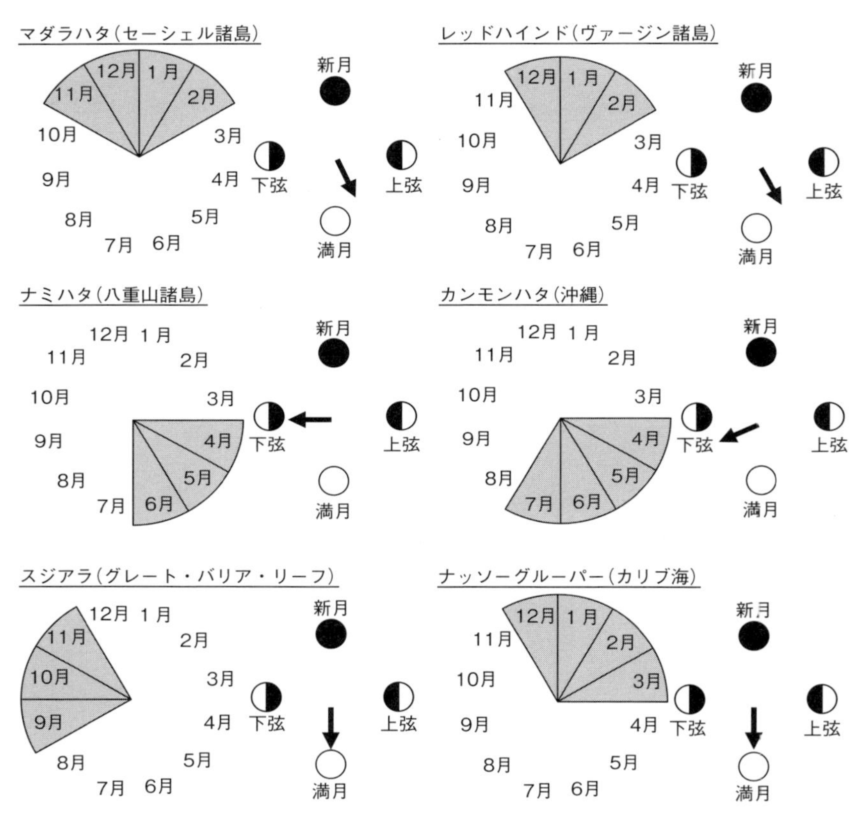

図 1-3 サンゴ礁に住むハタの仲間 6 種における，産卵集群ができる季節（グレーの部分）と月周リズム（矢印の日に産卵）
月周リズムの詳細はコラム 1（201 ページ）を参照.

（図 1-3）．なお，同じ種でも地域によって産卵特性が違うことがあるが，詳細は別の機会に譲りたい.

マダラハタ *Epinephelus polyphekadion*：アフリカ大陸の東海岸から琉球列島，オーストラリア，ポリネシアにまで分布し，全長（頭の先から尾ビレの先までの長さ）が 50 cm を超す大型のハタの仲間である（Rhodes 2012，Froese & Pauly 2017）．アフリカ大陸近くのセーシェル諸島では，11 ～ 2 月の 4 カ月の間，満月の 2 ～ 3 日前に産卵集群をつくる（Robinson et al. 2008）．一方，ミクロネシアのポンペイ島では 2 月から 4 月に産卵集群がみられ，おおまかな試算によると，12000 匹のマダラハタが産卵場に集まるようである（Rhodes 1999）．

レッドハインド *Epinephelus guttatus*：西大西洋に分布し，全長が 50 cm を超す大型のハタの仲間である（Nemeth 2012a）．カリブ海に浮かぶアメリカ領ヴァージン諸島では，12 ～ 2 月の 3 カ月の間，満月の 4 日前から満月にかけて産卵集群をつくる（Nemeth 2005）．産卵場に数千から数万匹が集まり，100 m^2 あたりの密度が数百匹に達することがある（Tuz-Sulub & Brulé 2015）．産卵集群をつくるために，数十 km 以上離れた産卵場まで移動する場合がある（Nemeth et al. 2007）．

ナミハタ *Epinephelus ongus*：琉球列島からオーストラリア北部，ニューカレドニアにまで分布し，全長が 30 cm 程度になる中型のハタの仲間である（Froese & Pauly 2017）．八重山諸島では 4 ～ 6 月の 3 カ月の間，下弦の月（満月から 7 ～ 8 日後）にかけて産卵集群をつくる（**口絵 1・第 3 章・第 5 章**）．パプアニューギニアでは，下弦の月だけでなく，新月（月が完全に欠けた状態）にも産卵集群をつくるようだ（Hamilton et al. 2005）．産卵場での数や産卵移動の距離については，**第 5 章**と**第 6 章**を参照して欲しい．

カンモンハタ *Epinephelus merra*：琉球列島からオーストラリア北部，アフリカ大陸の東海岸にまで分布し（Froese & Pauly 2017），全長 20 cm 程度の小型のハタの仲間である．沖縄では，4 ～ 7 月の 4 カ月の間，満月の 3 ～ 7 日後に産卵集群をつくる（征矢野・中村 2006）．産卵場での数や産卵のための移動距離は不明である．

スジアラ *Plectropomus leopardus*：琉球列島からオーストラリア，フィジーにまで分布し，全長が 60 cm 以上になる大型のハタの仲間である．鮮やかな赤色の体の上に輝くような青色の斑点模様があり，非常に美しい姿をしている．オーストラリアのグレート・バリア・リーフでは，9 ～ 11 月の 3 カ月の間，満月を中心にして産卵集群ができる（Samoilys 2012）．産卵集群をつくるために，10 km 以上離れた産卵場まで移動する場合がある（Zeller 1998）．

ナッソーグルーパー *Epinephelus striatus*：カリブ海に生息し，全長1 m近くまで成長する大型のハタの仲間である．12～3月の4カ月の間，満月近辺で産卵集群ができる（Sadovy de Mitcheson et al. 2012）．ケイマン諸島では，年によって変動があるものの，産卵場に数千匹が集まる（Whaylen et al. 2007）．

1-3　なぜ産卵集群をつくるのか？

（1）考え方の基本は"進化"

ここで1つの疑問が生じる．なぜわざわざ群れをつくって産卵するのだろうか？　特に，長距離移動タイプにとっては，産卵のたびに相当の距離を移動しないといけない．産卵のたびにひと苦労するのには，何か理由があるはずである．実はこの問題は多くの研究者を悩ませており，現在もはっきりした理由は特定できていない．しかし，この問題は大変興味深いため，これまで議論されてきた考え方を以下に解説しよう．

魚に限らず，生物にとって，ある特定の行動がみられる理由を説明するには，その行動をとることによって生じる有利な点（ベネフィット：benefit）と不利な点（コスト：cost）を整理することから始まる．そして，長い進化の歴史の中で，その行動をとることの有利な点と不利な点がせめぎ合い，有利な点がまさったために，結果的にその行動が定着したと解釈するのである．ここで，有利・不利というのは，何をもって判断したら良いのであろうか？　ここでは，①パートナー・ライバルと出会う確率・②子孫の生き残り・③産卵する魚（親）の生き残り，の3点に着目する（図1-4）．

（2）有利な点と不利な点

それでは，産卵集群をつくることによる有利な点と不利な点をみてみよう．ここでは，Molloy et al.（2012）の見解を紹介する．

①パートナー・ライバルと出会う確率：魚が子孫を残すには，オスとメスが出会い，放卵・放精し，受精が成功しないといけない．産卵集群をつくることにより，オスとメスの出会いの確率（遭遇率）が上がると考えられる．ふだん

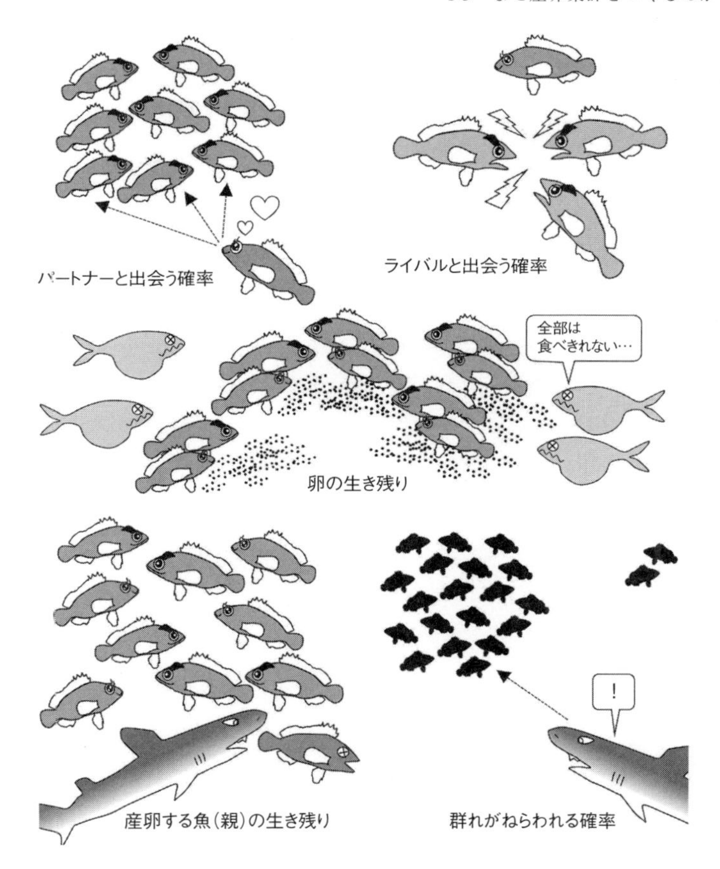

図 1-4　産卵集群をつくることの進化的に有利な点と不利な点
ここでは 5 つの例を示している．すべて仮説の段階で，今後の詳細な検証が必要である．詳細は Molloy et al.（2012）を参照．

の住み場所で群れをつくらない種にとって，このことは重要である．また，オスとメスが自分のパートナーとして最適な相手を見つける確率も上がると考えられる．一般的に，メスはオスを慎重に選ぶ傾向が強いので（吉川 2001），このような種類にとっては，好みの相手を見つけ出すために群れをつくることが有利になるだろう．

一方で，産卵集群をつくることで，パートナーをめぐるライバル同士の争いが増えると考えられる．特に，オスはできるだけ多くのメスと繁殖し，自分の子孫を少しでも多く残そうとする傾向が強い（吉川 2001）．メスがオスを厳しく査定すれば，それだけオス同士のメスをめぐる争いが強くなるだろう．例えば，ハタの仲間の場合，産卵場でオス同士が激しく噛みつき合って争う行動が頻繁に目撃されている．この攻撃行動によって，産卵前から体が傷ついてしまうことがある．ただし，このようなパートナーをめぐる争いは，群れ全体におけるオスとメスの割合に大きく影響されると考えられるので，種別，あるいは，群れ別に詳細に検討する必要がある．

②子孫の生き残り：サンゴ礁の魚には，産卵された卵を食べにくる種類がいる（Nemeth 2012b）．一方で，産卵集群をつくることで，産卵場では大量の受精卵が産み出される．産卵集群をつくる魚は，特定の時間帯に産卵を集中させる種類がいるので（Samoilys 1997，Nanami et al. 2013a），短時間に大量の受精卵が産み出されることになる．このような産卵行動をとられると，卵を食べる魚にとっては，大量に産み出された卵を食べ尽くすことができなくなる．このことが，結果として卵全体の生き残る確率を上げると考えられている（Molloy et al. 2012）．

また，産み出された卵は海流に漂いながら，周辺の海域へ流れて行く．卵は海中を漂いながら，ふ化して子ども（浮遊仔魚：pelagic fish larvae）になる．浮遊仔魚は自分が住むうえで適した場所へくると，その場所へ住みつく（着底する）と考えられている．着底した魚の子ども（稚魚：juvenile）が親になるためには，その場所が稚魚にとって生き残りの良い場所であることが重要である（Johannes 1978）．このことを考慮すると，産卵場となる海域を出発点とみなし，そこで産まれた卵・浮遊仔魚がどこへたどり着くかによって，結果的に稚魚の生き残りに影響すると考えられる．もしそうだとすれば，産まれてくる卵，浮遊仔魚，稚魚の生き残りを良くするための出発点になる場所が，良い産卵場ということになる．このことが，産卵集群をつくる魚が，特定の海域にわざわざ大移動してくる理由の1つなのかもしれない．

③産卵する魚（親）の生き残り：あらゆる生物にとって，究極の目的は，自分の子孫をできるだけ多く残すことである．したがって，魚たちにとって産卵

は自分たちの子孫を残すための一大イベントといえる．しかし，産卵行動は非常に危険を伴う．オスとメスが放卵・放精するときは，海底から水中に向かって泳ぐ行動を示す（種類による）が，このときに大型の捕食者にねらわれる危険がある（Sancho et al. 2000，Nemeth 2012b）．産卵する前に食べられてしまうと，それ以降は自分の子孫をまったく残せなくなってしまう．産卵の際に大きな群れをつくれば，捕食者から攻撃されるリスクを下げることができると考えられている．また，群れをつくることで警戒する範囲が広がり，周辺に潜む捕食者に気づく確率が上がる可能性もある（Molloy et al. 2012）．一方で，群れが大きくなれば，それだけ捕食者に見つかりやすくなる，という不利な状況が生じるかもしれない．実際，群れの規模が大きいほど，捕食者の数と攻撃回数が増えることが報告されている（Sancho et al. 2000）．また，捕食者の存在は産卵行動を阻害することが知られている（Colin 1978）．

くり返しになるが，サンゴ礁の魚が産卵集群をつくる理由を考えるうえで，①1つの理由だけですべてが説明できるものではないこと，②有利な点ばかりでなく不利な点もあること，③有利な点が不利な点にまさったときに，そのような行動をとる個体の子孫が（結果的に）数多く残され，子孫にその行動が遺伝して受け継がれていく，という考え方が重要なのである．

1-4　乱獲されてきた産卵集群

(1) 群れをつくる習性が招く悲劇

魚に限らず，産卵や子育てのために群れをつくる生物は，しばしば人間による乱獲の対象となってきた．群れをつくる場所や時期がはっきりしているため，ターゲットになりやすいのである．典型的な例はアホウドリである．羽毛を目当てに，多くの人々はアホウドリの繁殖地である島を訪れ乱獲した（長谷川 1986）．一時は絶滅の危機に見舞われたが，精力的な保護活動によって現在は数が回復しつつある（長谷川 2006）．

サンゴ礁の魚の場合，カリブ海に住むナッソーグルーパーが，産卵場での乱獲がたたり，国際自然保護連合（IUCN）の「絶滅のおそれのある生物種のレッドリスト」で“endangered（近い将来における野生での絶滅の危険性が高い）”とされている（http://www.iucnredlist.org/details/7862/0）．例えば，メキシコ南東部にあったナッソーグルーパーの産卵場では，50年以上にわたって産卵場で魚を獲り続けたために，産卵集群が消滅したという報告がある（Aguilar-Perera 2006）．カリブ海では，かつては60～80カ所の産卵場が確認されており，それぞれの産卵場には10000～30000匹，場合によっては100000匹のナッソーグルーパーがいたという．しかし，今日ではいくつかの産卵場は消滅し，残された産卵場での魚の数は100～3000匹であるという（Sadovy & Eklund 1999，Sadovy de Mitcheson et al. 2008）．また，ミクロネシアのポンペイ島にあるマダラハタの産卵場では，7日間におよそ4000匹のマダラハタが獲られた．その数は産卵場に集まっていた魚の3分の1に相当したという（Rhodes 1999）．このように，産卵集群をつくるサンゴ礁の魚で，経済的に価値のある種類は乱獲のターゲットにされやすい．そこで，欧米の研究者たちが中心になって，Science and Conservation of Reef Fish Aggregation（SCRFA）[*4]が結成され，サンゴ礁を中心に，魚の産卵集群を守る取り組みが始まっている（http://www.scrfa.org/）．この団体は，産卵集群に関する科学的な知見や適切な管理方法についての情報を提供している．また，ウェブサイトには産卵集群の美しい写真が多数公開されている．一度ご覧になることをお薦めしたい．

(2) 魚の数が減っていることに気づかない？

産卵集群を獲り続けた場合，魚の数は少しずつ減っていく．もし魚の数が減っていることを早めに察知できれば，何らかの対策がとれるはずである．なぜ早めの対策がとれないのだろうか？

例えば，「以前は1日で100匹の魚が獲れたのに，最近は50匹しか獲れない」というように，魚の獲れ具合が変化したとき，魚が減っている可能性に気づくだろう．しかし，産卵集群の場合，なぜそのような判断ができないのだろ

[*4] 現在の名称はScience and Conservation of Fish Aggregationとなっている．

うか？　その理由の1つに，**ハイパースタビリティ（hyperstability）**という考え方がある（Sadovy de Mitcheson & Erisman 2012）．直訳すると“過度な安定性”あるいは“誇大な安定性”となるが，“安定性の過大評価”あるいは“持続性の過大評価”という意訳の方がわかりやすいかもしれない．「魚の数は減っているのに，魚の獲れ具合がほとんど変わらない現象」のことである（**図1-5**）．

ある産卵場に産卵集群ができていて，そこに非常に多くの魚が集まっているとする．そして，その産卵場が発見され，ある日から魚が獲られ始めたとしよう．魚を獲ることができるのは，群れができ始めてから，魚たちが産卵を終えて群れが解消するまでに限定される．その産卵場が発見された当初は，産卵場の魚の数が非常に多いため，限られた期間ですべてを獲り尽くすことができない．そこで魚を獲った者は，大漁だと喜ぶだろう．そして，翌年，翌々年，そ

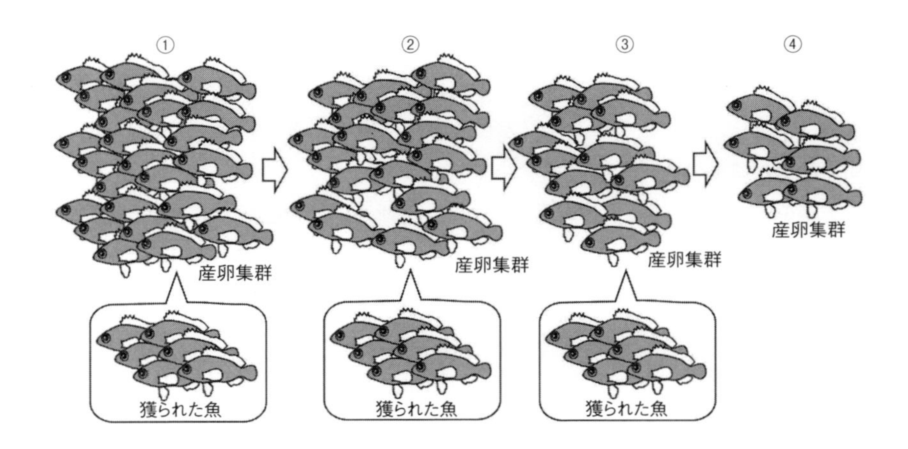

図1-5　ハイパースタビリティの模式図
①：産卵集群の魚の数が非常に多く，すべての魚を獲り尽くせない状態．②：産卵集群の魚の数は①に比べ減っているが，すべての魚を獲り尽くせない状態が続く．獲った魚の数だけをみると，産卵集群の魚の数が減っていることに気づかない．③：産卵集群の規模が①，②と比べ小さくなり続けているものの，獲れる魚の数は変わらない．この段階でも，産卵集群の魚の数が減っていることに気づかない．④：この段階で①～③と同様の数の魚を獲ってしまうと，その時点で産卵集群が消滅する．この模式図では魚が減っていく様子を4段階で示しているが，実際は数十年かけて①から④の状態になっていくと考えられる．

の次の年……というように，このような状況が毎年続くとする．しばらくの間は，産卵場の魚をすべて獲り尽くすことができない状況が続くため，獲れる魚の数は毎年大きく変わらず，大漁が続く．しかし，産卵場に集まる魚の数は年々減っていく．すると，ある年に，産卵場に集まった魚がほとんど獲り尽くされることが起きる．そして，その翌年になって魚がほとんど集まってこないことにようやく気づくことになる．

この考え方では，乱獲の影響で産卵集群の規模が小さくなり続けることを仮定している．一方で，産卵集群が数多くの卵と仔魚を産み出すことで，産卵場周辺の海域で稚魚の着底が促進されれば，産卵集群の規模はある程度回復するかもしれない．例えば，図1-5の①のときには成熟していなかった魚が②の段階で成熟し，②から産卵集群に加わることができるとしよう．そうすると，②の段階で，産卵集群の規模は①の状態からある程度回復するかもしれない．このような場合は，産卵集群に新たに加わる魚の数に比べて，それより多い数の魚を獲り続けた場合に，ハイパースタビリティが起きるのだろう．

実際には，産卵場で魚を獲り尽くす前に，獲れる効率が悪くなった段階で魚の数の変化に気づくことがあるだろう．また，潜水しながら魚を獲る場合，水中で群れの規模の変化に気づくことができれば，早めの対策が打てるだろう．ただし，早めの対策を打つためには，人間活動の影響をまったく受けていない，本来の群れの規模についての情報（図1-5の①より前の状態）が必要であろう．ある人が産卵集群を獲り始めたときに，すでに人間活動の影響を受けた状態でもって判断すれば（図1-5の①より後の状態），すでに乱獲の段階に達しており，産卵集群の崩壊・消失を止められないかもしれない．産卵集群が乱獲される理由は他にもあるかもしれないが，乱獲に気づかない理由を説明した点では，ハイパースタビリティという考え方は注目に値するだろう．

それでは，産卵集群の乱獲を確実に防ぐ方法はあるのだろうか？　その解決法として，世界各地で取り組まれているのが海洋保護区である．以下に詳しく解説していこう．

1-5　海洋保護区で産卵場を守る

(1) 海洋保護区とは？

海洋保護区（marine protected area あるいは marine reserve）とは，明確な境界線で区切られた，人間の活動を管理・制限する海域のことである．さまざまな定義があるものの（コラム 2：204 ページ参照），海洋保護区の中では，魚を獲ることやダイビングなど，海の生き物に影響を及ぼす人間活動を制限することができる．海洋保護区には，あらゆる人間活動を禁止するものや，特定の生物を守るためのものなど，さまざまなタイプがある（大森・ソーンミラー 2006）．本書では，海洋保護区について，魚を守るという目的に沿って，生態学的な観点から解説する．

Russ（2002）は，サンゴ礁の魚を守ったり増やしたりする方法として，海洋保護区が有効であると述べている．そして，海洋保護区の効果を，**①内部の効果**（effects inside reserves）と**②外部の効果**（effects outside reserves）の 2 つに分けて紹介している（図 1-6）．

①内部の効果：海洋保護区の内部では，人間活動による魚の死亡がないため，海洋保護区の中の魚が完全に守られる．このことにより，海洋保護区では，さまざまなサイズの魚をひとまとめにして守ることができる．魚の数だけでなく，サイズを考慮する意味は何だろうか？　例えば，一定のサイズより小さい魚を獲らないというルールは広く取り組まれている．しかし，この取り組みでは，サイズの大きな魚は獲られてしまう．一方で，海洋保護区では大きなサイズの魚も守られる．このことは，次に述べる"外部の効果"に大きく影響してくる．

②外部の効果：メス 1 匹あたりが産む卵の数に着目すると，体の大きなメスは，体の小さなメスより多くの数の卵を産むことが知られている（図 1-7）．したがって，海洋保護区でサイズの大きなメスを守れば，それだけたくさんの卵が産まれることになる．また，メスは自分より大きいサイズのオスを産卵の相手として選ぶ魚類が数多く知られている（狩野 1996）．つまり，サイズの大きいメスだけでなく，サイズの大きいオスも同時に守ることが，数多くの受精卵が産まれるために重要であると考えられる．

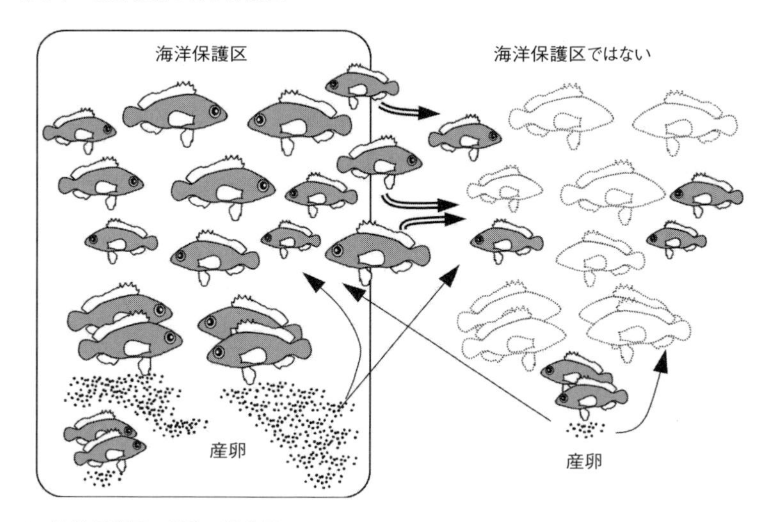

図1-6　海洋保護区の効果の模式図
海洋保護区では魚の数は多く，さまざまなサイズの魚が保護される．一方，保護区の外では魚は獲られてしまうため，魚の数は少ない．特に，サイズの大きい魚が減ると考えられる．保護区に収まりきれなくなった魚は保護区の外へと移動すると考えられる（しみ出し効果：二重線の矢印）．また，保護区の中では数多くの卵が産まれ，保護区の内外へ広がっていく（加入の効果：一重線の矢印）．サイズが大きい魚ほど数多くの卵を産むため，加入の効果に対する貢献度は，保護区の方が高いと考えられる．

このようにして，海洋保護区の内部で産まれた数多くの卵は海流に乗って外側にも流れ出し，卵から生まれた魚の子どもたちが保護区の周辺に住みつくようになる．これを**加入の効果**（**recruitment effect**）という．また，海洋保護区の中で魚の数が増え続けると，増えた魚は外側へと移動するため，海洋保護区周辺にもたくさんの魚が住むようになる．これを**しみ出し効果**（**spillover effect**）という．このように，海洋保護区をつくる効果について，保護区の内部だけでなく外部にも着目することが重要なポイントである．

「海洋保護区をつくると本当に魚が守られるのか？」ということを確かめるためには，海洋保護区をつくった場所とつくらなかった場所を両方調べることが理想的である．あるいは，同じ海域に着目して，海洋保護区をつくる前と後の両方のデータを集めることで，その効果を検証できる（Russ 2002）．重要なのは，海洋保護区をつくる目的が，“つくることそのもの”でなく，“保護区

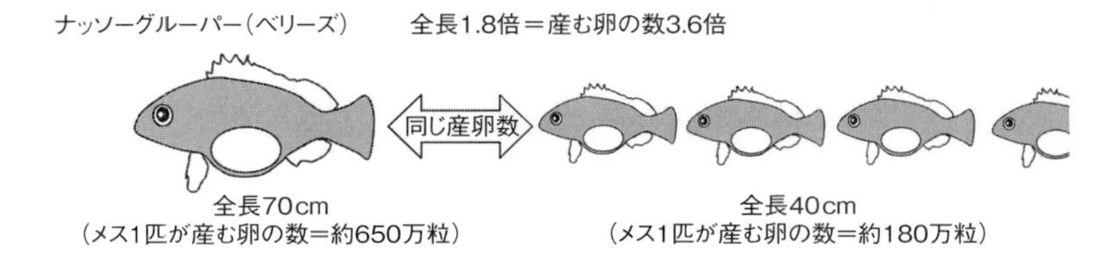

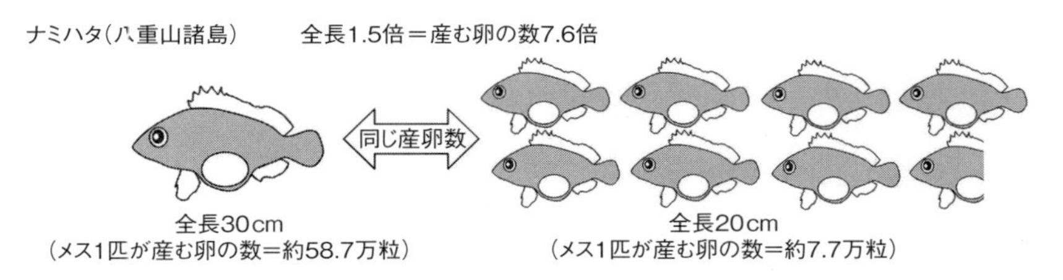

図 1-7　産む卵の数を，サイズの異なるメス同士で比較したもの（卵数はおおよその数）
大きいサイズのメスの貢献度を，小さいサイズのメスと比較している．「メス 1 匹が産む卵の数」は，Carter et al.（1994）と Ohta & Ebisawa（2015）を用いて推定した．

の中で生き物が実際に守られる”ことにある．つまり，海洋保護区をつくれば，それだけで目的が達成されたということではなく，その効果を実証することが理想的である．なお，サンゴ礁の魚を守るための海洋保護区のあり方について，Green et al.（2015）による解説があるのでコラム３（207 ページ）で紹介する．

(2) 産卵場を海洋保護区にすると……

魚にとって重要な海域を海洋保護区にすることで，対象となる魚を守ったり，その魚の子孫が周辺海域で増えることが期待できる．本書で扱う産卵集群をつくる魚を守る場合，群れは決まった海域にできるため，海洋保護区という方法が非常に有効であると考えられる．海洋保護区を産卵場に設定すれば（保護の期間が産卵時期に限定したものであっても），産卵のために集まった群れを完全に保護できる．すなわち，上記で紹介した“海洋保護区の内部の効果”のうち，「保護区の中の魚が守られる」ことが期待でき，とりわけ「サイズの大きな魚が守られる」ことの意味は大きい．なぜなら，大きなメスはたくさんの卵を産むので，“加入の効果”の向上も期待できるからである．

ただし，残念ながら，産卵集群は特定の時期に限定されるため，“しみ出し効果”を期待することはできない．一方，Nemeth（2012b）は，産卵場を守り続けることで，産卵場に集まる魚の数が少しずつ増え続ければ，新たな産卵場ができる可能性を紹介している（図1-8）．これまでの研究によると，ハタの仲間のいくつかの種類は，産卵場に集まったオスがメスとつがうためのなわばりを構えるらしい（Nemeth 2012b）．つまり，産卵場では，オスの構えたなわばりが隣り合って分布することになる．海洋保護区によって産卵場の魚が増えた場合，オス同士がライバル争いを避けるため，新たな場所に産卵場ができる可能性がある（Nemeth 2012b）．このことはRuss（2002）が示した“しみ出し効果”とはいえないが，海洋保護区によって産卵場が増える可能性があることを示しており，“しみ出し効果”に似た効果といえるだろう．いずれにせよ，産卵場を海洋保護区にすることが，産卵集群を保護するために有効な方法であることに異論はないであろう．

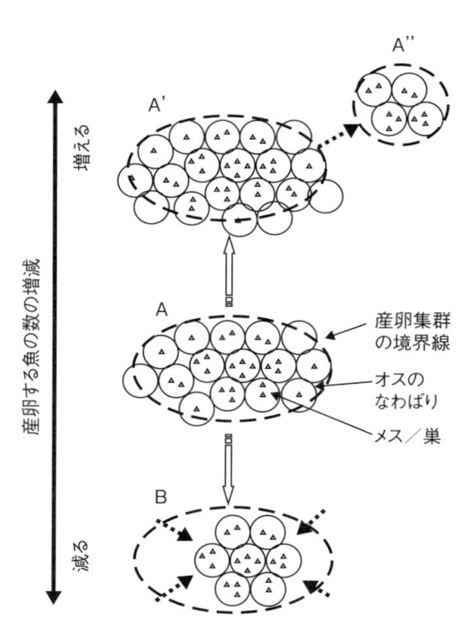

図1-8　産卵する魚の数の増減と新たな産卵場ができる可能性の関係を示した模式図
点線：産卵場の境界線，○：オスのなわばり，△：メス（あるいは産卵が行われる場所：“巣”として表している）．
産卵場ではオスは競い合い，一定のなわばりをつくる．産卵場の中心部にいるオスは，多くのメスと産卵できる（A）．産卵集群の規模が小さくなると，産卵場の中心にだけ群れができる（B）．産卵集群の規模が大きくなると，産卵場の境界線の中になわばりをつくれないオスが現れる（A'）．その結果，従来の産卵場から離れた場所に産卵集群ができる可能性がある（A''）．Nemeth（2012b）を改変．

(3) 産卵集群を守る海洋保護区

産卵集群をつくる魚の産卵場を海洋保護区にする取り組みが世界各地にみられる．ここでは，サンゴ礁に囲まれた島嶼国で，魚の産卵場を海洋保護区にしている例をいくつか紹介しよう（**図 1-9**）．保護の対象となっている魚は，サンゴ礁での食用魚として非常に重要なハタの仲間がほとんどである（**口絵 2**）．

パラオ共和国：ハタの仲間 3 種（オオアオノメアラ *Plectropomus areolatus*・アカマダラハタ *Epinephelus fuscoguttatus*・マダラハタ）の産卵集群を対象とした保護区が，ジェラメカオール水道（1976 年に保護開始）とエビール水道（2000 年に保護開始）に設定されている．これら保護区となっている産卵場と，保護区になっていない産卵場（2 カ所）で産卵集群を調べたところ，保護区となっている産卵場での産卵集群の密度は，保護区でない産卵場と比べて，3 種すべてで 80 倍以上であった（Golbuu & Friedlander 2011）．また，アカマダラハタとマダラハタの 2 種では，保護区の中に集まる魚の数は増加している傾向があるという（Gouezo et al. 2015）．

パプアニューギニア：ハタの仲間 3 種（オオアオノメアラ・アカマダラハタ・マダラハタ）の産卵集群を対象とした保護区が，デュエル島近海とティガク島近海に 1 カ所ずつ設定されている（2004 年に保護区を開始）．保護区の面積は，デュエル島近海で 0.2 km^2（正方形に換算すると 447 m 四方），ティガク島近海で 0.1 km^2（正方形に換算すると 316 m 四方）で，地域住民が主体になって管理している海洋保護区である．保護区となっている 2 カ所の産卵場と，保護区になっていない産卵場（1 カ所）で産卵集群を調べたところ，保護区の魚の密度は，保護区になっていない産卵場に比べて，オオアオノメアラで 37 倍，アカマダラハタで 43 倍，マダラハタで 121 倍であった．また，デュエル島近海の保護区では，保護を開始してから 5 年後に，マダラハタの集群数が 10 倍以上に増えていた（Hamilton et al. 2011）．この報告では，海洋保護区の面積があまり広くなくても（数百 m 四方），適切な場所に設定すれば産卵集群が確実に守られることを示している．

ミクロネシア連邦：ハタの仲間 3 種（オオアオノメアラ・アカマダラハタ・マダラハタ）の産卵集群を対象とした保護区が，ポンペイ島近海に 1 カ所設

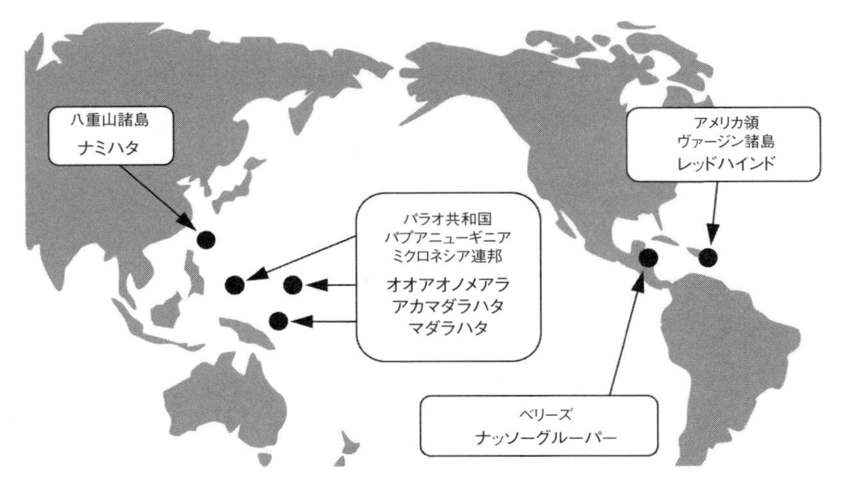

図 1-9　ハタの仲間の産卵集群を守る海洋保護区の例
本文中に紹介したものを図示している.

定されている（Rhodes et al. 2012）. 保護区の面積は 1.46 km^2（正方形に換算すると 1208 m 四方）である.

アメリカ領ヴァージン諸島：ハタの仲間 1 種（レッドハインド）の産卵集群を対象とした保護区が 2 カ所設定されている. このうち, セント・トーマス島近海の保護区（1990 年に保護開始）は 41 km^2（正方形に換算すると 6.4 km 四方）でかなり広い. 保護区を設定した後, 産卵場に集まるレッドハインドの数は増加し, サイズについてもオス・メスともに増加した（Nemeth 2005）. この他に, フエダイの仲間の 1 種（マトンスナッパー *Lutjanus analis*）の産卵集群を対象とした保護区が 1 カ所設定されている.

ベリーズ：ハタの仲間 1 種（ナッソーグルーパー）の産卵集群を対象とした保護区が 11 カ所設定されている〔2003 年に保護開始：Benedetti（2013）〕.

沖縄の八重山諸島：八重山諸島には, 石西礁湖と呼ばれる日本最大のサンゴ礁があり, いくつかの産卵場があることが知られている. フエフキダイの仲間の 1 種（イソフエフキ *Lethrinus atkinsoni*）では, 5 カ所の産卵場が海洋保護区になっている. この 5 カ所では, 同じ産卵場をフエダイの仲間なども利用するといわれており，保護の効果は複数種に及ぶと考えられている．いずれも，地域住民が主体になって管理している海洋保護区である．本書で紹介するナミハタの産卵場も八重山諸島にあり，1カ所が海洋保護区に設定されている．詳細については，**第5章**と**第10章**で詳しく紹介する．

このように，産卵場を海洋保護区にすることが有効と考えられるのは，産卵集群が「特定の日」に「特定の場所」にできるからに他ならない．産卵集群を守るためには，海洋保護区という方法が非常に適しているといえよう．

（名波 敦）

第2章

ナミハタってどんな魚?

いよいよ本書の主人公であるナミハタに登場してもらうことにしよう．ただし，“ナミハタ”という魚の名前を聞いて，すぐに姿形を思い浮かべられる人は，あまり多くないと思う．そこで本章では「どんな姿をしているのか？」・「どこに住んでいるのか？」・「何を食べているのか？」・「大きさはどれぐらい？」・「いつ卵を産む？」・「メスからオスに変わるってホント？」など，ナミハタの“人となり”について解説する．本章を読んで，少しでもナミハタを身近に感じて欲しい．

2-1　ナミハタの紹介

(1) ナミハタとは？

ナミハタは，生物学的には，ハタ科（Serranidae）のハタ亜科（Epinephelinae）の魚である[*1]．本書では，ハタ亜科の種を「ハタの仲間（英名：grouper)」と呼ぶことにする．ハタの仲間は，世界で159種が報告されており，全長が20 cm程度の小型のものから2 mを超える超大型のものまで，実にさまざまな種がいる．ハタの仲間のほとんどは熱帯・亜熱帯の暖かい海に住んでいる．日本全国では65種のハタの仲間が確認されているが，そのうちの55種が琉球列島に生息している（瀬能 2013).

ナミハタは，インド洋・太平洋のサンゴ礁域に広く分布する．全長は最大でも40 cmと，ハタの仲間ではやや小型の種類といえる（Heemstra & Randall 1993). 黒っぽいグレーの体に，白い波模様が特徴的であり，これが和名の語源なのだろう（口絵 1，2)．英語名ではWhite-streaked grouper（白い筋のあ

[*1] ハタ亜科を中心としたグループを独立した科（Epinephelidae）とする考えもある（Smith & Craig 2007).

るハタ）という．やはり，体の模様が名前の由来になっている．

(2) サンゴ礁の島々の大切な魚

サンゴ礁の島々に暮らす人々にとって，ハタの仲間は大切な食用魚である（Heemstra & Randall 1993，**第 1 章**）．ナミハタも例外ではなく，沖縄では“たこくえーみーばい”・“さっこーみーばい”などと呼ばれ，親しまれている[*2]．“みーばい”はハタの仲間を意味し，“たこくえー”は「タコを食べる」という意味である．ただし，実際には，ほとんどタコは食べていないようだ（**2-3**）．一方で，筆者らの知る限り“さっこー”の意味はよくわかっていない．

クセがなく甘みのある白身が定評で，沖縄では唐揚げ・煮付け・刺身など，どのような料理でもおいしくいただける魚として重宝されている．それだけに需要が高く，比較的高値で取引されるため，漁業者にとっても重要な魚といえる（**第 3 章**）．なお，パプアニューギニアでは“Kalindreken”と呼ばれ，産卵集群をつくる魚であることが地域の人々によって知られている（Hamilton 2003）．このことから，パプアニューギニアでもナミハタは重要な食用魚として扱われていると考えられる．

2-2　サンゴを住み家にする

(1) サンゴ・サンゴ礁とは？

ナミハタの住み家の話の前に，サンゴとサンゴ礁について解説する．**サンゴ（coral）**[*3]は海底でじっと動かないが動物の仲間であり，イソギンチャクやクラゲに近い生き物である．サンゴの仲間には，体の中に骨格をもつ種類がいる．この骨格は炭酸カルシウムという硬い物質でできている．サンゴが死ぬと硬い炭酸カルシウムの部分だけが残り，その上に別のサンゴが成育する．このようにして，サンゴの“生き死に”に伴って炭酸カルシウムが年々蓄積されていき，

[*2] 本書が扱う八重山諸島では“さっこーみーばい”と呼ばれることが多い．

[*3] サンゴ礁をつくるサンゴの仲間は，正確には「造礁サンゴ」と呼ばれる．本書では“サンゴ”は造礁サンゴを指すこととする．

長い年月をかけて地形ができあがる．これを**サンゴ礁**（coral reef）と呼ぶ．サンゴが生育できるのは暖かい海に限られているので，サンゴ礁は主に熱帯・亜熱帯に分布し，東南アジア・ミクロネシア・カリブ海・紅海・アフリカ大陸の東部・オーストラリア大陸の北部・日本の琉球列島などでみられる．

(2) どんなサンゴに住む？

サンゴ礁の海に潜れば，どこでもナミハタに出会えるというわけではない．サンゴ礁にはさまざまな形のサンゴが見られ，枝状・葉状・テーブル状・ブラシ状・塊状・被覆状・指状など，種類や場所によって実に多種多様である（**図2-1：口絵**）．ナミハタが好んで住むサンゴは，ブラシ状と枝状のもので，稚魚のときはブラシ状，成長すると枝状のサンゴを好む傾向がある（Nanami et al. 2013a）．ただし，これら2種類の形に絶対的にこだわるわけではなく，塊状・指状のサンゴに住んでいることもしばしば見られる．もし，生きたナミハタを見たければ，これらの形をしたサンゴの中を丁寧に探すと良い．きっと見つかるだろう．

2-3　何を食べているのか？

(1) 胃の中を覗いてみると……

ナミハタはいったい何を食べているのか？　それを調べるには，解剖して胃の内容物を見れば良い．ナミハタは，ぱっちりとした目と大きな口が特徴的な魚である．その外見から，大きな口で獲物を丸呑みする肉食性の魚であると予想できる．調べてみるとその通りで，ナミハタの胃袋の中には，カニ・エビ・魚などが，丸ごとごろっと入っている（**図2-2**）．特に，カニと魚が重要な獲物であることがわかった．また，自分の体の3分の1ほどもある魚（ニザダイやスズメダイの仲間）を丸呑みしていることも珍しくなかった．ナミハタの大食漢ぶりがうかがえる．

(2) 珍しい生き物も丸呑み

さらにおもしろい発見もある．ニシキテグリ *Synchiropus splendidus*（ネズッポの仲間）という，ダイバー垂涎の美しい小魚が，生きているときの美しさそのままで食べられていたことがある（図 2-2）．サンゴの隙間にひそむこのような小魚を捕まえることは難しく，実際にニシキテグリを手にしたことは，筆者にとってこのときが初めてであった．また，ヨロンエビ *Palinurellus wieneckii* という小型のイセエビの仲間が，ナミハタの胃からまるまる出てきた例もある（図 2-2）．ヨロンエビ自体，あまりお目にかかれるものではないのだが，このヨロンエビは腹部に卵を抱えていた．これを甲殻類に詳しい友人に提供したところ，卵を抱えたヨロンエビの発見は初めてとのことで，論文として報告された（藤田・太田 2010）．このように，ナミハタが獲物を丸呑みすることを通じて，さまざまな発見があるのだ．また，ナミハタが，サンゴ礁の多種多様な生き物に支えられて生きていることを示している．

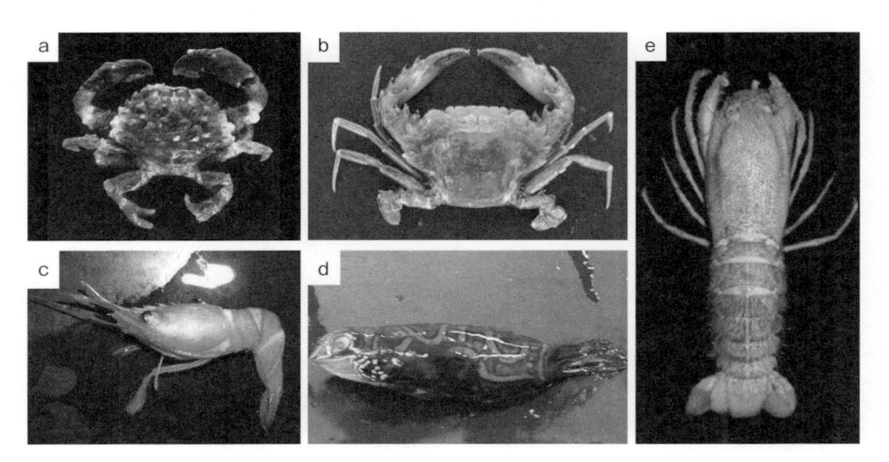

図 2-2　ナミハタが食べていた獲物
オウギガニの仲間（a）・ワタリガニの仲間（b）・サラサエビの仲間（c）・魚（d：ニシキテグリ）・イセエビの仲間（e：ヨロンエビ）．e は藤田・太田（2010）を改変．

2-4　何歳まで生きる？

(1)　年齢を調べる

ナミハタに限らず，われわれ人間にとって，魚を獲り尽くすことなく，上手に漁業を続けるためには，その魚の寿命や成長を知ることが重要である（**第3章**）．こうした情報を得ることで，資源量の推定や合理的な漁業のやり方など，魚の資源管理に役立てることができる（**第4章**）．そこで，まずは，ナミハタの年齢の調べ方について説明しよう．

魚の年齢を調べる一番ポピュラーな方法は，耳石を使うことだ．耳石というのは，頭の骨の中にある硬い組織で，ほとんどの魚に存在する．耳石は，炭酸カルシウムでできており，人間でいう耳の奥の三半規管に相当する部分にあり，平衡感覚や聴覚に利用されている[*4]．

ナミハタの耳石は，米粒よりやや大きいくらい．頭の骨の奥にある耳石を取り出す作業は，最初はかなり苦戦するのだが，慣れてくるとノコギリとピンセットで簡単に取り出せるようになる（**図2-3**）．といっても，ちょっとした職人的技術が必要となる．取り出した耳石は，①洗浄→②乾燥→③重量測定→④樹脂に封入という一連の作業をした後，ダイヤモンドカッターでゆっくりと切断する．このとき，耳石の中心部が残るように，細心の注意を払いながら約0.5 mmの厚さに薄切りする．できあがった切片を，スライドグラスに貼り付け，カバーグラスで覆う．これで耳石のサンプルはできあがり．これを顕微鏡で覗くと，まさに木の年輪に似た模様（輪紋）が見える（**図2-3**）．多くの魚では，この輪紋が1年に1つ形成される“年輪”である場合が多いのだが，そうでない場合もある．そこで，ナミハタについても，輪紋が年輪であることを確認する必要がある．

[*4]　耳石には大きい順に，扁平石・礫石・星状石と呼ばれる3種類があり，それぞれ左右に1対ずつある．魚の年齢を調べる場合，最も大きい扁平石を使って年齢を調べることが多い．本章では，扁平石を「耳石」として話を進めることとする．

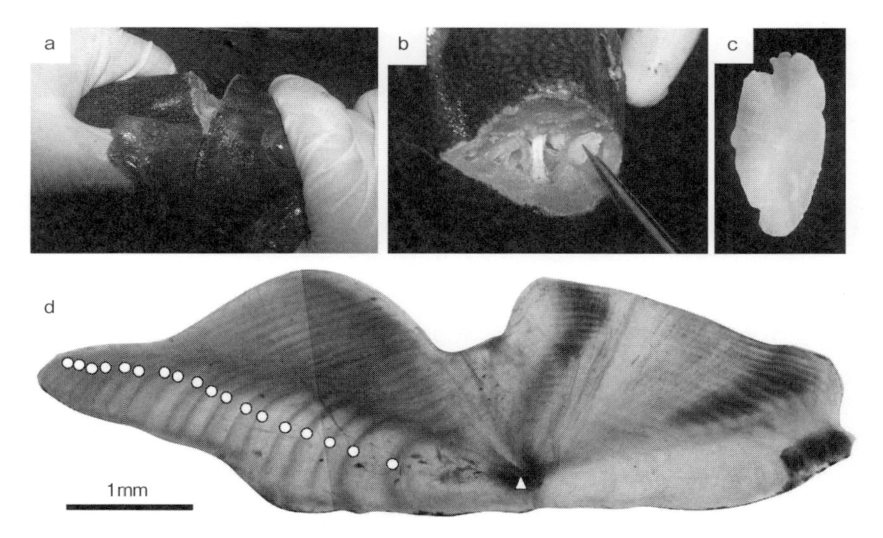

図 2-3　ナミハタの耳石の取り出し作業（a，b），ナミハタの耳石（c），顕微鏡で見た耳石のサンプル（d：全長 37 cm のナミハタ）
d で，○は輪紋，△は耳石の中心を示す．18 歳のナミハタであることがわかる．

(2) 輪紋は 1 年に 1 本できるのか？

「輪紋＝年輪」と結論づけるには，輪紋が 1 年に 1 本だけできることを証明しないといけない．一般的には，耳石の最も外側の部分を観察して，そこに 1 年の特定の時期だけに輪紋ができることを確かめる．耳石は成長に伴い，外側に炭酸カルシウムが付着して大きくなっていく．したがって，最も外側は，一番新しい部分である．そこで 1 年を通してたくさんのナミハタを調べ，耳石の外側に輪紋があるかないかを 1 匹ずつ調べる．その結果，5 月と 6 月は，80％以上の標本において，耳石の外側に輪紋形成が認められた．このように輪紋ができる時期は明瞭な季節性があり，年に 1 回できることがわかった．つまり「輪紋は年輪である」といえる（Ohta & Ebisawa 2016）．そして，その年輪を数えることで，ナミハタの年齢がわかると結論づけられた．

(3) ナミハタの寿命

ナミハタは何歳まで生きるのか？　寿命の考え方はいろいろあるが，人間の場合でよく話題になるのは，「世界最高齢」とか「平均寿命」であろう．最高齢というのは，信頼できる記録のうち，最も年齢の大きいものを指す．年齢について信頼できる値を得るためには，十分な量で，さらに正確な情報を集める必要がある．人間の場合，生まれてから死ぬまでの記録（戸籍情報）が集められているので，このような値が出せる．しかし，野生動物である魚の場合，戸籍情報はもちろんないし，魚の死体が海で見つかることも滅多にない．よって，調べた標本の年齢のみが，存在するデータなのである．しかし，これもまた，その魚が獲られた時点での死亡年齢なので，天寿を全うした魚のものとはいえない．一般的に，魚は年をとるとともに成長はゆるやかになるものの，死ぬまで成長を続ける．したがって，大きな個体は年寄りである場合が多い．このような事情から，魚の場合では，大きな個体の標本がある程度得られていれば，その最高齢や，一定の基準以上の高齢魚の統計値（平均値など）を寿命とすることが多い．

筆者らの研究では，八重山諸島におけるナミハタの最高齢は20歳であった（**表2-1**：Ohta & Ebisawa 2016）．一方で，グレート・バリア・リーフでの研究では，最高齢が30歳と報告されている（Mapleston et al. 2009）．ナミハタの寿命は20～30年ということがいえるだろう．ちなみに，マイワシ・マアジ・マサバでは，寿命はそれぞれ7歳・5歳・11歳なので（水産庁・国立研究開発法人水産研究・教育機構 2017），ナミハタは，これらの魚に比べて寿命

表2-1　ナミハタの年齢と平均全長

年齢（歳）	平均全長（cm）	年齢（歳）	平均全長（cm）
1	10.6	11	30.7
2	14.7	12	31.3
3	18.0	13	31.8
4	20.8	14	32.3
5	23.1	15	32.6
6	25.0	16	32.9
7	26.6	17	33.2
8	27.9	18	33.4
9	29.0	19	33.5
10	29.9	20	33.7

がかなり長いといえる．また，ナミハタと同じハタの仲間では，マダラハタ・ヒトミハタ *Epinephellus tauvina*・ヒレグロハタ *Epinephellus howlandi* では，寿命はそれぞれ 26 歳・23 歳・17 歳であった（Ohta et al. 2017）．ナミハタの寿命は，サンゴ礁に住む他のハタの仲間と同程度といえよう．グレート・バリア・リーフに住むアカマダラハタの寿命は 40 歳という報告があり，もっと長生きする種類もいる（Pears et al. 2006）．人間と比べれば，「ナミハタの寿命は 20 歳までの短い生涯」とも感じるかもしれないが，魚全体を見渡せば，長生きしている方だ．その理由は，ナミハタがいつ大人になるかに関係するので，次で詳しく説明したい．

2-5　どれぐらい大きくなる？

ナミハタの年齢を知る方法がわかったので，次は成長を調べてみる．具体的には，小さいものから大きいものまで（若いのから年寄りまで），なるべく多くのナミハタを集める．そして，すべてのナミハタで，上述した手順で年齢を 1 匹ずつ特定していく（筆者らは約 800 匹のナミハタを調べた）．顕微鏡を覗きながら輪紋を「1 本，2 本……」と目で数えるのは，非常に根気のいる作業だ．

調べたすべてのナミハタの年齢と全長の関係を求めると，「○○歳のときは，全長△△ cm」という関係が見えてくる（**図 2-4**）．ただし，人間と同じで，同じ年齢のナミハタ同士でも体の大きさ（全長）には若干の違いがある．そこで，ベルタランフィの成長式という特殊な式に当てはめ，ある年齢の“平均全長”を求めることができる（von Bertalanffy 1938）．その結果，1 歳の平均全長は約 10.6 cm，2 歳の平均全長は約 14.7 cm……という「年齢と全長の関係」が明らかになった（**表 2-1**：Ohta & Ebisawa 2016）．ナミハタは若い頃の成長は速く，年をとると成長がゆるやかになることがわかる．具体的にいえば，1 歳から 10 歳の間に全長は 19.3 cm も成長するのに，11 歳から 20 歳の間には，たったの 3 cm しか成長していない（**表 2-1**）．このあたり，人間とよく似ていることがわかるだろう．

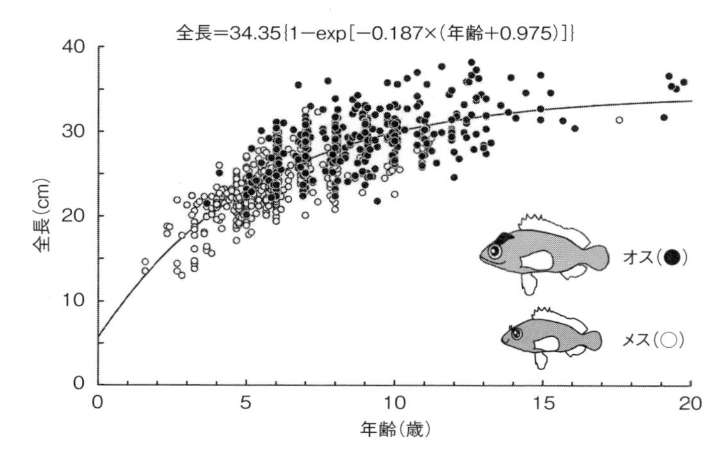

図 2-4　ナミハタの年齢と全長の関係
ベルタランフィの式に当てはめた結果を上に示している．若いときはメスで，年をとるとオスになることがわかる．Ohta & Ebisawa（2016）を改変．

2-6　何歳で卵を産める？

(1) いつから“大人”といえる？

成長のデータが揃ったので，これを使ってさらに詳しい研究ができる．それは「どのくらいの大きさに成長したら大人といえるのか？」つまり「いつから卵を産めるようになるか？」ということがわかるのである．これらを調べるためには，全長・年齢・その魚が獲られた季節などの情報とともに，**生殖腺**（gonad）を詳しく調べることが必要だ．生殖腺とは，メスでは卵巣，オスでは精巣と呼ばれる，卵や精子を作り出す器官である．解剖して，お腹の中を見てみると，肛門から腹腔（内臓の収まっている空洞）の背側に沿って，前方に向かう左右1対の臓器が見える．これが生殖腺である．メスの場合ではたらこ，オスではしらこを思い浮かべるといい（図 2-5）．

(2) 生殖腺を詳しく調べる

生殖腺を詳しく調べるためには，耳石と同じように，綿密な下準備が必要である（Ohta & Ebisawa 2015）．下準備を終えてできあがったものを，筆者らは「切片標本」と呼んでいる．これを顕微鏡で覗くと，メスでは卵の様子が，オスでは精子の様子がわかる．特殊な薬品で染めてあり，それぞれの細胞の構造がよくわかるばかりでなく，非常に美しい（**図2-6：口絵**）．この切片標本は，その個体が死んだときの一瞬をまさに固定し，半永久的にそのままの状態を保つ．これを詳しく観察することで，「まだまだ産卵しないな」，「もうすぐ産卵しそうだな」，「昨晩産卵したな」などという，その個体が最後を迎えた時点の状態が判断できる．この判断基準を簡単に紹介する．

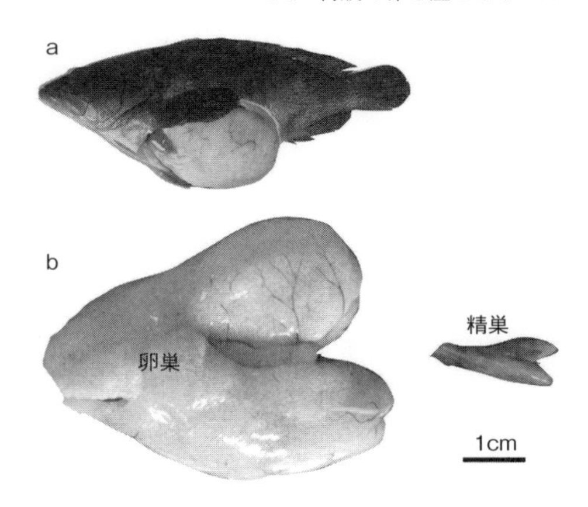

図2-5　メスのナミハタ（a）とナミハタの卵巣と精巣（b）
a：解剖してお腹をあけたところ．

①**メスの場合**：たらこをみればわかるように，魚の卵は小さいながらも1粒ずつ丸い形をしている．しかし，最初から丸い粒ができるわけではない．はじめは目に見えないぐらいの細胞からスタートする．卵のもとになる細胞は**卵細胞**と呼ばれる．そして，産卵日が近づくにつれ，卵細胞は少しずつ大きくなり，だんだん丸くなっていく．このような細胞レベルの変化を，顕微鏡で確かめていく（**図2-6：口絵**）．生殖腺の卵細胞が小さい状態であれば，「まだまだ産卵しないな」と判断できるし，大きくて丸くなっていれば「もうすぐ産みそう」と判断できる．また，卵を産み終えた直後には，卵巣の中に「卵の抜け殻」のようなものができる（排卵後濾胞（はいらんごろほう）と呼ぶ）．このような「卵の抜け殻」が見られた場合は「産卵した直後だな」と判断できる．なお，上述した「まだまだ産卵しないな」の状態から「もうすぐ産みそう」の間には，実はさまざまな段階があるのだが，詳細はOhta & Ebisawa（2015）を参照されたい．

②**オスの場合**：オスは卵を受精させる精子をつくる．そこで，生殖腺の中に精子がたくさんできていれば「メスと一緒に産卵する準備ができているな」と判断できる．なお，メスが卵を産まない時期にも，オスの生殖腺の中には少ないながらも精子ができていることがある．したがって，精子の「ある・なし」ではなく，精子の「量」が判断基準となる．

(3) 何歳で卵を産むのか？

このような情報をもとにして，ナミハタが成魚（大人）になる全長や年齢を知ることができる．その結果，ナミハタのメスが卵を産めるようになるのは，大きさでいえば「全長 18.9 cm から」で，年齢でいえば「3 歳から」ということがわかった（Ohta & Ebisawa 2016）．また，これを統計的な手法を用いて解析すると，大人になる平均年齢は 3.3 歳となった．さらに詳しく検討したところ，約 4 歳でほとんどのナミハタが成魚（大人）になることがわかった．寿命は 20 歳であったことを考えると（2-4），寿命に達する年数は，大人になるまでにかかった年数の 5 倍（20 ÷ 4）に相当する．これを人間に例えてみよう．人間の生物学的な成熟年齢（子どもが産める年齢）を 14 歳[*5] とすると，その 5 倍は 70 歳となる．というわけで，ナミハタを人間に置き換えてみれば「けっこう長生きしているなあ」とも思えるのだ．

2-7　いつ卵を産むのか？

(1) 何月に卵を産む？

産卵は，その生物が子孫を残すための最も重要なイベントである．また，多くの魚では，卵を産む時期が決まっている（この点が人間とは違う）．これを**産卵期**（spawning season）と呼ぶ．そして，この産卵期も人間にとって魚を適切に利用するうえでは重要な情報だ．卵を産む時期にたくさんの魚を獲る

---

*5　ここでは，あくまで生物学的な成熟を意味する．具体的には第二次性徴期が始まる年齢である．社会的な成人（社会人として一人前になること）の考え方とは異なることをお断りしておく．

と，子孫の数が減ってしまうからである（**第1章**）．ナミハタの産卵期を知るには，**2-6** と同様に生殖腺を調べる．一番簡単なのは，生殖腺の重さを測るだけの方法だ．そして簡単な割り算を行う．

$$[\text{卵巣・精巣の重さ}] \div [\text{体重}] \times 100$$

これを**生殖腺指数**（gonadosomatic index：GSI という略語を使う）という．この値が大きければ，卵巣・精巣が大きくなっていること（すなわち，産卵する準備ができていること）を意味する．これに **2-6** の方法を付け加えることで，産卵期を詳しく検討することができる．

メスのナミハタの場合，生殖腺指数は 4 ～ 6 月に高い値を示しており，この期間に卵巣が大きくなっていることがわかる．さらに切片標本の結果から，確かにこの時期に「もうすぐ産みそう」な卵巣をもっていることがわかる（Ohta & Ebisawa 2015）．よって，八重山諸島のナミハタでは，産卵期が 4 ～ 6 月ということがわかった．

(2) 何月何日に卵を産む？

サンゴ礁に住む生物が月のリズム（**コラム 1**：201 ページ）に同調して産卵することはよく知られている．八重山諸島のナミハタでも，産卵に月周期性があることが経験的にも知られていたため，詳しく調べることにした．月の周期（新月から次の新月までの周期）は約 29.5 日である．そこで，ナミハタの産卵と月周リズムの関係を調べるため，月周期月（Lunar Calendar Month：LCM という略語を使う）として，筆者ら独自の月周期カレンダーを以下のように定義した（Ohta & Ebisawa 2015）．

新年最初の新月＝LCM1 月 1 日[*6]

[*6] これは，1 月 1 日の後，一番最初の新月の日を「1 月 1 日」とみなすものである．なじみにくい考え方ではあるが，これに慣れていただければ，ナミハタの産卵についてかなり理解しやすくなる．旧暦カレンダーに関する記述（**コラム 1**：201 ページ）も参照．

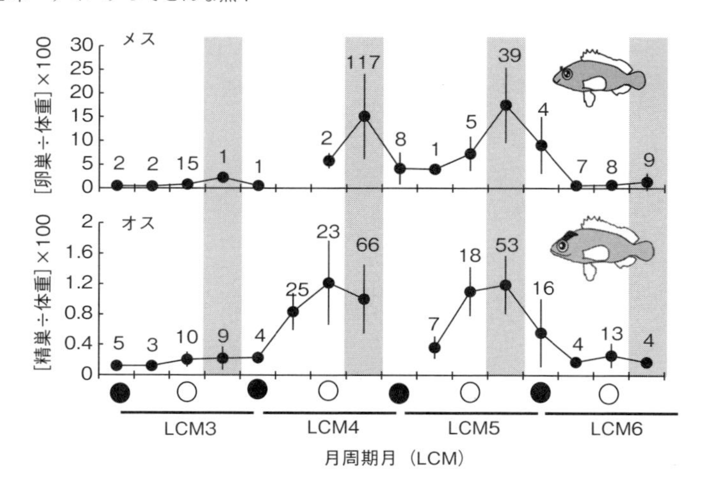

図2-7　ナミハタの産卵期を生殖腺（卵巣・精巣）の発達から調べたグラフ
グレーのエリアは，下弦の月（コラム1：201ページ参照）を示す．グラフの上の数字は調べたナミハタの匹数．縦の棒は標準偏差（データのばらつきを表す統計の指標）．Ohta & Ebisawa（2015）を改変．

月周期に合わせてメスのGSIの変化をみると，LCM4月とLCM5月の下弦頃に明瞭なピークが見られた（図2-7）．このことから，ナミハタの産卵には月周期性があり，LCM4月とLCM5月の2回の周期で産卵することがわかった．また，月齢ごとに組織切片から卵巣の状態を確認したところ，産卵直前の完熟状態のメスや，産卵直後を示す排卵後濾胞の出現は，下弦の月（月齢23日．満月から7～8日後）にぴったりと同調することから，下弦の月をきっかけに，一斉に産卵を開始することがわかった（図2-8）．

2-8　どんな卵を産むのか？

(1) 産みっぱなしで，数打ちゃ当たる

魚の卵には大きく2つのタイプがある．水に沈む卵（沈性卵）と水に浮く卵（浮性卵）である（池田・水戸 1988）．このうち，浮性卵はさらに2つのタイプに分けられる．1個ずつバラバラになっている浮性卵（分離浮性卵）と卵

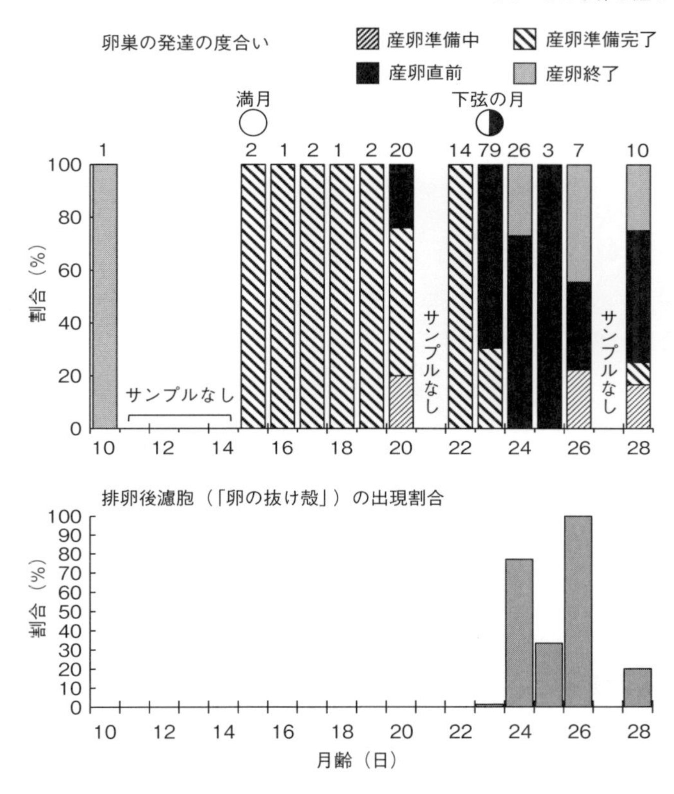

図 2-8　ナミハタの産卵日を生殖腺（卵巣）の発達から調べたグラフ
卵巣の発達（上）と排卵後濾胞（卵の「抜け殻」）の出現割合（下）．グラフの上の数字は調べたナミハタの匹数．Ohta & Ebisawa（2015）を改変．

同士がくっついたままの浮性卵（凝集浮性卵）である．ナミハタは，分離浮性卵を産むタイプである．1 粒の卵の大きさは，直径 0.8 ～ 0.9 mm である（中村ら 1998）．分離浮性卵は，ナミハタを含め多くの海洋動物に共通しており，非常に小さく，大量に海中へ産み出され，親による保護はない．また，産み出された数十万～数百万の卵のほとんどが，大人になるまで生き残らないと考えられている．つまり「産みっぱなしで，数打ちゃ当たる」のような繁殖戦略である．これは，ほ乳類などのように少数の子どもを産み，大事に育てる繁殖戦略とは対極にあるといえる．

産卵前の卵巣の中の卵を一部取り出して，数をひたすら数えると，ナミハタの場合，1匹のメスが10万～100万粒の卵を産むこと，全長が大きいメスほどたくさんの卵を産むことがわかった（図2-9）.

(2) メスの卵の産み方

魚には，産卵を生涯にわたってくり返すタイプ（多回産卵：iteroparous）と，産卵は生涯たったの一度だけで，産卵を終えるとその命が尽きるタイプがある（1回産卵：semelparous）．ナミハタの場合，①あらゆる年齢の成魚で発達した卵巣・精巣をもっている個体がみられること，②産卵場で死にそうな個体や死んでいる個体はいないことから，多回産卵タイプであると考えられる．

多回産卵タイプでも，時間スケールを細かくみると，産卵期中に何度も産卵をくり返すものもあれば，限られた日だけに限定して，1～数回だけしか産まないものもいる．結論からいえば，ナミハタは後者である．これを調べるために，産卵期中の複数のナミハタから，それぞれ卵巣の一部を取り出し，そこにある卵細胞の直径（卵径）を測定した．大きさは卵細胞の発達の程度を示すので，卵径組成を調べることで，どのような発達段階の卵細胞が，どのような割合で存在するかがわかる．

その結果，2つのことがわかった．1つ目は，下弦前に採集されたほとんど

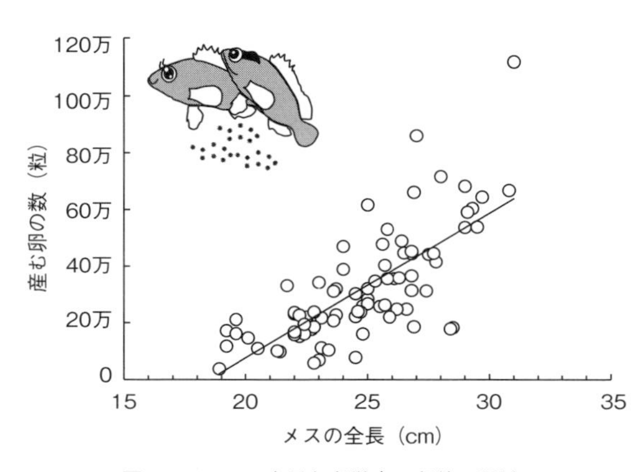

図2-9　メスの全長と卵巣内の卵数の関係
Ohta & Ebisawa（2015）を改変.

の個体において，卵巣内の卵群が同期的に，産卵の最終準備段階へと発達することを示している．このような卵の発達様式を卵群同期性発達（group-synchronous）という．また，産卵期中に1回だけ産卵するものをtotal spawner，複数回に分けて産卵するものをbatch spawnerと呼ぶ（Murua & Saborido-Ray 2003）．ナミハタの場合，一部の個体では，複数回産卵の痕跡が確認されたが，下弦の翌日には，産卵の終了を示す個体が出現し始めることから（図2-8），産卵群全体では，total spawnerに近いものだと考えている（Ohta & Ebisawa 2015）．

以上から，ナミハタの卵の産み方は以下のように要約される．①ナミハタは，産卵期になると，月周期に合わせて卵巣を発達させ，産卵の合図を待つ．②下弦の月（満月の7～8日後）に産卵を一斉に開始し，数日の間に最大100万個の分離浮性卵を1回または数回に分けて産卵する．そこらの魚たちと違って，かなりドラマティックな産卵であるといえるだろう．

2-9　メスからオスへ性転換

(1) 若いメスと年上のオス

調べたナミハタのデータをもとに，メスとオスに分けて，大きさと年齢ごとにグラフ化すると，メスに比べてオスが大きくて，年上が多いことがわかる（図2-4）．これは若い女の子ばかりを選んで集めたわけではない（通常外見では性別はわからない）．結論からいうと，ナミハタは一生のうちに，メスからオスに性が変わる**性転換**（sex change）をするのである．沖縄を含むサンゴ礁の海では，多くの魚が性転換することが知られている．ブダイ・ベラ・フエフキダイの仲間などは，メスからオスへ性を変える**雌性先熟**（protogyny）と呼ばれるタイプである．一方で，クマノミやクロダイの仲間などは，オスからメスに性を変える**雄性先熟**（protandry）と呼ばれるタイプである．ハゼの仲間には，両方向に性を変えるものもいる．ここでは，ナミハタが「性転換」しているという結論をどのように導き出したのか，八重山諸島のナミハタがどのような性転換の様式をもつのかについて話を進める．

(2) 性転換を確かめる

性転換は魚類では珍しい現象ではないが，実際に「性転換」をしているかどうかを確かめることはなかなか厄介である．以下に解説しよう．

①体長・年齢を調べる：1つ目は，オスとメスで，全長・年齢に明確な違いがあることだ．ナミハタの場合，メスは小型・若齢のものが多く，オスは大型・高齢のものが多い（**図2-4**）．特に年齢の情報は，「いつメスからオスへと性転換するのか？」を知るための重要な証拠となる．しかし，これだけでは決定打とはならない*7．

②オスとメスの特徴を合わせもつ：2つ目は，メスとして産卵した痕跡と，オスの特徴である精巣細胞が同じ生殖腺に混在する「性転換中の生殖腺（両性生殖腺）」を確認することである（**図2-10**）．しかし，これが簡単ではなかった．ナミハタでは，両性生殖腺が見つかった個体は，全体の3%であった．これに該当する個体の全長と年齢は，ちょうどメスとオスの中間の全長と年齢だったため，性転換中の個体である可能性が極めて高いと考えられた．しかし，メスとしての産卵の痕跡が見つからないのである．単に「両性生殖腺をもっていた」というだけでは，性転換の確証にはならない．それは，子どものときは一方の性の生殖腺があるものの成熟・産卵には至らず，成長に伴い他方の性へと変化する「幼期雌雄同体性」などのケースがあるからだ．真の性転換とは，生殖腺の構造的な変化だけでなく，それぞれの性で成熟・産卵できるかどうかという性の機能的な変化を指すのである．

(3) 性転換はいつ起きる？

そこで，ナミハタの両性生殖腺が，性転換中のものであることを示すために，なぜ，メスとしての産卵の痕跡が見つからないのかを検討した．はじめに両性生殖腺の出現時期を検討したところ，11～3月にのみ見られ，産卵時期に入る前に限定されていることがわかった．

---

*7　メスとオスでは両者の間に，①成長速度や死亡率が異なる，②生息域が異なる，③採集方法に何らかの偏りがある，といった場合でも，全長・年齢に違いが出ることがある．

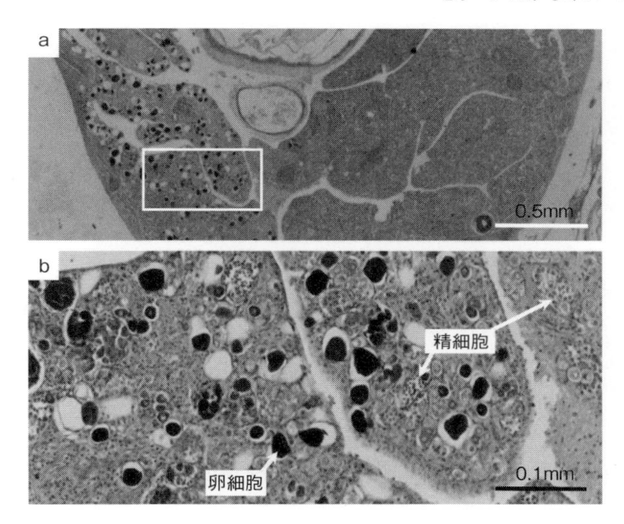

図 2-10　メスとオスの両方の特徴をもつ生殖腺（両性生殖線）の顕微鏡写真（a）．白い枠で囲った部分を拡大してみると（b），卵のもとになる卵細胞と，精子のもとになる精細胞が見える Ohta & Ebisawa（2016）を改変．

次に，メスの成熟・産卵の痕跡の残存性について検討した．メスの成熟・産卵の痕跡としては，卵黄形成期（卵黄が蓄積され産卵の下準備が整った状態）以降の卵細胞やマッスルバンドル（muscle bundle）と呼ばれる組織構造がある．ナミハタの生殖腺発達の季節変化を見ると，卵黄形成期以降の卵細胞は産卵期以後すぐに再吸収され，数カ月で確認できなくなることがわかる．また，マッスルバンドルは，生殖腺の産卵準備に伴う肥大と産卵後の縮小により生じたと考えられる結合組織の構造体である（Shapiro et al. 1993）．マッスルバンドルについては，産卵後 1 日足らずで消えてしまう排卵後濾胞に比べて，比較的長い期間（数カ月以上）保持されるので産卵の痕跡を知るうえで便利であり，特にハタ類の研究で多く報告されている（Shapiro et al. 1993，Fennessy & Sadovy 2002，Rhodes & Sadovy 2002，Fennessy 2006，Pears et al. 2007）．ナミハタについても，その出現頻度と期間を調べてみると，産卵期直後 2 カ月間は約 50 ～ 60％のメスで観察されたが，その後ほとんど出現しなくなった（7 カ月後までは少数ながら観察される）（Ohta & Ebisawa 2015）．

つまり，ナミハタは，産卵から半年程度経過したとき（11月）から，産卵直前（3月）までに性転換するため，前の産卵（4～6月）により生じた産卵の痕跡が消えてしまうと考えられた．上述したように，オスの全長と年齢はメスより大きいことに加え，年齢別の性比から推定した平均的な性転換年齢も，メスの平均成熟年齢を超えていることから，筆者らは，ナミハタが「メスからオスへと性転換する」と結論づけた（Ohta & Ebisawa 2016）．

（4）性転換の意義とメカニズム

魚類の性転換については，実にさまざまな種から報告されており，進化における適応，つまりその特性が個体の生き残りに有利であったことによって生じたと考えられている（中園 1991）．性転換という特性がどのように進化してきたかや，どのような生理的な仕組みで起こるのかについては，現在でも研究や議論が続けられているが，ここでは，雌性先熟の性転換に関するものを簡単に紹介したい．

まず事実として，雌性先熟は，一夫多妻制の種に多いということがある．これは，1匹の優位な（大きい・強い）オスが，複数のメスを囲い込み，独占して繁殖するものである．このような状況だと，優位なオスは自分の子を数多く残せる．一方で，小さなオスは繁殖の機会が少ないことになる．したがって，小さいときにはメスとして繁殖し，大きくなったときにオスになり，多くのメスと産卵することで，性転換をしない雌雄異体に比べて，その個体の生涯に残す子の数を多くできる．これは体長－有利性モデル（Ghiselin 1969，Warner 1975）と呼ばれており，性転換が進化する仕組みを説明する主要な理論として知られている．

また，性転換は群れの中での社会的要因によって調整されていることが知られている．例えば，一夫多妻制のハタ類では，グループから，一番大きくて優位なオスを人為的に取り除くと，2番目に大きな（優位な）メスが，オスへと転換するという（Nakai et al. 2002，Mackie 2003）．このように，少数個体が厳格な社会を作っている場合には，優位な個体がまわりを攻撃することで，他の個体が性転換するのを抑えており，優位なオスがいなくなり，社会的に抑え込まれていたものがなくなったときに性転換が起こる．

一方，雌性先熟の種には個体群の中で，多数の個体がグループに分かれて生活し，不安定な社会を作っていることがある．このような場合には，単に優位なオスがいなくなっただけでは不十分で，グループ内の性比（オスとメスの割合）や他個体との大きさの関係により，性転換するタイプもあるという（中園 1991）．

しかし，いずれにしても性転換を引き起こす生理的なメカニズムは共通しており，社会的な刺激を視覚等を通じて中枢神経系が受け，ホルモンの分泌を促し，性転換に至ると考えられている．よって，性転換するサイズや年齢は，遺伝的に組み込まれたものではなく，社会的に調整されているものである．だから，同じ種であっても，性転換のサイズや年齢に地域差があることは不思議ではない．また，マダラハタでは，八重山諸島やポリネシア等では雌性先熟だが，ミクロネシアでは雌雄異体であることが知られている（Rhodes et al. 2011, Ohta et al. 2017）．このように性転換という現象は，種に固定された特徴というよりも，かなり柔軟で複雑であるといえる．

では，ナミハタにどのような社会性があるかというと，実はよくわかっていない．ナミハタは，ふだん数匹から数十匹が，同じパッチリーフ（直径数 m の大きなサンゴ）にいることが観察されているが，そこでどのような社会構造があるかは調査されていない．また，ナミハタは特定の産卵場で産卵集群を形成し繁殖する．一方，性転換の起こる時期は産卵期前までの 5 カ月間に限定されているので，産卵場ではない，ふだんの住み家で，何らかの社会的要因により性転換が起こるものと考えられる．産卵移動を調べた調査では，必ずしも同じ住み家のメンバー同士が産卵場で一緒にいるわけではないことが確認されている（**第 6 章**）．ナミハタにとって，どのような社会的な要因が性転換の引き金になり，どのようにしてメスからオスへと変わる雌性先熟の性転換という特性を獲得したのか，それは未だに大きな謎であるのだ．（太田 格）

第3章

漁業データからみたナミハタの産卵集群

ナミハタは八重山諸島において，重要な漁獲対象種であり，水産資源として人々の暮らしを支えてきた．ナミハタを上手に獲り続けるためには，過去から現在に至るまで，いつ，誰に，どんな方法で，どのくらい獲られたのか，つまり，ナミハタの漁業をよく知ることが，ナミハタの生態を詳しく理解することと同じくらい重要である．一方で，ナミハタを含め漁獲の対象となっている魚は，大勢の漁業者が，大きな関心をもって探索し，観察し，漁具漁法を改良し，漁獲してくるものである．つまり，漁業活動により，その魚の生態や生息環境である海に関する多くの知識が得られているといえる．本章では，漁業のデータによって得られた，ナミハタの産卵集群の現状や生態について紹介したい．

3-1　漁業から得られるデータ

(1) 市場は漁業の総合情報センターだ！

八重山諸島で漁獲された魚は，水揚げされた後，主に2つの市場を介して流通する．1つは，産地である石垣島の八重山漁業協同組合（八重山漁協）の市場であり，もう1つは，沖縄本島の那覇にある泊市場である．市場には，定休日や荒天時を除けば，毎日のように魚が集荷され，セリが行われている．泊市場は，県内最大の魚市場であり，八重山を含む離島や沖縄本島沿岸の多様な魚介類や，沖縄周辺から赤道付近に至るまでの広域で漁獲された沖合性のマグロ類・カジキ類などが集荷される．特にマグロ類の取扱量は全国でも有数であり，まだ夜が明けきらぬ早朝の市場では，500本以上のマグロ類が整然と並び，その光景は圧巻だ．

一方，八重山漁協の市場では，地元産の色とりどりのサンゴ礁性の魚介類がずらりと並ぶ（図3-1）．並べられた魚は基本的に死んでいるのだが，ついさっ

図 3-1　市場の様子
さまざまな種類の魚が水揚げされる（a）．セリのため箱に入れられたナミハタ（b）．数字の札は重量を示すもの．

きまで泳いでいましたよ，といわんばかりに生き生きしているので，水族館さながらである．一方で，新鮮で太った魚を見ていると，刺身でおいしそうだなとか，煮付けがいいなあとか，食指が動くのもしばしばである．市場に並ぶ魚は，まさに生き物と食べ物の間にある．さて，市場には魚だけでなく，大勢の人が集まる．市場を取り仕切る漁協職員はもとより，魚を水揚げする漁業者，買い付けに通う仲買人，品定めにきた居酒屋やホテルの料理人，魚が好きな近所の方々，見学に訪れる観光客や地元小学生，さらには魚や漁業を調べる研究者など，獲る人から食べる人まで，関係者が一堂に会するのである．漁業者に聞けば，「この種類は，夜に穴を掘って眠っているよ」とか，「こういう場所に多くいるよ」とか，研究論文にも載っていないような，魚の生態についてたくさんのことを教えてくれる．また，この魚はどんな漁法で獲れたかとか，途中で時化（しけ）て苦労したとか，サメが多くて大変だったとか，漁の状況をリアルに感じることもできる．仲買人や料理人に聞けば，この魚は安くてうまいとか，こちらの種類は歩留りが悪いとか，この漁業者の魚は活け締めの処理が上等とか，最近外国人観光客にこれが人気だとか，品定めの仕方，食べ方，そして流通についても，最新の情報を知ることができる．だから，市場に通って，さまざまな人とおしゃべりをしていると，魚や漁業に関する情報をまとめて得ることができるのだ．

(2) 市場での漁獲物調査と標本の収集

筆者らの研究チームでは，長年にわたり，この2つの市場に通い，調査研究を継続している．目的の1つは，漁獲状況の把握である．まず，専用の測定台を小脇に抱えて市場に行くと，挨拶もそこそこに，片っ端から魚の大きさを測定し始める（図3-2）．これをひたすら続けていくと，どのくらいの大きさの魚がどれくらい獲られているのかがわかってくる．魚の大きさは，年齢，体重，成熟状態との関係を事前に調べておけば，漁業の合理性を判断するうえで重要な情報となる（**第2章**）．さらに，さまざまな魚種を測定していくと，魚種ごとの漁獲割合がわかってくる．また，漁獲物は水揚げした漁業者の名札をつけて並べられるので，誰が漁獲したものかがわかる．また，漁獲物をよく見てみると，網の跡やモリで突いた穴が残っていたりするので，どんな漁法で漁獲したかがわかる．漁業者が直接市場にきて出荷する場合も多いので，漁法や漁獲場所を直接聞き取ることもできる．漁業者は，季節や対象種に応じて，さまざまな場所や漁法を組み合わせて漁業を行っているが，慣れてくると，誰がどんな漁法で漁獲しているかがわかるようになる．沖縄では魚種や漁法が多過ぎて，漁獲統計では種や漁法ごとの漁獲量を把握することができない．何が，どんな漁法で，どれだけ漁獲されているか，という基本的な情報も，現場での調査が重要なのだ．

もう1つの大きな目的は，標本の収集である．**第2章**では，多くの標本をもとに調べたナミハタの生態について述べた．実は，標本の多くは市場で購入したものだ．海に潜ってモリで突いたり，釣ったりして，研究者が自分自身で標本を集めることは，詳細なデータが合わせて得られるので理想的であり，実際にそういうこともしている．しかし，たくさんの標本を集めようとするとやはり限界がある．一般の方々には市場の魚は食べ物なのだが，われわれにとっては貴重な標本でもある．つまり，市場では，研

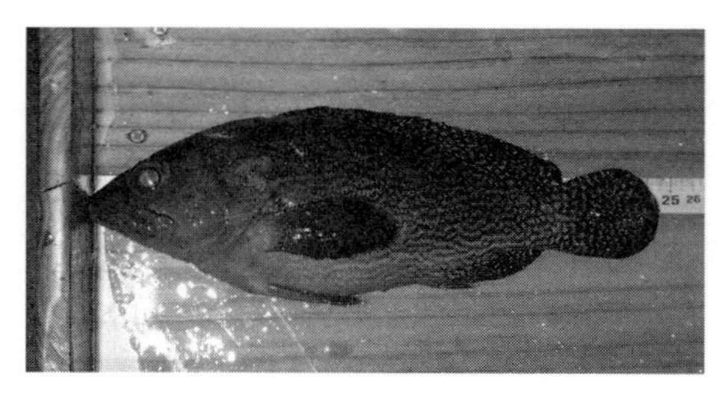

図3-2 測定台でナミハタの大きさを測定する

究材料として欲しい種類や個体を，欲しい分だけ購入できるメリットがある．また，先に述べたように，漁業者に漁獲場所や時間などを聞くことで，標本として必要な付加情報を得られる場合も多い．反対に，経験を積んでいくと，この人の漁法はカゴ網[*1]だから胃内容物の調査には向かないな，とか，この人は潜り漁だが，活け締めを入念にやるから，よく耳石が壊れているんだよなとか，標本に不向きなものは購入しない選択もできるようになる．

購入する場合には，なじみの仲買さんにお願いする．欲しい魚のセリ番号リストのメモを秘密裏に渡して（適正な競争を妨げないために），競り落としてもらう．あまりに値段が競り上がっていくと，予算の都合上，内心ハラハラもするのだが，仲買さんの強気なセリで欲しい魚が落札されるとちょっとした興奮を覚えるのも醍醐味である．

(3) 漁獲統計

市場を介して流通する魚は，数量や金額が伝票として記録され，各市場の経理システムに入力される．沖縄県水産海洋技術センターでは，このような県内の各市場の伝票記録を，1989 年から収集し，漁獲統計のデータベースを構築している（本永 1988）．八重山諸島で漁獲されたものは，八重山漁協市場と泊市場の 2 つの市場の漁獲統計により，かなり正確な情報を知ることができる．両市場では，ほぼ同じ魚種コードが使用されており，合計約 120 種類の魚種コードによって魚種が区別できる．よって，20 年以上にわたる毎日の詳細な水揚げ記録が研究に活用できるのである（太田ら 2007）．

一方で，魚種コードは，必ずしも単一種に対応しているわけではない．八重山では，魚だけでも 240 種以上が漁獲対象となっているし（太田 2008），姿形がよく似た種がいるので，種の区別そのものが難しい場合や，区別はできても商品価値の観点から，市場で便宜上分ける必要がない場合もある．そのため，「小型のブダイの仲間」とか，「まだら模様のあるハタの仲間」とか，似たもの

[*1] 鉄筋の骨組のある直径 1 m ほどの円形のカゴ網．上面に漏斗状の入口があり，仕込んだ餌に誘われて魚が入ると出られなくなる仕組み．漁獲されるまでに時間がかかることもあり，胃の中身が消化されていることも多い．

同士を1つのグループにまとめ，単一の魚種コードが割り当てられるケースも多い．そういうわけで，漁獲統計では，必ずしも種ごとの統計値がわからないという弱点があるが，漁業の実態を把握するうえではなくてはならない基礎情報となっている．

3-2　漁業データでみたナミハタ

(1) ナミハタの位置づけ

八重山諸島では，さまざまな漁法によって，多種多様な水産生物が漁獲されている．その中のナミハタの位置づけをおおまかにみてみよう．市場では，ナミハタは単一の魚種コードを当てられている．よく似た種が若干含まれている場合があるものの，ナミハタのデータだけを選び出すことができる[*2]．つまり，ナミハタの詳細な漁獲データが利用できる．

まず，獲られている魚全体をみた場合，ナミハタのランキングは何番目になるのかをみてみよう．2005 ～ 2007年の平均では，年間漁獲量は約10 t，漁獲尾数は約31000尾であった．八重山海域全体の漁獲量に占めるナミハタの割合は，3.6％で，魚類の中で5番目に多く，ハタ類の中ではスジアラ（平均約15 t，約12000尾）に次いで2番目に多い．しかし，尾数では，スジアラよりも3倍近く多く，最もポピュラーなハタの仲間であるといえる（太田 2008）．

次に，漁法に着目してみよう．ナミハタは，水中銃や手モリ（“矛突き”と呼ばれる漁法）で漁獲されることが多い．獲られるナミハタ全体では，79.5％のナミハタが“矛突き”で獲られており，釣りは10.2％であった．つまり，ほとんどのナミハタは“矛突き”で漁獲されている（太田 2007）．

---

*2　ハタの仲間の中には，種をきちんと区別されずに“みーばい”（方言名でハタ類）という大きなくくりでいくつかの種がまとめてセリにかけられていることがある．このような場合に1つの種に定めて，漁獲統計を使って詳細を調べることは困難である．一方で，ナミハタは“たこくえーみーばい”として，単一の種として扱われている．これは，ナミハタの商業的な価値が高く，漁獲量も多いためである．

(2) 漁獲量の経年変化

1989～2008年の過去20年間における，ナミハタの漁獲量の年変化をみてみよう（図3-3）．まず，漁獲量の増減をみると，1989年に24900 kgであったものが年々減少し，2008年には14700 kgとなっている．20年間で41％減ったことになる（図3-3a）．

ナミハタは，産卵期に特定の海域で産卵集群を形成する（この場所を産卵場という）．このことは漁業者には広く知られており，そのために産卵集群をねらった操業が盛んであった．そこで，漁獲量を産卵期（LCM3月～LCM5月）と非産卵期に分けて整理してみた．すると，産卵期では減少傾向がゆるやかな一方で（1年間あたり約129 kgの減少），非産卵期では顕著に減少していた．（1年間で約440 kgの減少：20年間で約50％減）．また，漁業活動の指標となる漁獲努力量として，延べ水揚げ日数（≒延べ操業日数）のデータが利用できる．産卵期も非産卵期も傾向は同様であり，操業日数は1990年代半ばまで増加し，その後ゆるやかに減少している（図3-3b）．

次に，これらのデータを用いて，単位努力量あたりの漁獲量（Catch Per Unit Effort：CPUEという略語を使う）を計算した．これは，資源量（海中の生物量）が多い（少ない）ときには，それに応じて一回操業あたりの漁獲量が多く（少なく）なるはずだ，という単純な仮定にもとづく指標であるが，簡易な資源量水準の指標として広く利用されている．ここでは漁獲量を努力量（延べ水揚げ回数）で割り算したもので，単位は一回操業あたりの漁獲量である．CPUEを産卵期と非産卵期に分けて計算してみると，産卵期のCPUEは非産卵期の1.3倍から2.5倍大きいことがわかる（図3-3c）．また，どちらのCPUEも，操業の盛んであった1990年代半ばまでに，顕著な減少傾向が認められた．1989年から1997年までの減少率は，産卵期では53％であるのに対し，非産卵期では65％となり，非産卵期の方が減少の程度が大きいことがわかった．

産卵集群は，広い範囲から産卵場に集まった濃密な群れである．一度に獲り尽くせないほどたくさんのナミハタが集まると，資源の減少がCPUEの減少に表れにくい（ハイパースタビリティの可能性：**第1章**参照）．さらに，年間の漁獲量に対する産卵期の漁獲割合は30％から51％であり，年々増加する傾

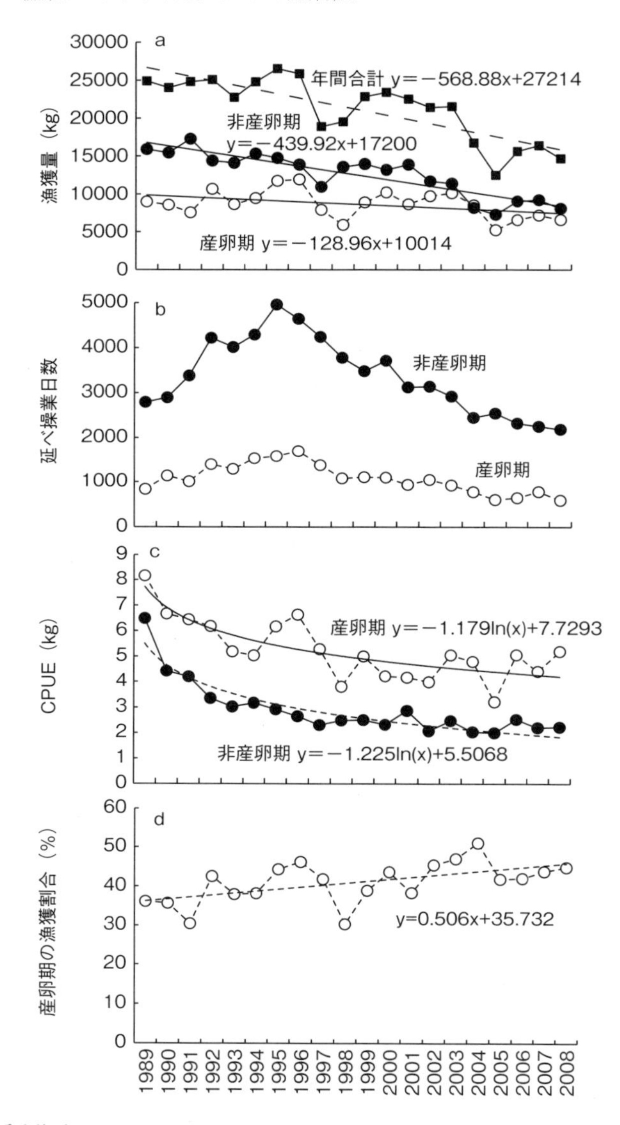

図 3-3　八重山海域におけるナミハタの漁業データ
漁獲量（a）・延べ操業日数（b）・CPUE（c）・年間の漁獲量に対する産卵期の漁獲量の割合（d）．Ohta & Ebisawa（2017）を改変．

向があった（図 3-3d）．これは，八重山諸島全域に住むナミハタの数が減っており，効率的にナミハタを獲ることができる産卵集群への依存が高まっているためと考えられる．これらのことから，八重山諸島全域のナミハタの数は顕著な減少傾向にあり，近年の状態は CPUE の数値そのものが示す以上に悪化している可能性があるのだ．

3-3　漁業データから産卵集群を調べる

（1）漁獲量の変動の季節性と月周期性

過去 20 年間の漁獲データを，カレンダーの日付ごとに平均したものをみてみよう（図 3-4）．これをみると，漁獲量は産卵期（4 ～ 5 月）に特に多いことがわかる．

さらに，月周期カレンダーに合わせて（第 2 章），20 年間の漁獲データを 1 日ごとに平均してみよう（図 3-5）．すると，LCM3 月から LCM5 月の各月には，漁獲量と CPUE どちらにも顕著なピークが認められ，それがなんとナミハタの産卵日である下弦の月と一致していることがわかった．つまり，産卵期には漁獲量にも月周期性があるのだ．これは産卵期になると，漁業者も産卵場に集まり，ナミハタの産卵集群をねらって操業し，集群形成量の増減に応じて漁獲しているからである．つまりは漁獲量のデータを整理することで，ナミハ

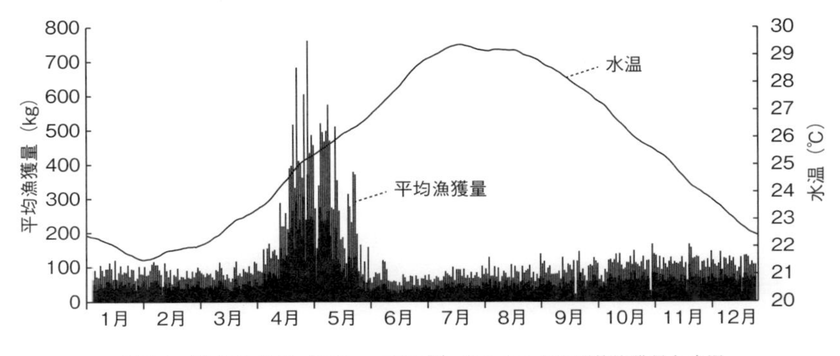

図 3-4　過去 20 年間（1989 ～ 2008 年）のナミハタの平均漁獲量と水温

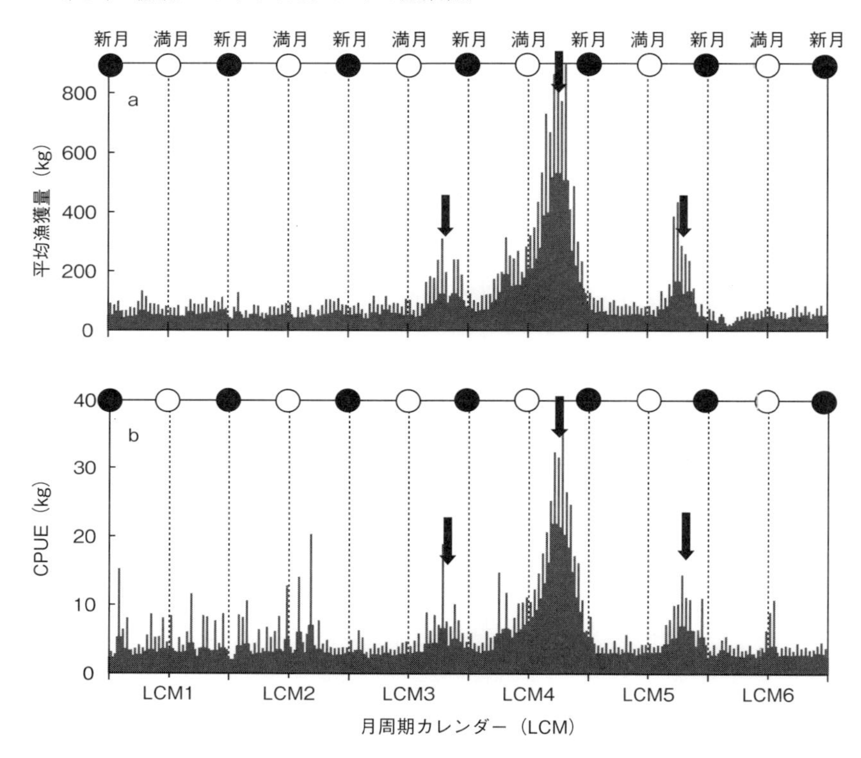

図3-5　月周期カレンダーに合わせた過去20年間の平均漁獲量（a）とCPUE（b）
●：新月（月周期カレンダーの1日目），○：満月，矢印：下弦の月．Ohta & Ebisawa (2017）を改変．

タの産卵集群の形成に，月周期性があることがわかったのである．

(2) 漁業データから産卵集群の形成を探る

漁獲量のデータは，産卵集群がどのようにできるのか，その過程を見事に反映している．LCM4月の平均漁獲量を例に説明しよう（図3-6）．まず，産卵予定日（下弦の月）の16日前頃（上弦の月の頃）になると，漁獲量が少しずつ増え出す．これは，産卵集群ができ始めたことを示しており，市場では，成熟した大型のオスが多く見られるようになる．次に産卵予定日の7～3日前頃になると，漁獲量は急速に増加し，お腹が膨らんだメスが大量に水揚げされ

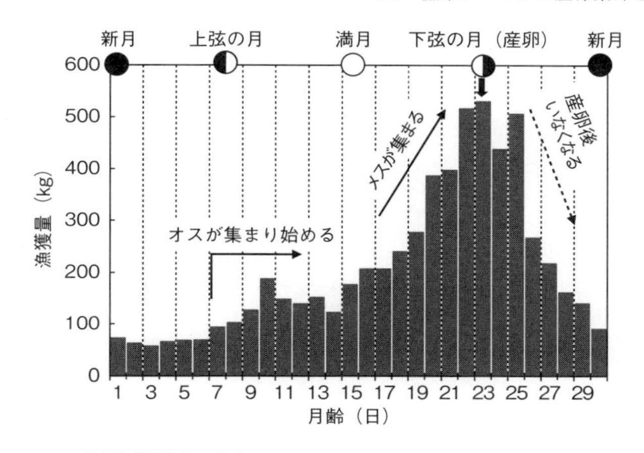

図 3-6　ナミハタの産卵集群形成の動向
月周期カレンダーに合わせ，過去 20 年間の平均漁獲量からみたもの．LCM4 月の場合を例として示す．

るようになる．そして，産卵予定日を過ぎると，漁獲量は急減し，市場にはお腹がへこんだメスや傷だらけでやせたオスが現れ始める．これらは後で述べる潜水調査（**第５章**）や超音波テレメトリー調査（**第７章**）のデータともよく一致している．というわけで，漁業データが産卵集群の形成過程を反映する重要な情報となることがわかった．

(3) 産卵集群の形成パターン

今度は，産卵集群の形成パターンを，年ごとに分けて詳しくみてみよう．その前に，漁業データによる産卵集群の定義をしないといけない．ここでは「下弦の月前後 1 週間に，漁獲量が 150 kg 以上かつ CPUE が 10 kg 以上の日」があれば，それを産卵集群（を獲ったもの）と定義した．そして，過去 20 年間で，いつ産卵集群ができていたかを検討した．すると，産卵集群の形成には，以下の 3 パターン：①産卵集群が LCM3 月と LCM4 月に 2 回できる（パターン 1）場合，② LCM4 月に 1 回だけできる（パターン 2）場合，③ LCM4 月と LCM5 月の 2 回できる（パターン 3）場合，があることがわかった．20 年間のうち，パターン 1 は 3 例，パターン 2 は 8 例，パターン 3 は 9 例みられ，いずれのパターンにも，LCM4 月には必ず産卵集群ができていた（図 3-7）.

一般に，魚類の成熟・産卵には水温や日照時間が関係することが知られている．また，ナミハタでは月周期も関係しており，下弦の月に合わせて産卵を開始する．これらの関係について検討すべく，まず，過去 20 年間において，

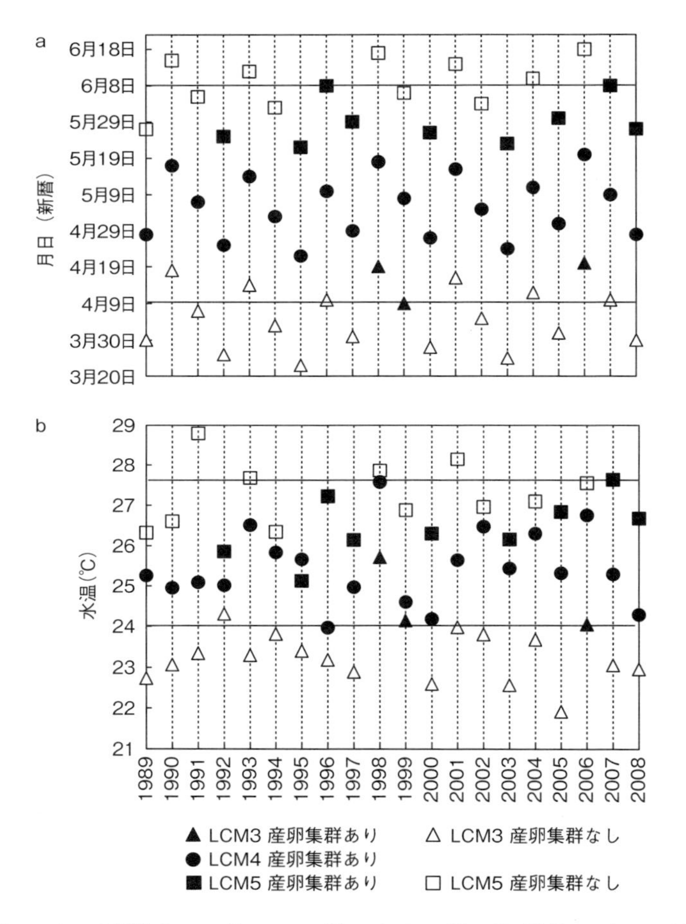

図 3-7　ナミハタの産卵期（LCM3 月～ LCM5 月）における下弦の月（月齢 23 日）の日付（a）と水温（b）

過去 20 年間（1989 ～ 2008 年）のデータを示す．黒のシンボル：産卵集群あり，白のシンボル：産卵集群なし．図中の横線は，過去 20 年間の中で，産卵集群が形成された最低値と最高値を示す．Ohta & Ebisawa（2017）を改変.

「LCM3 月～ LCM5 月の下弦の月に産卵集群が形成されたかどうか」と通常のカレンダーとの関係を検討した（図 3-7a）．これを見るとわかる通り，各月の下弦の月はカレンダーでは毎年少しずつずれていく．普通のカレンダーは 365 日が 1 年として作られている．

産卵集群と日照時間に関係があるならば，一定の日付以降の下弦の月で，必ず産卵集群ができるはずだ．そこで，1999 年 4 月 9 日のデータを見てみよう（図 3-7a）．これが過去 20 年間で，最も早い日に産卵集群ができた例だ．もし，日照時間が産卵集群の形成に関係するならば，毎年，4 月 9 日以降に産卵集群ができるはずである．しかし，そうはなっていない．つまり，日照時間は関係がないといえる．次に，産卵集群の形成と下弦の月のときの水温の関係を見てみよう．水温が 24℃に達した後，1 回目の産卵集群ができていることがわかる（図 3-7b：ただし 1992 年だけが例外だった）．

これらのことは，産卵集群の形成と関係しているのは，日照時間ではなく水温である可能性を示唆している．しかし，産卵集群ができる回数（1 年に 1 回だけか，あるいは 2 回か）については，この水温ではうまく説明できない．水温が一定温度以上に達すると産卵を終了するという単純なものではなさそうだ．

（4）産卵集群は水温で決まる！

産卵集群の形成の 3 パターンと水温の関係をさらに詳しく検討するために，各パターンの典型的な例をみてみよう（図 3-8）．産卵集群が，LCM3 月と LCM4 月の 2 回起こった 1998 年（パターン 1 の例）では，産卵期の水温は，平年よりも高めであった．また，産卵集群が LCM4 月の 1 回のみであった 2004 年（パターン 2 の例）は，水温は平年並みだった．一方で，LCM4 月と LCM5 月の 2 回起こった 2000 年（パターン 3 の例）では，水温は平年よりも低めであった．このような傾向は，ほぼすべての年に当てはまった．すなわち，海水温が平年より高いときはパターン 1，平年並みであればパターン 2，平年より低ければパターン 3 となることがわかった．

これを，詳しく検討した結果，産卵集群の開始月と回数は，産卵期前の平均水温によって説明できることがわかった（Ohta & Ebisawa 2017）．ここでいう

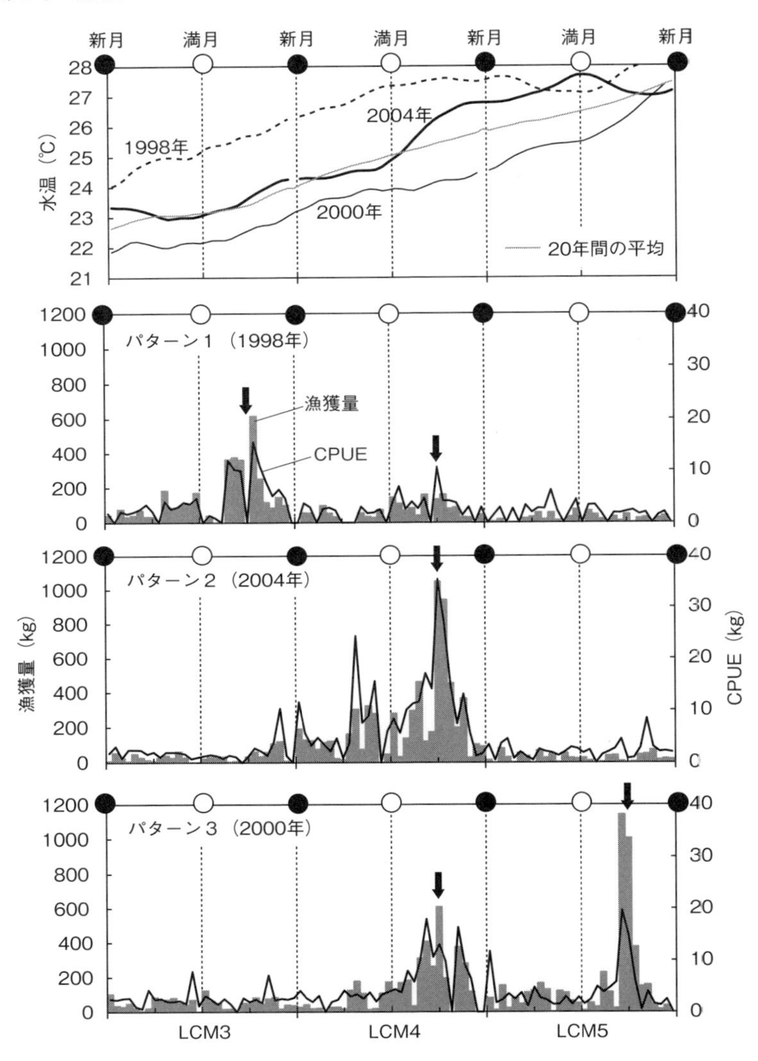

図 3-8　産卵集群の3つの形成パターンと水温の関係
典型的な例（1998，2004，2000年）について示す．月周期カレンダーに合わせた日別漁獲量とCPUEから，産卵集群ができる時期を特定できる．黒矢印は産卵集群のあった下弦の月を示す．Ohta & Ebisawa（2017）を改変．

平均水温は,「産卵日以前の 30 日間の水温を平均したもの」とした. まず, LCM3 月の下弦の月以前の 30 日間の平均水温が 23.7℃以上のとき, パターン 1 がみられた. そして, LCM4 月の下弦以前 30 日間の平均水温が 24.2℃より高いとき, 50%の確率で LCM4 月の 1 回だけ, 反対に, 24.2℃より低いとき, 50%の確率で, LCM4 月と LCM5 月の 2 回, 産卵集群が形成されると推定された.

水温によって産卵集群の形成パターンが説明できる理由は次のように考えられる. まず, ナミハタのように春（3 月以降）に産卵する魚の中には, 水温の上昇によって産卵準備が始まるものがいる（清水 2010）. また, ナミハタが（生理的に）産卵の準備を始める（卵細胞に卵黄という物質ができ始める）のは, 産卵の約 1 カ月前である（Ohta & Ebisawa 2015）. したがって, 産卵前の 1 カ月の水温は, ナミハタの産卵に向けた準備に大きく影響すると考えられる.

さらに, 産卵集群の形成が年 2 回ある場合（パターン 1 と 3）, 1 回目と 2 回目の産卵集群の規模[*3]には負の相関関係があった. つまり, 1 回目が多ければ（少なければ）, 2 回目は少ない（多い）という関係があった（図 3-9）. これらの結果から, ①産卵の準備ができた個体から, 産卵場へ移動して産卵集群をつくる（これが 1 回目の産卵集群になる）. 産卵の準備ができていない個体は, 翌月（2 回目）に産卵集群を形成する, ②卵巣が発達する時期の水温は, その年のナミハタの集団全体の成熟具合に関係する. 水温が高いほど, より多くの個体が 1 回目の産卵集群として産卵に参加する, ということが推察された.

(5) 年に一度の産卵

さらに, 1 回目と 2 回目の産卵集群の規模に負の相関関係があるということは, もう 1 つの可能性を示唆する. ナミハタ 1 匹ずつに着目してみると, それぞれの個体は年に 1 回だけ産卵集群に参加するというものだ（Ohta & Ebisawa 2017）. これを裏付ける証拠がある. 卵巣を顕微鏡で詳しく観察した結果, ナミハタは少なくとも 1 回の産卵周期においては卵巣内の卵をすべて

[*3] ここでは, 産卵集群の量の指標（1 年間に獲られた量に対する, 各 LCM 月の漁獲量の割合）を用いた.

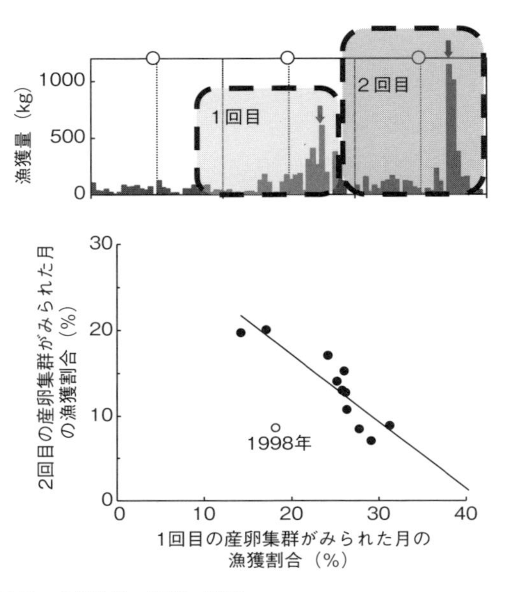

図 3-9 1回目と2回目の産卵集群の規模の関係
産卵集群の規模は，産卵集群がみられた月の漁獲量を用いて，年間漁獲量に対する各月の漁獲割合で示している．1998年を除く回帰直線を示す．Ohta & Ebisawa（2017）を改変．

産み出す total spawner であった（第２章）．さらに，1回目の産卵集群で産卵を終えた卵巣には，次の産卵のための卵群はなく，また，2回目の産卵集群に向けて発達した卵巣にはマッスルバンドル（第２章）のような産卵の痕跡が認められなかった（Ohta & Ebisawa 2015）．

超音波テレメトリー調査でも，メスの産卵場への移動は年1回だけで，産卵終了後，すぐにもとの生息場にもどることが確かめられている（Nanami et al. 2014）．同様に，アカマダラハタでは，オスは産卵場を複数回訪れたが，メスが産卵場を訪れたのは1回だけであった（Rhodes et al. 2012）．このようなことから，ナミハタ（少なくともメス）は，1年の間に1回だけ産卵集群に参加する可能性が高いと考えられた．このことは，先に述べた水温が産卵集群の形成の開始月のみならず形成回数を決定する大きな理由の1つであろう．ナミハタにとって，産卵集群は年にたった1回だけの繁殖の機会であり，子孫を残すために極めて重要なイベントだといえるだろう．

（太田 格）

第4章

ナミハタの資源量と将来―保護区の必要性を検証する

広大な海の中にどのくらい魚がいるかを調べるなんて，途方もないことのように思える．八重山のサンゴ礁に限ったとしても，それなりに海は広いし，潜れば，数えきれないほどの魚の姿を見ることができる．しかし，漁業から得られた情報と対象生物の生態情報をおおいに活用することで，海の中の魚の数を調べる方法が考案されている．本章では，これまでに得られたナミハタの生態と漁業の情報を活用して，八重山諸島に住む資源量を推定するとともに，産卵場の保護区が，ナミハタの資源の回復に貢献する効果について検討した．

4-1　資源量の推定

(1) 資源量とは？

一般的に，漁獲対象となる魚の資源量とは，ある海域に生息する，ある時点での生物の重量のことをいう．ここでは，八重山諸島に住むナミハタがどれだけ生息しているかを明らかにするために，Virtual Population Analysis（VPA）という数理解析手法（平松 2001）を用いた推定方法の概要とその結果を紹介する．

VPA は年齢別漁獲尾数，自然死亡係数，漁獲死亡係数を用いて年齢別資源尾数を計算し，資源量を推定する方法である．VPA では，ある集団から得られた漁獲尾数をベースに，自然死亡や最終年の生き残りを考慮して，時間の流れを逆にたどることによって各年の尾数を推定する．そこでまずナミハタの資源量を推定する際，具体的にどのような情報を使うのかについて説明したい．

(2) 資源量の推定に用いる情報

VPA で用いるデータは，主に①漁獲統計，②市場調査，③標本分析で得ら

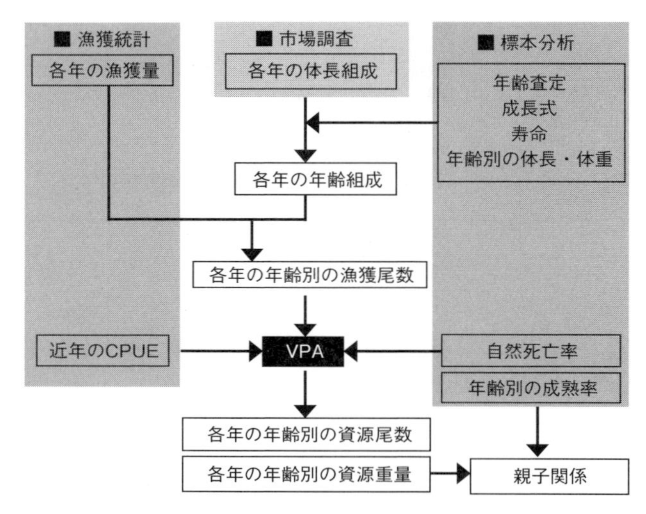

図 4-1　Virtual Population Analysis（VPA）の流れと用いるデータ

れた情報の大きく3つに分けられる（**図 4-1**）．まず，VPAに用いる基本データとして，複数年分の年齢別漁獲尾数のデータが必要である．年齢別漁獲尾数とは，ある1年間に漁獲されたすべてのナミハタの年齢構成であり，それぞれ何歳が何尾漁獲されたかを整理したものである（**表 4-1**）．具体的には，漁獲物調査で得られた体長組成のデータをもとに，成長と漁獲量の情報を利用して，漁獲物全体の年齢構成を推定している．ここでは，体長組成のデータを取り始めた2003年から2012年までの各年の年齢別漁獲尾数を表に整理した（**表 4-1**）．表の見方は以下の通りである．

①**年ごと（縦）に見る**：20歳（最高齢）までの各年齢の漁獲尾数が推定されていることがわかる．これは，毎年ナミハタが生まれて，海の中には生まれ年（年齢）の異なるナミハタがいて，1年の間には，20歳までの年齢の異なる魚がそれぞれ漁獲されていることを示す．

②**年齢ごと（横）に見る**：4歳より若いもの，16歳以上のものはわずかにしか漁獲されていないことがわかる．高齢になるほど漁獲が少ないのは，海の中の数の割合を反映すると考えられる．しかし，若いものの漁獲が少ない理由は，小さくて網にかからなかったり，商品価値が低いため漁獲対象とならない

表 4-1　年別・年齢別漁獲尾数（何歳のナミハタが，何尾獲られたのか？）

年齢／年	2003	2004	2005	2006	2007	2008	2009	2010	2011	2012
0	0	0	0	0	0	0	0	0	0	0
1	0	0	3	4	0	0	0	0	0	0
2	0	4	3	4	4	3	3	3	3	2
3	324	78	17	47	4	3	40	3	14	20
4	7603	4384	3060	3402	1999	665	1860	1395	1552	1673
5	13917	10108	8040	8270	8675	3927	5363	4675	5229	4811
6	12446	10167	6803	8355	9404	7300	5724	5192	6256	4954
7	9200	7717	4625	6342	6719	7847	5270	4873	5537	4199
8	5759	4707	3019	4269	4315	5983	4362	4118	4008	3166
9	3017	2384	1867	2654	2657	3666	3076	2945	2418	2056
10	1379	1082	1098	1570	1592	1994	1886	1804	1286	1176
11	588	477	632	915	942	1037	1066	1002	648	626
12	248	217	366	541	561	543	588	537	327	327
13	108	105	218	330	341	295	328	290	171	173
14	50	54	136	208	215	169	188	163	95	95
15	25	30	89	134	141	102	111	97	55	55
16	14	18	61	86	97	66	67	61	33	32
17	8	11	43	55	69	45	40	41	20	19
18	5	6	32	32	52	33	23	29	12	11
19	3	4	25	16	41	25	11	21	6	6
20	2	4	20	4	33	20	3	17	3	2
合計	54696	41557	30157	37239	37860	33724	30009	27265	27673	23405

2006年級群

2003年級群
各年の
漁獲尾数

からであって，意味が大きく異なる．

③**年級群ごと（斜め）に見る**：同じ年に生まれた集団を年級群という．例えば，2003 年生まれ（2003 年の 0 歳）は，翌年 2004 年の 1 歳，翌々年 2005 年の 2 歳，そして 2012 年の 9 歳である．

この年齢別漁獲尾数を年級群ごとにさかのぼり，各年各年級群の資源尾数を計算したものが，年齢別資源尾数である（**表 4-2**）．

例えば，2003 年生まれの漁獲尾数を，2012 年の 9 歳から，1 年ごとにさかのぼり，2003 年まで足し合わせると，2056 + 4008 + 4873 + ・・・・・・ + 0 = 22638 尾となる．つまり，2003 年級群は，2012 年の時点までに 22638 尾漁獲したのだから，0 歳の資源尾数は，少なくとも 22638 尾はいたことになる．しかし，2012 年の 9 歳がすべて漁獲されたわけではなく，海の中には生き残り

表 4-2　年別・年齢別資源尾数（何歳のナミハタが，何尾いるのか？）

年齢/年	2003	2004	2005	2006	2007	2008	2009	2010	2011	2012
0	92429	91086	92578	94636	104141	120726	127613	104968	97229	94974
1	97687	78231	77094	78356	80099	88144	102181	108010	88843	82293
2	95519	82681	66213	65248	66316	67794	74603	86484	91418	75195
3	84637	80845	69976	56039	55222	56125	57377	63140	73196	77372
4	73977	71337	68354	59210	47387	46735	47501	48526	53438	61939
5	60506	55618	56346	55039	46984	38269	38945	38492	39789	43802
6	42639	38408	37775	40294	38976	31786	28777	28028	28279	28865
7	27255	24639	23155	25713	26417	24337	20187	19090	18946	18179
8	15845	14604	13754	15343	15929	16178	13379	12237	11674	10941
9	8516	8113	8030	8864	9058	9513	8188	7310	6568	6194
10	4438	4433	4674	5079	5060	5222	4679	4101	3478	3335
11	2361	2487	2757	2945	2854	2818	2585	2225	1812	1760
12	1343	1458	1666	1752	1651	1549	1431	1207	961	937
13	865	909	1034	1074	985	881	811	670	528	513
14	476	632	673	675	605	520	475	385	300	289
15	398	357	485	444	380	315	285	229	176	167
16	279	314	274	329	253	192	172	139	105	98
17	75	224	249	176	199	125	102	84	61	58
18	163	56	180	171	99	104	64	49	34	34
19	61	133	42	122	115	36	58	34	15	18
20	38	49	109	12	89	60	8	39	9	7
合計	609507	556613	525417	511522	502819	511429	529420	525449	516859	506971

2003年級群　各年の資源尾数

がいたはずである．また，1年の間には，捕食や病気などの自然死亡によって，少しずつ死んでいるはずだから，その分を各年で足し合わせていかなければ過小推定となってしまう．そこで，VPAでは年間の自然に死亡する割合を仮定する．自然に死亡する率を実際に調査して調べることは，簡単ではないので，VPAでは寿命の情報にもとづく経験式を用いて，自然死亡係数（M）を推定することが一般的である．自然死亡係数は指数関数の係数であり，これは生物の個体群が，指数関数的に減少していくという，一般的な現象を仮定しているからである．八重山海域のナミハタは最高齢20歳であったので，M = 0.167と仮定した（Hoenig 1983）．これは捕食されたり，病死したりして，年間約15%が自然に死亡していく（反対に約85%が生き残る）という仮定である．このように，VPAでは年級群ごとに，時間をさかのぼりながら漁獲尾数のデータをもとに，自然死亡を考慮して資源尾数を計算していく．

さらに，VPAの特徴として，最近年の若齢年級群ほど資源尾数の推定精度が低くなることが知られている．これは計算に使うデータが少なくなるからである．例えば，2003年級群では，少なくとも2012年の9歳から2007年の3歳まで7年分の漁獲量のデータをさかのぼり利用できる（表4-1）．一方，2006年級群では，2012年の6歳から2009年の3歳までの4年分しか使えない．これを補うため近年の資源量の動向を反映するような別の指標を用いる「チューニング」という方法がある．今回はその指標にCPUEを用いた．また，各年級群の最終年（この場合，2012年）の漁獲死亡係数（F）を仮定する．これはターミナルFと呼ばれており，この数値を調整して全体をバランスするような仮定を置くことで資源尾数が推定できるのだ．

(3) 資源量の推定

VPAにより推定した2003～2012年の資源尾数を表4-2に，これを重量換算した資源量（資源重量）を図4-2に示す．資源量は2003年の85 tから2012年の65 tに漸減し（約24%減少），チューニングなしの63～34 t（約46%減少）に比べ，CPUEの変動傾向を反映し，減少傾向がゆるやかとなった（太田ら2013）．このようにチューニングの有無で資源量の推定結果にかなりの違いがあるが，最近年の推定精度が悪いというVPAの欠点をチューニングによって補った，より現実に近い推定値だと考えている．

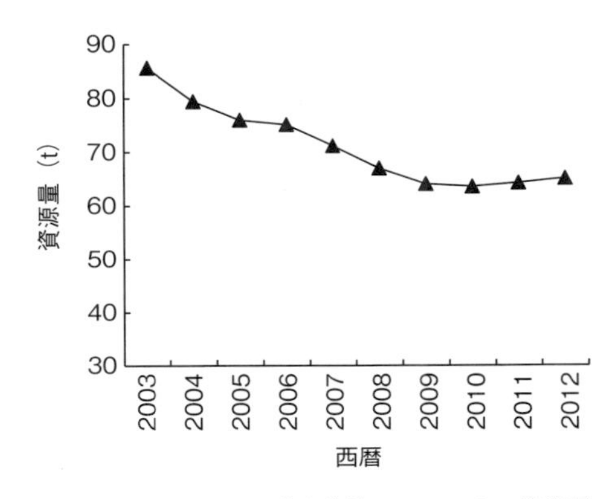

図4-2　VPAによる八重山海域のナミハタの資源量の推定値

一方で，VPAによる資源量推定では，仮定する前提条件によって推定値が敏感に変化するものだともいえる．チューニングする場合は，用いる指標が正しくなければ，当然ながら推定結果も現実的なものではなくなってしまう．また，VPAでは一般に，仮定するMが大きくなるほど資源量も大きく推定される．Mについては実際に調べることは困難であり，寿命の情報から理論的，経験的な方法に基づいた推定値を仮定しているため不確実性が高い．よって，資源量の推定値そのものにはかなりの誤差を含み，野外調査の個体数データ等とは直接比較することはできないかもしれない．

しかし，VPAの強みとして，仮定するMが変わっても，長期の変動傾向は変わりにくいという特徴がある（平松 2001）．後述するシミュレーションでも同様であるが，仮定するMによって，資源量の絶対値にはかなり違いが認められるが，長期の変動傾向は変わらないことが確かめられている（太田ら 2013）．このように，VPAによる資源量推定は，誤差要因はありながらも，資源の現状や今後の管理策を評価するうえで重要な基礎情報となっている．

4-2　将来を予測する

(1)　シミュレーションによる資源量の将来予測

ここでいう将来予測とは，ナミハタの資源量がどのように変化していくかについて，ただ1つの正解を導くものではない．われわれが選択するシナリオに応じて，資源量がどのように変化するかを，これまでに得られたナミハタの生態特性を用いて確率論的に見積もるものである．あくまでも数値シミュレーションであり，シンプルなモデルに，多くの前提条件が与えられた推定値ではあるが，ナミハタの資源を回復させるために何をすべきか，管理策を検討するうえで重要な示唆を与えてくれる．

これまでに説明したように，八重山ではナミハタの産卵集群を漁獲対象としてきており，産卵集群の漁獲が資源の減少に大きな要因になっていた可能性がある．そこで，実際にナミハタの産卵場に保護区を設定することを提案するとともに，その効果をVPAを用いて推定した．八重山には少なくとも5つのナミハタの産卵場があり，その中でも最も産卵集群の規模が大きいとされるヨナラ水道（図5-1）に，2010年から保護区が設定されることとなった．この保護区は，ヨナラ水道南側の産卵群が高密度で集まる海域を中心に範囲が設定され，産卵集群の規模がピークになる下弦の月前後5日間という極めて短期間を禁漁する形で始められた．しかし，関係者の努力により，保護区の日数や面積は年々増加し，2017年では，LCM4月およびLCM5月に，20日間（下弦14日前から下弦5日後）× 2回 = 40日間へと保護の取り組みが拡充していった（**第11章**）．この節では，2010年以降の管理策の効果，特に主要産卵場を保護区に設定することによる漁獲量の削減の効果と資源量の回復の効果を検証した（太田ら 2013）．

(2) シミュレーションの概要

過去の資源量の推定は，年齢別漁獲尾数をもとに，自然死亡と漁獲死亡を考慮して過去にさかのぼり計算していった．今度は反対に，推定された年齢別資源尾数をもとに，自然死亡率を考慮しつつ，管理のやり方（シナリオ）に従い，漁獲死亡係数Fを調整して未来に向かって年級群ごとに資源尾数を計算していく（前進計算という）（太田ら 2013）．ここでは，2009年（保護区設定の前年）の年齢別資源尾数（チューニングVPAの結果）を初期値として，下記のシナリオに従い2010～2019年までの将来10年間の資源量を推定した．

まず，保護区の期間・海域範囲の設定に応じて，各年のFに漁獲削減係数γを乗じた．つまり，全面禁漁であれば$\gamma = 0$，管理策なし（2009年時点での現状維持）であれば$\gamma = 1$となる．また，過去の月周期的な漁獲量の変動パターン（**図3-6**）から，LCM4月およびLCM5月の2カ月間の八重山海域全面禁漁であれば$\gamma = 0.6$（漁獲圧40％減）と推定した．同様に，2010年に開始したヨナラ水道の産卵場保護区LCM4月下弦前後5日間であれば$\gamma = 0.93$（漁獲圧7％減），2013年のLCM4月およびLCM5月の下弦前後7日間× 2回 = 14日間であれば$\gamma = 0.87$（漁獲圧13％減）程度となる．また，2017年のヨナラ水道保護区LCM4月およびLCM5月の20日間（下弦14日前から下弦5日後）× 2回 = 40日間では$\gamma = 0.78$（漁獲圧22％減）となる．

次に，前進計算による資源量の推定で，最も大きな影響を与える要素は，加入量の決め方である．加入量とは，各年の0歳魚の尾数のことをいい，普通，前年の親魚の量に応じた関数で計算する．つまり，親が多ければ，子どももたくさん生まれ，反対に親が少なくなれば子どもは少なくなるという関係や，親が一定以上に増加すると子どもの量も頭打ちになる関係（密度効果という）を数式で表現する．これを親子関係（再生産関係）といい，ナミハタでも過去の資源量推定値から，半ば強引に再生産式を導き出した．強引にというのは，普通，親子関係を導き出すには，多くのデータ，つまり相当に長期（20年以上とか）のデータがないと十分な関係を把握できないことが多い．そもそも「数打ちゃ当たる」戦略の海産魚類では，毎年の加入量は環境要因などにより変動が大きいことも珍しくなく，明確な親子関係が見出せない場合もあるからだ．そこで，各年の再生産成功指数（RPS：親魚資源量に対する加入尾数）を計算し，その変動幅をランダムにリサンプリングして，再生産式で得た加入量を変動させた．つまり，想定した親子関係に加えて，過去に実際に起こった加入量の自然変動の幅を考慮してシミュレーションを行い，資源量の推定値を確率的に扱えるようにした．また，産卵集群を集中的に漁獲し，資源量が減少してきたこれまでの状況に比べて，産卵期の保護により，再生産がうまくいく可能性がある．そこで，RPSが最大30%まで増加するシナリオについても検討した．

まとめると，①産卵期の保護期間，②加入量の自然変動の幅，③再生産成功の増加について，異なる組み合わせを設け，それぞれ1000回のシミュレーションを実施した．ここでは結果の一部のみ紹介するので，詳しい内容については報告書を読んで欲しい（太田ら2013）．

(3) 管理策・保護区の効果

まず，RPSの増加がないとした場合（$\delta = 1.0$），現状維持（漁獲削減係数$\gamma = 1$）では，資源量は減少傾向が続き，2019年には2009年の資源量から約30%減少した．一方，漁獲圧を現状から40%削減した場合（$\gamma = 0.6$，産卵期2カ月全面禁漁に相当），資源量はほぼ横ばいとなった．一方，全面禁漁にした場合（$\gamma = 0$），資源量は急速に増大し，2019年には2009年の資源量の2.2倍に達した（図4-3）*．前述したように，RPSが増加しない場合（$\delta = 1.0$），漁獲削減率が40%（$\gamma = 0.6$）以下では，資源の減少傾向は継続した．つまり，これまでに実施してきた短期間の保護区では，資源の回復の可能性が低く，資源の回復のためには少なくとも産卵期 2 カ月間の全面禁漁が必要であることが示された（太田ら 2013）．

しかし，2010 年当初の 5 日間の保護区（$\gamma = 0.9$）でも，RPS が 20％増加する（$\delta = 1.2$）ときにほぼ横ばい，RPS が 30％増加する（$\delta = 1.3$）ときにやや上向きとなった（**図 4-4**）．このように，産卵集群の保護により，再生産の効率が改善するならば，短期間の保護区でも資源の回復につながる可能性はあるだろう．

保護区の取り組みは年々拡充してきており，保護範囲・期間ともに大幅に増加している．保護区の設定後，ヨナラ水道保護区のコアサイト（産卵集群の高密度域）では，2012 年の産卵ピークの生息密度が，2008 年の保護区設定前に比べ，約 9 倍多くなった（Nanami et al. 2014）．また，ナミハタの産卵集群形成は産卵開始日の 2 ～ 3 週間前に，オスが先に集まることで始まる（Nanami et al. 2014，Ohta & Ebisawa 2015）．また，ナミハタは，ペア産卵するので（Nanami et al. 2013b），オスの資源量の減少は，産卵時の受精率の低下を引き起こすことなど繁殖成功を低下させる可能性がある（Sadovy de Mitcheson &

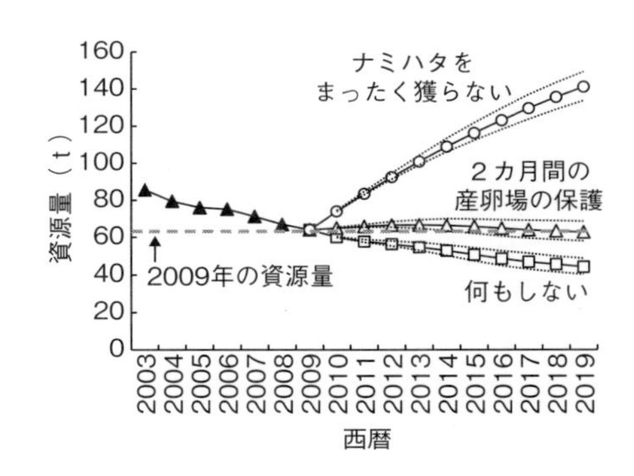

図 4-3　ナミハタの資源量の将来予測（その 1）
将来予測（2010 年以降）の実線：1000 回シミュレーションした結果の中央値．
将来予測の点線で囲まれた範囲：1000 回シミュレーションした結果のうち，800 回分（80％）が収まる範囲．

*　読者の中には「ナミハタの資源回復のためなら，すぐにでも全面禁漁にするべきでは？」と思われた方がいるかもしれない．しかし，**3-2** で紹介したように，ナミハタは漁業者の主要な収入源となっている．このような種について「今日から，ナミハタはまったく獲るな」という提案をしても，実現性がないだろう．資源管理とは，現場の状況をさまざまな観点（生物の生態・漁業者の暮らし・地域の経済など）から検討し，漁業者からの賛同が得られ，なおかつ効果が見込める方法を模索するものであることをご理解いただきたい（**第 11 章**も参照）．

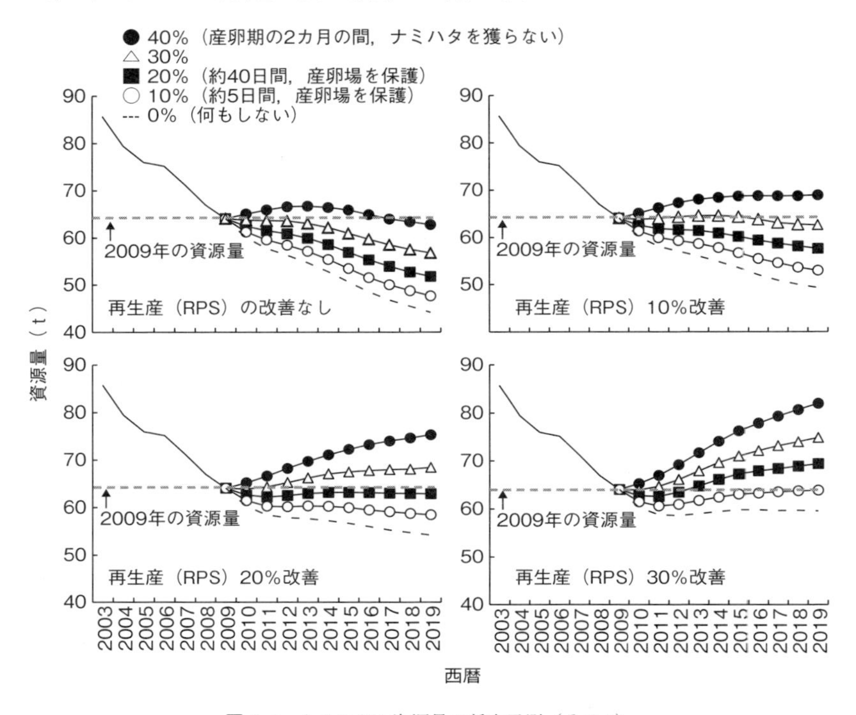

図 4-4　ナミハタの資源量の将来予測（その 2）

Erisman 2012）．このように，最近の保護期間の延長により，これまで以上にオスを保護できる可能性が高くなっており，再生産の効率が改善していることは十分にあり得るだろう．

（4）保護区の継続

第3章と本章では，漁業を通じて得られたデータをもとに，ナミハタの産卵集群形成・資源量の推定・保護区の効果について検証してきた．これらの情報は，ヨナラ水道の保護区の設立と継続に大きく貢献してきたと考えられる．保護期間が短くても，個体にとっては，年にたった一度限りの産卵である．産卵のピークだけでもなんとか守ることができるようになった意義は大きい．また，保護区の範囲や保護期間は年々拡充に繋がっているので，保護区による資源の回復効果は増加していると考えられる．これからが大事なのだ．

実際のところ，生態や水産資源の研究は，示した結果が真実かどうかを検証したり，断定したりすることは難しい場合が多い．研究者は科学のマナーに従い，真実に近づこうと努力していくしかない．漁業に関わる生態研究の良いところ（厳しいところでもある）は，漁業を通じて，ある種の答え合わせができるところである．水産の研究者は，仕事柄，研究結果を漁業者に説明する機会が多い．結果に対し，経験豊かな漁業者が，そんなことは知っているよといえば，まあ合格ラインだ．また，なるほどそういうことか，と彼らの知識との融合があれば何よりだ．反対に，彼らの役に立たない研究やわかりにくい説明はやじられることにもなるので，いつも全力で臨まなくてはならない．

保護区の効果については，近い将来，答えが出るはずだ．取り組みがうまくいってもいかなくても，どうしてそうなったかをモニタリングし，検証し，説明することが求められる．いずれにしても，漁業者との関わりの中で答え合わせをしていくことになるだろう．ナミハタの資源を回復させるためには，とにかく保護区の取り組みを継続すること，できればさらに拡充を図っていくことが必要だ．そのための説明をしていくことが，今後のわれわれの役目であろう．

（太田 格）

第2部

産卵場をめぐる調査
――海洋保護区の検証――

ナミハタに限らず，産卵集群をつくる魚にとって産卵場の保護が急務であることがわかった．それでは，産卵場に海洋保護区をつくることで，どれだけの数の魚が守られるのだろう？

第2部では，海洋保護区の効果を調べた話を紹介しよう．海洋保護区の中では，何匹のナミハタが守られたのだろう？　また，何粒の卵が産み出されたのだろう？　そもそも産卵場に集まってくるナミハタはどこからやってくるのだろう？　潜水調査をくり返して得られたその結果やいかに？

近年にわかに注目されているバイオロギング（生物に小型の発信器をとりつけて行動追跡する研究）による成果も紹介する．これによって，産卵集群を完全に保護するために必要な日数がわかった．また，産卵場をめぐるナミハタの行動についても新たなことが次々とわかってきた．

これまで謎に包まれていたナミハタの産卵行動がわかったことで，海洋保護区の必要性が一層深まったことも紹介しよう．

第2部のキーワード
何匹守られた？　オスとメス
どこからやってくる？
超音波テレメトリー　産卵行動

第5章

海洋保護区になったナミハタの産卵場

第1章では，産卵場に集まる魚が乱獲されやすく，海洋保護区が有効な手段であることを紹介した．**第3章**では，沖縄のサンゴ礁に住むナミハタが産卵場に集まる習性をもち，そのことがナミハタの乱獲を招いていることを紹介した．それでは，産卵場を海洋保護区にすれば，どれだけのナミハタを守ることができるのだろうか？　ここでは，海洋保護区に設定された産卵場で潜水調査を行い，海洋保護区の効果を検証した研究を紹介する．

5-1　ハタの仲間の産卵集群

産卵集群の写真の中には，画面を埋め尽くすほどの魚が写っているものがある（Science and Conservation of Fish Aggregation のウェブサイト：http://www.scrfa.org/）．このような写真をみれば，誰もが「産卵場にはいったいどれぐらいの数の魚が集まっているのだろうか？」と思うであろう．本節では，ハタの仲間の産卵集群について，海外からの報告を紹介しよう．なお，文献によっては，産卵場に集まった数そのものを推定している場合と，一定面積あたりの密度を推定している場合があるので，これらを区別して紹介する．

(1) どれぐらいの数が集まるのか？

一定のエリアに生息する魚の数（密度）をカウントし，[産卵場における魚の数]＝[密度]×[産卵場の面積]として推定している研究が多い．数百～数千匹の魚が集まるケースがほとんどであるが，レッドハインドやナッソーグルーパーのように，数万匹もの魚が集まることもあるようだ（**表5-1**）．

表 5-1 産卵場に集まる魚（ハタの仲間）の個体数・最大密度についての海外からの報告例（－：データなし）
年変動のある種類については報告の中の最大値を引用している．

種	産卵場全体の個体数（匹）	最大密度（100 m^2 あたり）	海域	文献
オオアオノメアラ	193	6.5	パプアニューギニア	Hamilton et al. (2011)
	-	25	パラオ共和国	Golbuu & Friedlander (2011)
アカマダラハタ	423	5.8	パプアニューギニア	Hamilton et al. (2011)
	350	-	パラオ共和国	Johannes et al. (1999)
	2000	-	セーシェル共和国	Robinson et al. (2008)
	-	15	パラオ共和国	Golbuu & Friedlander (2011)
マダラハタ	365	5.5	パプアニューギニア	Hamilton et al. (2011)
	12000	500	ミクロネシア連邦	Rhodes (1999), Rhodes & Sadovy (2002)
	2300	-	パラオ共和国	Johannes et al. (1999)
	1900	-	セーシェル共和国	Robinson et al. (2008)
	-	22	パラオ共和国	Golbuu & Friedlander (2011)
レッドハインド	84000	40	アメリカ領ヴァージン諸島[a]	Nemeth (2005)
	3000	-	アメリカ領ヴァージン諸島[b]	Nemeth et al. (2007)
	18000	34.3	オランダ領リーワード諸島	Kadison et al. (2009)
	-	328[c]	メキシコ湾	Tuz-Sulub & Brulé (2015)
ナッソーグルーパー	3000	-	バハマ	Colin (1992)
	30000	-	バハマ	Smith (1972)
	5200	-	イギリス領ケイマン諸島	Whaylen et al. (2004)
イエローフィングルーパー	-	1917[c]	メキシコ湾	Tuz-Sulub & Brulé (2015)

a：セント・クロイ島
b：セント・トーマス島
c：複数の地点で得られた密度の平均値

(2) どれぐらいの"群がり具合"なのか？

産卵場の中であっても，魚が一様に分布しているのではなく，その中の限られた場所に魚が集中して分布することが知られている（Rhodes & Sadovy 2002, Robinson et al. 2008, Rhodes et al. 2014）．このような場所を，" 産卵場の中のコア[*1]（core）" と呼ぶ研究者もいる（Colin et al. 2003）．枠からはみ出すほどの魚の群れの写真は，おそらく" コア" で撮影されたのであろう．このように，局所的に集中している魚の数をデータとして表現する場合，密度の方が適しているだろう．まさに" 群がり具合" を数値で表しているといえる．

海外からの研究では，産卵集群の密度は，100 m^2 あたり数～数十匹との報告が多いが，中には1900 匹以上という非常に高密度な群れもあるようだ（**表5-1**）．このような密度のデータは，産卵集群の規模の大小を評価するための，1 つの基準になるだろう（ただし，密度は種や海域によって異なるので，異なる種同士や異なる海域同士を単純に比較することは注意が必要だろう）．

それでは，ナミハタの場合，産卵場にはどれぐらいの数が集まるのだろうか？　また" 群がり具合"（密度）はどの程度なのだろうか？　さらに，産卵場を保護した場合には，**第1章**で紹介したような海洋保護区の" 内部の効果" や" 外部の効果" が実際にみられるのだろうか？　つまり，ナミハタの数や密度が増えたり，サイズが大きい個体が守られるのだろうか？　このような観点に立ちながら，まずは海洋保護区ができる前の状況から話を始めることとしよう．

5-2　ナミハタの産卵場

(1) 産卵場の特徴

第1章で解説したように，サンゴ礁の魚の産卵集群は特定の海域にできあがる．サンゴ礁の魚の産卵場は，海水が常に出入りしている場所にできることが多い（Colin 2012）．例えば，サンゴ礁が外洋と面しているところ（礁縁：

[*1] 直訳すると「中核」という意味．高密度な産卵集群ができる限られたエリアを指す．

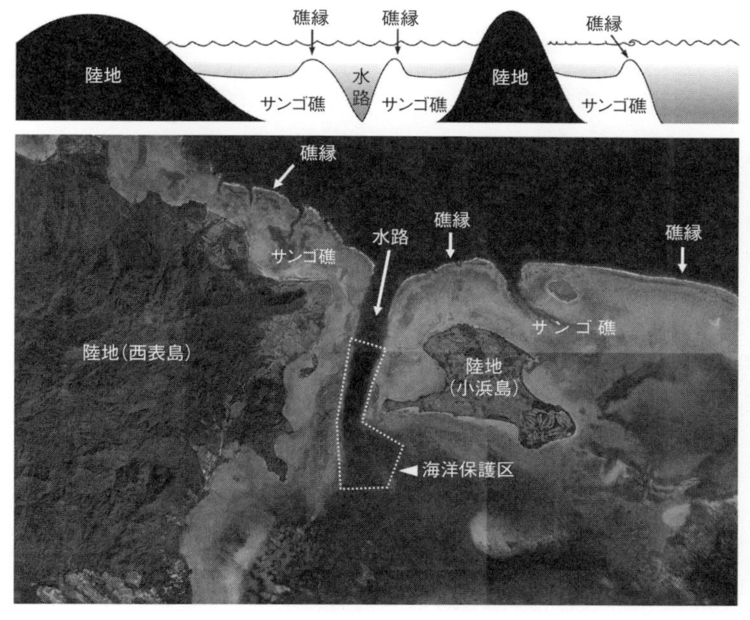

図 5-1　サンゴ礁の地形の模式図（上：断面図）とナミハタの産卵場の周辺海域（下）
水路（ヨナラ水道）の南側に海洋保護区を設置した（下図の点線の内部）．海洋保護区の境界線は 2010 年 5 月に設定したもの（2009 年までは産卵場は保護されていなかった）．航空写真：環境省国際サンゴ礁研究・モニタリングセンター提供．

reef edge）や溝状の地形（水路・水道：reef channel）などが挙げられる（図 5-1）．このような場所は，地史学的に長い年月をかけて形成されたところで，サンゴ礁を代表する海底地形である．このような場所に産卵場ができると，産み出された卵が速やかに流され，卵が食べられることを防ぐ効果や，適度な距離まで卵・浮遊仔魚を運ぶ効果があると考えられている（第 8 章を参照）．

ナミハタの産卵場も，海水が常に出入りしている海域に形成される．そこは，西表島と小浜島の間にある水路で，ヨナラ水道と呼ばれている（図 5-1）．ヨナラ水道は，幅およそ 700 m × 南北の長さおよそ 5 km × 最大水深およそ 30 m の水路である．潮流の速さは，最大で 2 ノット以上（時速に換算すれば 3.7 km 以上）に達する（海上保安庁 http://www1.kaiho.mlit.go.jp/KAN11/choryu/

inet/Okinawa_Current_Map/index.htm）．時速3.7 kmといえば，人が歩く速さにほぼ近い．したがって「潮の流れの強さはたいしたことないのでは？」と思った読者もいるだろう．しかし，実際に潜水してみればわかるのだが，潜水器材をフル装備した状態では，その場に留まることもできない速さである．ましてや，流れに逆らって泳ぐなど論外である．

また，“水路”・“水道”と呼ばれる海域では，満ち潮と引き潮で流れの方向が逆転することが知られている．ヨナラ水道も同様で，満ち潮のときは南から北へ，引き潮のときは北から南へと潮が流れる．満ち潮と引き潮は数時間間隔で入れ替わる．つまり，ヨナラ水道は，人が流れに逆らって泳げないほどの強い潮流に加え，流れる方向が数時間間隔で逆転するダイナミックな海域なのである．

(2)　どうやって調べる？

流れの速い産卵場で，魚をできるだけ正確に数えるためにはどうすれば良いだろうか？　筆者らは，とりあえず泳ぎながらナミハタの数を数えてみることにした．この方法であれば，流れに逆らう・流されないよう海底につかまる，といった体力の消耗を防ぐことができる．この方法の一番大きな問題点は「泳いだ距離をどうやって計測するのか？」ということだ．例えば2カ所（地点Aと地点Bとする）で20分間ずつ泳ぎ，両地点ともにナミハタの数が20匹だったとしよう．ここで「ナミハタの数は地点Aと地点Bで等しい」とはいえない．20分間流された距離が地点Aと地点Bで違うかもしれないからだ．魚の個体数の大小は「○○ mあたり△△匹」という密度に換算して比較しないといけない．いろいろと考えた結果，筆者らは携帯式GPSに着目した．携帯式GPSは人工衛星を使って位置情報（緯度・経度）を自動的に記録するので，海水が入らないように密閉して携帯すれば良い．一方で，ナミハタの数を数えるためには潜水しないといけない．しかし，携帯式GPSを水中に持ち込むと位置情報が記録できない．人工衛星からの電波は水中には伝わらないからである．そこで，自作のブイ（浮き）をつくり，そこに携帯式GPSをとりつけ，巻尺などで海面に浮かぶブイを引っ張りながら潜水することとした（**コラム**

4：211 ページ）．このブイは「真下で潜水しています」という目印にもなるので，安全を保つためにも役立った．ちなみに，海外でも産卵集群の密度を調べるために同様の方法がみられ，“GPS による密度調査（GPS density survey）”と呼ばれている（Colin 2012）．同じ悩みをもつ研究者同士は，思いつくことも似てくるようだ．

次の問題は，水中で“安全に，楽に，できるだけ正確に”データを取る方法である．①データ収集の開始と終了の時刻を知るための時計，②流される方角（あらかじめ設定したもの）を知るためのコンパス，③安全な潜水のために必要なダイブコンピュータの 3 点の情報を同時にみながら，データシートにナミハタの数を記録しないといけない．これらの問題を解決するために，本書の共著者である太田さんが非常に使いやすい記録板を自作していたので，筆者も同様のものを作成した（コラム 4：211 ページ）．

(3)　海洋保護区ができる前は……

海洋保護区ができる前は，産卵日が近づくと漁業者（海人[ウミンチュ]）がヨナラ水道でナミハタの産卵集群を獲っていた．このような漁獲の影響があるとはいえ，共著者である太田さんからのお誘いもあり，とりあえずナミハタの産卵集群についてデータを取ろうということになった．この調査を始めたのは 2007 年 5 月で，産卵場が海洋保護区になる 3 年前であった（このときは，3 年後の 2010 年に海洋保護区になるとは思いもよらなかった）．

産卵場に到着すると，すでに幾人かの漁業者がナミハタを獲っていた．あらかじめ設定しておいた調査地点で潜水したところ（各地点あたり 5 分間[*1]），ナミハタの群がりらしきものがチラホラ確認できた．なお，産卵場で目撃したナミハタの中に抱卵したメスがみられたため，群がりが産卵集群であることを裏付ける証拠となった．

① 2007 年：5 月に 24 地点を調べた結果，ナミハタの群れがみられた地点

---

*1　自分を中心にして，左右それぞれ 2.5 m の幅を設定し，その中にいるナミハタをカウントした．つまり，「5 分間泳いだ距離× 5 m」のエリアにいるナミハタの数をカウントしたことになる．

とまったくみられない地点があり，ばらつきがあった．5分ごとのナミハタの数と移動距離から，100 m^2（20 m × 5 m）あたりの匹数を求めたところ，最も密度が高かった地点で8.2匹であった．

②2008年：4月と5月に産卵集群が形成された．4月（32地点）と5月（16地点）に調べた結果，（2007年と同様に）ナミハタの群れがみられた地点とまったくみられない地点があり，ばらつきがあった．最も密度が高かった地点で，100 m^2 あたりの匹数は1.4匹（4月）および11.4匹（5月）であった．

③2009年：5月に30地点を調べた結果，最も密度が高かった地点で，100 m^2 あたりの匹数は6.7匹であった．

この3年の調査から，ナミハタの産卵集群をみることはできたが，高密度な群がりをみることはできなかった．海外の産卵集群のような光景を期待していただけに「産卵集群といってもこんなものか……」というのが本音だった．もちろん，この3年の調査で大きな群れがみられなかったのは，「ナミハタが高密度な集群をつくらない」のではなく，産卵場でナミハタが獲られているからである．「もし産卵場を完全に保護したら，どれだけの数のナミハタが守られるのだろうか？」そんな考えが頭をよぎった．

そして，事態は一気に好転した．八重山漁業協同組合の電灯潜り研究会*2によって，2010年5月からナミハタの産卵場を海洋保護区にすることが決定したのである（第10章）．

5-3　産卵場を海洋保護区にする

(1) 何日間保護するのか？

第1章で紹介したように，産卵集群とはある一定の日数だけに形成される

*2　“研究会”というのは，同じ漁法を営む漁業者のグループのことである．また，“でんとう”の漢字表記は“伝統”ではなく“電灯”が正しい．“電灯潜り”とは，夜間に電灯を片手に持ちながら潜水し，モリや水中銃で魚を獲る方法である．ナミハタの産卵集群を獲っていた漁業者の多くは，電灯潜りをしながら，産卵場に集まるナミハタを獲っていた．産卵場は潮の流れが速く，海底がサンゴや岩で覆われているため，網を使ってナミハタを獲ることはできない．詳しくは第10章を参照．

ものである．したがって，産卵集群を保護する場合，期間限定の海洋保護区でも効果が期待できる．実際，海外では対象種の産卵時期に合わせ，産卵場を期間限定で保護区にしている（Russell et al. 2012）．もちろん，期間を限定しなくてもよいが，産卵場となる海域を 1 年中立ち入り禁止にすることが現実的に厳しい場合がある．産卵集群の保護だけでなく，一般的に海洋保護区をつくる場合にはさまざまな利害関係者の思惑が飛び交い，それらを調整することが伴う（Mascia 2004）．

ヨナラ水道の場合，ナミハタが産卵集群を形成しない時期に，ナミハタ以外の魚を獲る場所として利用する漁業者がいることがわかった．また，海洋保護区のパトロールの面からも，ヨナラ水道を 1 年中立ち入り禁止にすることは厳しい．このように考えると，研究者が理想的なルールを提案しても，守る立場の人たちからの反対意見が多い場合や，ルールの要求度やコスト面が厳し過ぎて守ることができないのであれば，結局は“絵に描いた餅”ということになる．「まずは守りやすいルールから始めるのが良い」というのが，ルールづくりの経験豊かな漁業者からの意見であった（**第 10 章**）．

このような観点から，関係する漁業者が中心となって話し合いを行い，とりあえず 5 日間に限定した保護区を設定することになった．もちろん，ナミハタの産卵日と考えられる下弦の月を中心に保護の日数を設定したことはいうまでもない．また，海洋保護区の境界線も漁業者が設定し，3.57 km^2 の海域が保護区となった（**図 5-1**）．その後，筆者らの研究成果を漁業者に報告しながら，何度も話し合いを行い，保護の日数を毎年少しずつ延長していった（**図 5-2**）．なお，日数延長についての詳しい経緯は**第 11 章**を参照されたい．

(2) ナミハタの大集群を確認！

2010 年 5 月の下弦の月，ナミハタの産卵集群ができていると予想される日．産卵場周辺には「ここは今年から海洋保護区になりました」ということを示すブイが浮かんでいる．期待と不安が入り交じるなか，筆者らが産卵場でみたものは……ナミハタの大集群だった！　黒っぽい色をしたナミハタが，目の届く範囲一面に広がっていた．「これがナミハタの産卵集群の本当の姿なのか！」

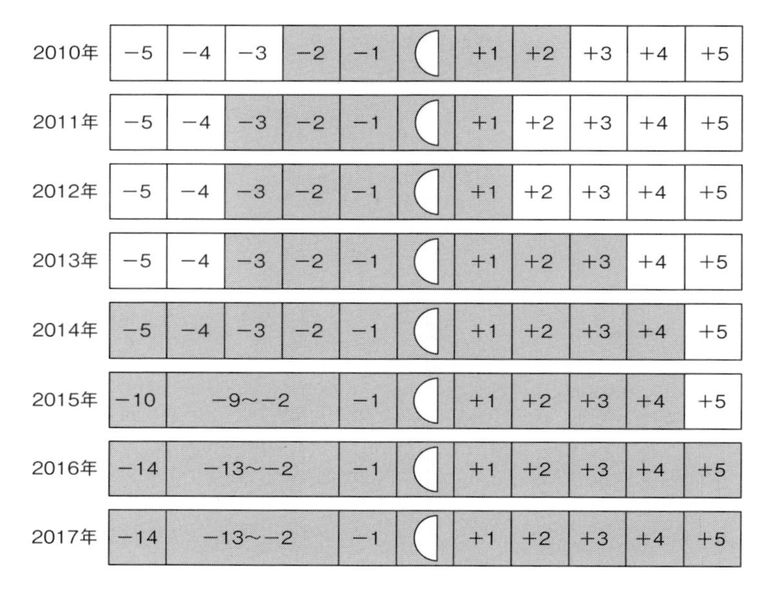

図 5-2　ナミハタの産卵場保護区における保護の日数
グレーの部分が保護した日．半月のイラスト：下弦の月（産卵予想日）．数字は，下弦の月の何日前か？（あるいは何日後か？）を表す．例えば，「− 5」は下弦の月の5日前，「＋ 5」は下弦の月の5日後を示す．

思わず水中で叫んでしまいそうになった．体が大きく，いかつい顔つきをしているオス．気がたっているのだろうか，至るところでオス同士が噛みつき合いのバトルをくり広げている．その横で，メスたちがお腹にはちきれんばかりの卵を抱えて，目立たないように海底にへばりついている（図 5-3：口絵）．場所によって群れの規模にばらつきはあるものの，両腕を広げた範囲に数十匹が群がっている場所もあり，「ナミハタが海の底から湧いてきた！」といいたくなるほどの圧倒的な光景だった．しかし，「すごい！すごい！」と感激しているだけでは調査とはいえないので，気持ちを切り替えてデータを取ることにした．2007 〜 2009 年の調査と同様に，ヨナラ水道独特の潮の流れに乗りながら，ナミハタの数をカウントしていった．

5-4　海洋保護区の効果（1）：“群がり具合”の比較

（1）海洋保護区設置 1 年目（2010年）

2010 年に，海洋保護区の中の 15 地点を調べた結果，100 m^2 あたりの匹数は 0 ～ 79.6 匹（平均 8.7 匹）とばらつきがあった（**表 5-2**）．2007 年・2008 年と同様に，ナミハタは海洋保護区の中に一様に散らばって分布しているのではなく，特定の場所に集中していた．このことから，ナミハタの産卵集群は，ヨナラ水道の中の特定の場所に集中して形成する習性をもつと考えられた．

（2）海洋保護区設置 2 年目（2011年）

翌 2011 年に，海洋保護区の中の 34 地点で，2010 年と同様の調査を行った結果，100 m^2 あたりの匹数は 0 ～ 48.9 匹（平均 3.1 匹）とばらつきがあった（**表 5-2**）．また，密度が最も高い場所は，2010 年とほとんど同じ場所であった（名波ら 未発表データ）．つまり，年に関わらず，ナミハタの高密度な群れがみられる場所はほぼ決まっていることがわかった[*3]．以上から，①産卵場の中に低密度な群れが散らばっているのではなく，特定の場所に高密度の群れを

表 5-2　産卵場のナミハタの密度（100 m^2 あたりの個体数）について，海洋保護区の設定前と設定後の比較

調査した年	海洋保護区	調査地点数	ナミハタの匹数（100 m^2 あたり）		
			最大	最小	平均
2007 年 5 月	なし	24	8.2	0	1.2
2008 年 4 月 + 5 月	なし	32	12.8[a]	0	1.2[a]
2009 年 5 月	なし	30	6.7	0	1.2
保護区なしの平均			9.2[b]		1.2[b]
2010 年 5 月	あり	15	79.6	0	8.7
2011 年 5 月	あり	34	48.9	0	3.1
保護区ありの平均			64.3[b]		5.9[b]

a：4 月と 5 月の値を足したもの（2008 年は産卵が 4 月と 5 月に分かれたため）
b：海洋保護区がある場合とない場合を比較するため，これらの値を比較した

[*3] その後の 2012 ～ 2017 年の調査でも，ほとんど同じ場所に高密度な群れが形成されることを確認している．

つくる，②高密度の群れができるのは毎年ほとんど同じ場所である，③高密度な群れができるのは保護区の内部であり，保護区により守られる，ということがわかった（図5-4）．

それでは，高密度の群れができる場所はどのような特徴があるのだろうか？これを明らかにするために，地形の特徴（サンゴの形・サンゴの面積・岩の面積・砂の面積・水深・潮の流れの速さなど）とナミハタの密度の関係を調べた

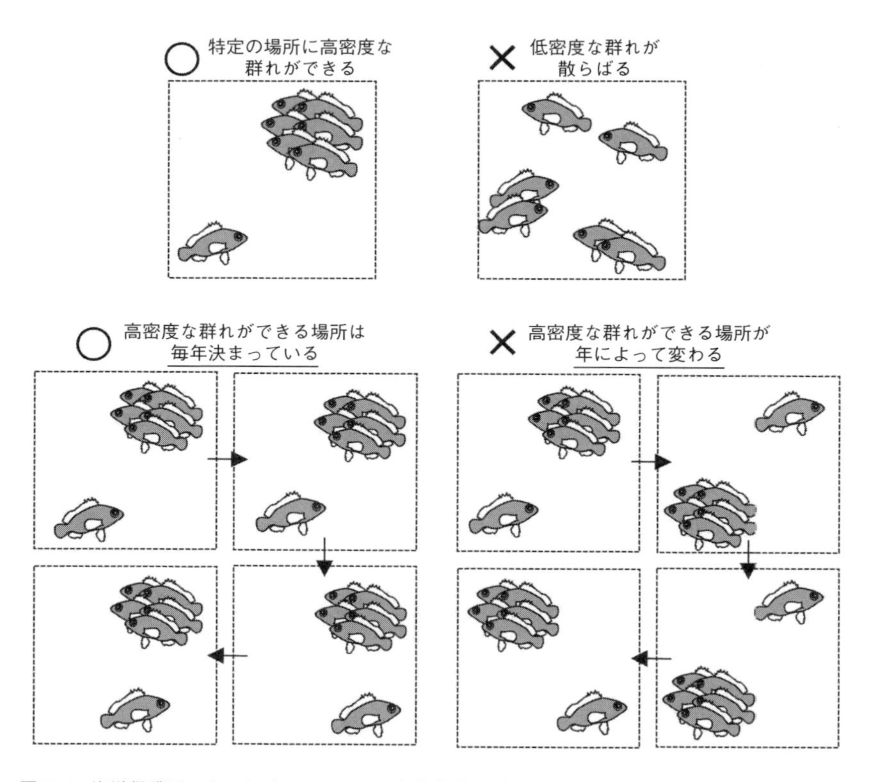

図5-4　海洋保護区の中におけるナミハタの産卵集群の形成パターンの模式図
海洋保護区の中に一様に分布するのではなく，限られた場所に集中して分布する傾向がある（上）．また，毎年（ほぼ）決まった場所に，高密度の産卵集群がみられる（下）．本書では，高密度の群れができる場所を“コア”と呼ぶ．ヨナラ水道では，海洋保護区の中のナミハタのうち，78％が“コア”に集まっており，残りの22％は“コア”の外側にみられた（本文参照）．

ところ，潮の流れが速い場所に高密度の群れができることがわかった（潮の流れは産卵場全体で速いのだが，産卵場の中でも流れの度合いが場所によって違っていた）．一方で，サンゴの成育状況の良し悪しとは関係がみられなかった（Nanami et al. 2017a）．このことは**第２章**で解説した「ナミハタは住み場所として生きたサンゴを好む」ということと相反する．産卵場では，サンゴの成育状況よりも潮の流れという物理環境に分布が左右されるのである（このことはナミハタの産卵行動と関係があると考えられるので，**第８章**でもう一度紹介する）．

（3）群れの密度の比較

海洋保護区をつくる前のデータ（2007 ～ 2009 年）とつくった後のデータ（2010 年・2011 年）を比較してみよう（**表 5-2**）．ここでも密度を 100 m^2 あたりの個体数とし，平均密度を「産卵場全体の密度」，最高密度を「高密度の群れができる限られた場所での密度」としよう．海洋保護区によって，ナミハタの産卵集群の平均密度は 4.9 倍，最高密度は 7.0 倍になっていた（ただし，年によって調査地点数が異なるため，平均密度の比較は参考として欲しい．また，2012 年以降の最高密度については，後述の**表 5-3** を参照）．

この時点では「海洋保護区によって産卵場のナミハタの密度は増える．すなわち，海洋保護区によってナミハタの産卵集群は守られる」ことはわかった．しかし「何匹のナミハタを守れたのか？」という問いは残ったままである．そこで，2012 年（海洋保護区設置 3 年目）から，新たな調査を開始した．

5-5　海洋保護区の効果（2）：何匹のナミハタを守れたか？

（1）ナミハタの匹数を推定

2010 年と 2011 年の調査から，海洋保護区の中の特定の場所にナミハタの高密度な群れができることがわかった．詳細な検討の結果，保護区の中の 450 m × 50 m のエリアに集中することがわかった（海洋保護区全体の 0.6％に相当）．**5-1** で解説した“コア”に相当する場所といえるので，ここでも“コア”と呼ぶことにする．2010年と2011年のデータによると，海洋保護区の中に集まるナミハタのうち，78%が“コア”に集中しており，残りの22%は“コア”の外側でみられた．

そこで，ナミハタが集中する“コア”の中に複数の区域（20 m × 5 mの区域）を設定し，そこに集まるナミハタの個体数をカウントした．また，ナミハタは凹凸のある硬い基質に群れをつくり，砂地には群れをつくらない．そこで，該当する部分の面積を見積もったところ，“コア”全体の80%に相当することがわかった．このデータをもとに，まずは“コア”の中のナミハタの数を推定した：

[“コア”の中のナミハタの推定数] ＝
(20 m × 5 mあたりの個体数の平均値)÷(20 × 5)×(450 × 50)×0.8 …（1）

次に，“コア”の外側のナミハタの数を推定した：

[“コア”の外側のナミハタの推定数]＝
[“コア”の中のナミハタの推定数] ×(22 ÷ 78)　…（2）

式（1）と式（2）より，海洋保護区の中に集まったナミハタの総数を推定した：

[海洋保護区の中に集まったナミハタの推定数]＝
[“コア”の中のナミハタの推定数]＋[“コア”の外側のナミハタの推定数]

その結果，2012年は約11500匹と推定されたが，2013～2015年は約4400～7700匹となり，2016年は約3500匹であった．一方で，2017年は27000匹以上が守られたと推定された（表5-3）．

ハタの仲間について，産卵集群の規模が年によって変動することは，海外からも報告されている（Nemeth 2005，Hamilton et al. 2011，Golbuu & Friedlander

表 5-3　海洋保護区の“コア”におけるナミハタの密度（20 m × 5 m あたりの個体数）と海洋保護区の中の推定個体数
産卵予想日は 1 年に 2 回ある（第 3 章参照）.

年	産卵予想日	ナミハタの平均個体数（100 m^2 あたり）	（最大個体数）（100 m^2 あたり）	保護区全体の推定個体数(月別)	保護区全体の推定個体数(年別)
2012	1 回目	49.6	(82)	11472	11472
	2 回目	0	(0)	0	
2013	1 回目	17.3	(29)	4001	4395
	2 回目	1.7	(4)	393	
2014	1 回目	0	(0)	0	6546
	2 回目	28.3	(44)	6546	
2015	1 回目	33.6	(75)	7772	7772
	2 回目	0	(0)	0	
2016	1 回目	4.2	(7)	971	3446
	2 回目	10.7	(20)	2475	
2017	1 回目	0	(0)	0	27872
	2 回目	120.5	(178)	27872	

2011）. いずれも海洋保護区となっている産卵場で確認されている. このような先行研究の情報も合わせて考えると, 産卵場を海洋保護区にすれば年々産卵集群の規模が増加し続けるということはないようだ.

（2）なぜ, 群れの規模が変動するのか？

ナミハタの成熟は海水温と密接な関係がある（第 3 章）. そこで群れの規模の年変動と海水温の関係について検討してみた（図 5-5）. ナミハタの産卵日から 40 日前までさかのぼって海水温のデータをみると, 以下のことが明らかになった. ① 40 日間の平均海水温が高くなるにつれて群れの規模は大きくなり, 25 ～ 26℃で最も大きくなる. ②ただし, 平均海水温が高過ぎる年（2016 年：26.9℃）は, 規模は大きくならない. このことから, ナミハタの産卵集群の規模は, 産卵日付近の海水温が適度に高い年に大きくなり, 水温が低過ぎても高過ぎても規模が小さくなる傾向があるといえる.

ここで読者の中には「(年によっては) 産卵場に海洋保護区をつくる意味がないのでは？」と思った方がいるかもしれない. しかし, ナミハタの数が変動するのは, 海洋保護区の機能の良し悪しではなく, その年の海水温の影響と考

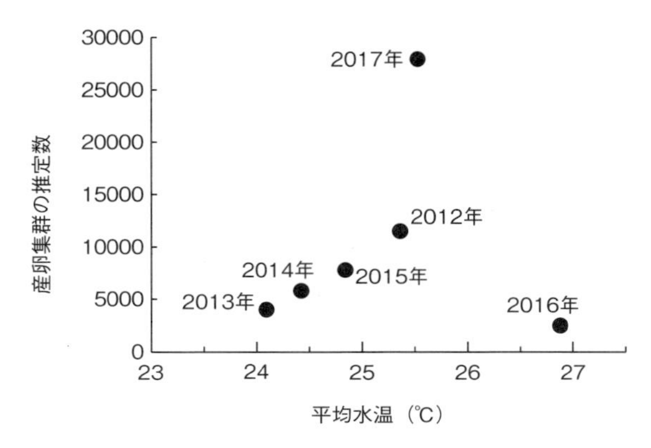

図 5-5　ナミハタの産卵集群の推定数と水温の関係
水温は下弦の月 40 日前から 1 日前の水温の平均値（水温データ：環境省国際サンゴ礁研究・モニタリングセンター提供）.

えられる．ある年の海洋環境がナミハタの成熟に不利だったとしても，そのことをもって「海洋保護区は意味がない」とはいえないだろう．

例えば，農作物の場合を考えてみる．農作物を育てて可食部を収穫するには，水田・畑という区域をつくり，その中で育てる．年によっては，天候不順で十分な収穫が得られないこともあるだろう．しかし，そのことをもって「水田・畑は意味がない」とはいえない．天候に恵まれれば豊作になるからだ．同様に，産卵場を海洋保護区にした結果，ある年には十分な数のナミハタが集まってこないこともあったのだが，これは海水温の影響であると考えられる（農作物の場合では，寒過ぎる年や暑過ぎる年は不作になることに相当する）．一方で，2012 年や 2017 年のように，海洋環境に恵まれれば 10000 匹以上のナミハタを産卵場で守ることができている．このように考えると，海洋保護区という方法そのものは，ナミハタの産卵集群を守るために十分に機能しているといえる．ただし「海洋環境の影響を受ける」という不確実性を常に伴うものであることも忘れてはならない．

(3) 産まれた卵の数を推定

それでは，メスによって産み出される卵数（海洋保護区によって守られた卵数）はどれぐらいに達するのだろうか？　まず，“コア”の中の産卵数を推定する：

[“コア”の中の産卵数] ＝
[Σ(Nx × Fx)]÷(20 × 5)×(450 × 50)×0.8　… (3)
Nx：全長 x cm のメスの個体数の平均値（20 m × 5 m 内）
Fx：全長 x cm のメスの産卵数（Ohta & Ebisawa 2015）

次に“コア”の外側のメスによる産卵数を推定した：

[“コア”の外側の産卵数]＝
[“コア”の中のナミハタの産卵数] ×(22 ÷ 78)　…（4）

式（3）と式（4）より，海洋保護区の中の産卵数を推定した：

[推定産卵数]＝[“コア”の中の産卵数]＋[“コア”の外側の産卵数]

その結果，2012 年は 15 億 1842 万粒，2014 年と 2015 年では 3 億 1939 万粒～4 億 6696 万粒の卵が産まれたと推定された（**表 5-4**）．一方で，2013 年と 2016 年の産卵数は，1 億 7487 万粒および 2 億 467 万粒と少なかったが，2017 年は 20 億 588 万粒と推定された．

5-6　海洋保護区の効果（3）：サイズの大きいナミハタ

第 1 章で，海洋保護区の“内部の効果”として，サイズの大きい魚を守る効果について解説した．そして，このことは海洋保護区の“外部の効果”に影響を及ぼす（Russ 2002）．そこで産卵場にいたナミハタと，産卵場の外側の（産卵しない時期に，ふだんの住み場所にいる）ナミハタの全長を比較した*4．その結果，産卵場ではサイズの大きい個体の割合が明らかに高く，特にメスで顕

表 5-4　海洋保護区の“コア”におけるメスのナミハタの密度（20 m × 5 m あたりの個体数）と産み出された卵の推定数
産卵予想日は1年に2回ある（**第3章参照**）.

年	産卵予想日	メスの平均個体数（100 m² あたり）	保護区全体の推定産卵数(月別)	保護区全体の推定産卵数(年別)
2012	1回目	16.2	15億1842万	15億1842万
	2回目	0	0	
2013	1回目	1.2	1億2523万	1億7487万
	2回目	0.6	4964万	
2014	1回目	0	0	4億6696万
	2回目	6.5	4億6696万	
2015	1回目	6.9	3億1939万	3億1939万
	2回目	0	0	
2016	1回目	0[a]	0	2億467万
	2回目	4.5	2億467万	
2017	1回目	0	0	20億588万
	2回目	21.63	20億588万	

2017年は非常に高密度な群れであったためメスのサイズのデータを得ることができなかった．そこで2012～2016年のデータから，ナミハタの平均個体数と産卵数の関係を単回帰式で推定し，2017年の平均個体数のデータを代入して，2017年の推定産卵数を求めた.
推定式：［推定産卵数］= 93246894.784 ×［100 m² あたりのメスの平均個体数］－ 110540606.508
a：産卵集群がオスだけで構成されており，メスは観察されなかった

著であった（図 5-6）．このことから，①ふだんの住み場所では，サイズの大きいメスは，サイズの小さいメスに比べて割合が低いが，②産卵場ではサイズの大きいメスの割合が高くなる，ということがわかった．このことから，産卵場では，サイズの大きいメスが効率良く獲られる危険性があり，その危険性は，産卵場を海洋保護区にすることで防ぐことができると考えられた.

したがって，産卵場に設定した海洋保護区は「数千匹以上のナミハタを守る」という量的な効果と「サイズの大きいナミハタを守る」という質的な効果を合わせもっているといえる．それでは，産卵場が海洋保護区になる前は，サイズの大きいメスは漁獲されていたのだろうか？　海洋保護区ができる1年

[*4]　ここでは，産卵場でみられた最小サイズ（全長17 cm）より大きい個体を比較の対象とした．ふだんの住み場所には，成熟に達していない個体（稚魚や幼魚：いずれも全長14 cm未満）も多数みられたが，産卵場には稚魚や幼魚はみられなかった．図 5-6 は成熟サイズに達した個体について比較している．この図では「ふだんの住み場所には稚魚や幼魚が多いので体長組成が小さくなっている」のではない.

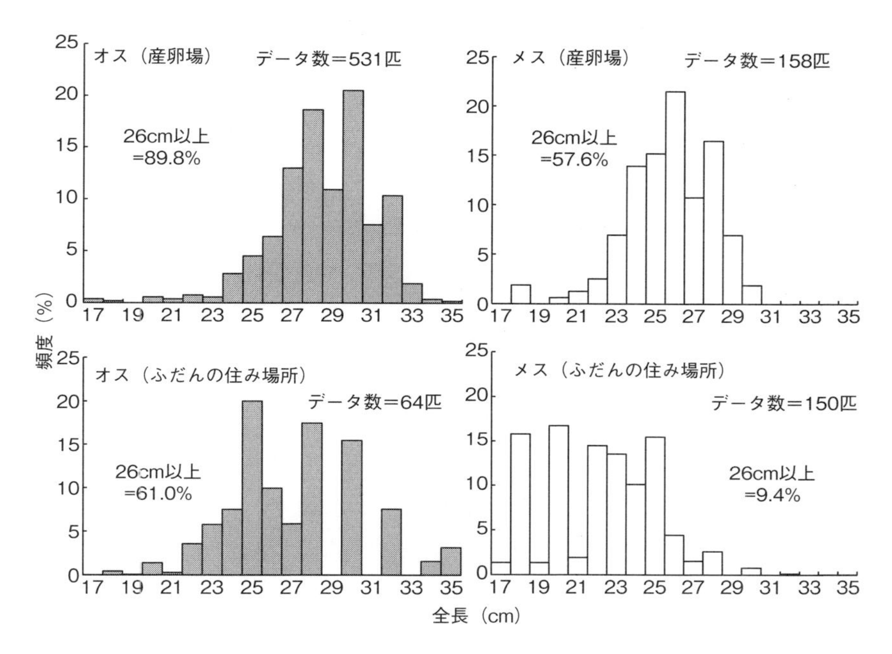

図 5-6 海洋保護区の中にいたナミハタのサイズ頻度（上）と，産卵時期ではないとき（8 ～ 12 月）に，ふだんの住み場所（産卵場周辺の海域）にいたナミハタのサイズ頻度（下）
産卵場では，オスとメスを区別した（メスは抱卵しているため区別可能）．ふだんの住み場所では，性別の区別がつかなかったため，各サイズクラスにおけるオス・メス比のデータ（太田 未発表データ）から，オスとメスの数を推定した．上下の図ともに，2012 年から 2014 年の 3 年間に得たデータ（ふだんの住み場所のデータを 2012 年から 2014 年の 3 年間に収集したため，同じ期間で得られた産卵場のデータと比較した）．

前（2009 年）の産卵時期における漁獲データをみると，産卵場で漁獲されたメスのうち，全長 26 cm 以上の割合が高かった（太田・海老沢 2009a）．つまり，海洋保護区がない状態では，サイズの大きいメスは，効率良く漁獲されてしまうといえる[*5]．このことは，産み出されるはずだった大量の卵が失われていたことを意味する．

一方で，海洋保護区によって，サイズの大きいオスが守られる効果もみられ

[*5] 本章の＊ 2 でも記したが，産卵場ではモリや水中銃を使ってナミハタを一匹ずつ獲っていた．網を使って獲ることはしない（できない）．サイズの大きい個体（すなわち値段が高い個体）を選択的に獲っていた（獲ることができた）のだろう．

た．しかし，このことに何か生態学的な意味はあるのだろうか？　次節で詳しく検討していこう．

5-7 海洋保護区の効果（4）：オスとメス

(1) オスとメスの滞在日数

下弦の月の4日前から4日後までの9日間に，オスとメスの数のデータを集めたところ，群れができ始めるときは，ほとんどのメンバーがオスであり，その後にメスが加わってくることがわかった．ただし，メスの数の増加に合わせてオスの数も増え続けていたので，オスには先着隊と後着隊がいるようだ．また，群れが解消していくときは，最終段階ではオスだけが産卵場に残っていた（図5-7）．群れの性比を計算してみると，「群れのでき始めと終わりはオスだけ，あるいはオスの割合が非常に高い」ということがわかった．同様の出現パターンは，他のハタの仲間（マダラハタ・オオアオノメアラ・レッドハインド）でも報告されている（Rhodes & Sadovy 2002，Nemeth et al. 2007，Rhodes & Tupper 2008）．

このことは，「どれだけの日数の間，産卵場を海洋保護区にするべきなのか」ということに1つの示唆を与えてくれる．ほとんどのメスは，産卵場での滞在日数が3～4日以内なので，数日間の保護期間でもメスは十分に守られるといえる．しかし，ナミハタの産卵集群を完全に守るためには，オスの滞在日数に合わせるのが理想的といえる（詳細は**第7章**で紹介する）．また，メスが産卵場にやってくるタイミングが，下弦の月にほぼ同調する年（2012年と2014年）と2～3日ずれる年（2013年）があり，このような不確実性を考慮した保護区の日数設定が必要ということがわかった．

(2) メスはオスの多い場所に集まる

ここで，**第1章**で紹介した「産卵集群をつくることで，自分の繁殖相手として最適なパートナーが見つかる確率を上げる」という仮説に着目してみよう（Molloy et al. 2012）．メスにとって，自分のパートナーに適したオスを探した

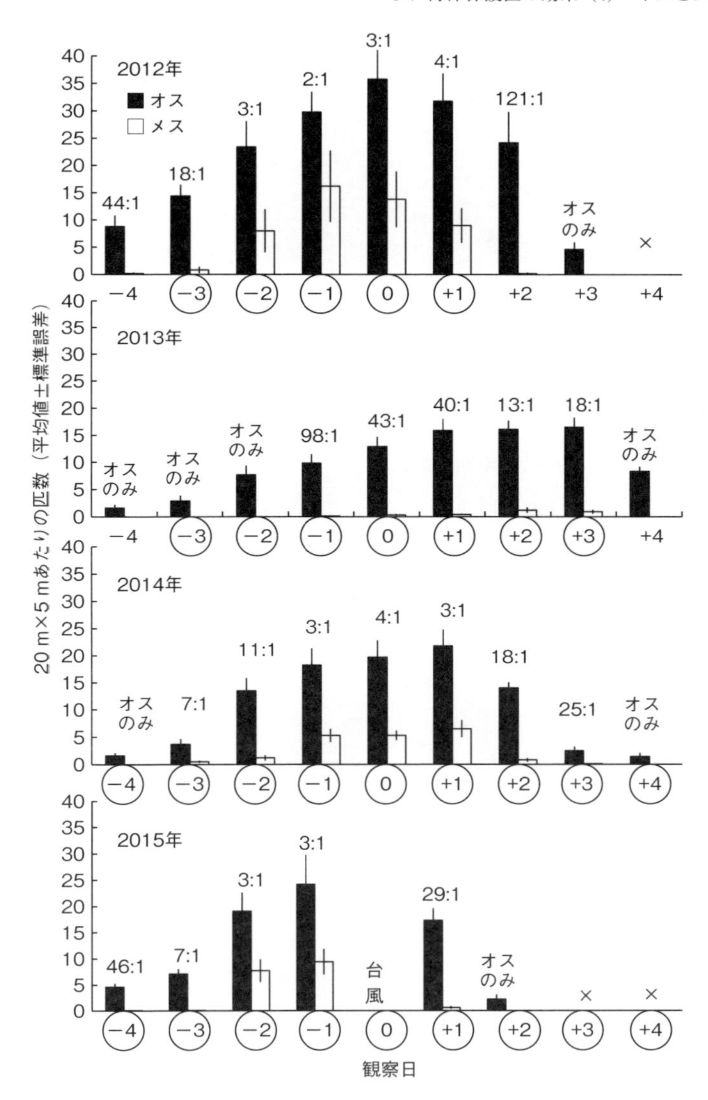

図 5-7　産卵場におけるオス（黒の縦棒）とメス（白の縦棒）の個体数の日変動
観察日は，産卵予想日（下弦の月）を基準（0 日目）としたもの（例えば，「－ 3」は下弦の月の 3 日前，「＋ 3」は下弦の月の 3 日後を意味する）．オスとメスの比は小数点を四捨五入した整数で示す．×：観察なし（前日にオスだけの群れになったため）．台風：台風直撃のため観察なし．○で囲んだ観察日：保護区の期間（図 5-2 も参照）．Nanami et al.（2017）を改変．

めならば，オスがたくさん集まっている場所へ行く方が良いだろう．それでは，オスが多い場所には，多くのメスが集まっているのだろうか？

結果をみてみよう．6年間のデータのうち，2012年・2013年・2015年には，オスが多く集まっている場所に，メスもたくさん集まっていた（このことは，統計学的に裏付けられた：図5-8）．一方で，2014年にはその関係がみられなかった．2016年と2017年は，統計学的な裏付けは得られなかったものの，オスが多い場所に，メスが集まる傾向がみられた．

また，オスが多く集まる場所は毎年変動している（図5-8）．つまり，オスは海洋保護区全体でみれば，450 m × 50 mの“コア”のエリアに集中するが（数百m～数kmのスケール），このエリアの内部（数～数十mのスケール）では，オスが多く集まる場所は年ごとに違っていた．それにも関わらず，オスの多い場所にメスが多く集まっていた（図5-9）．以上のことから，少なくとも2つの仮説が考えられる．

仮説①：メスはオスの後着隊に混じって産卵場にくる．後着隊のオスの群れが，自分たちに適する場所に留まったならば，メスも同調して留まる．後着隊の群れの規模が大きければ，それだけ多くのオスとメスがいると考えられるので，見かけ上，オスの多い場所に多くのメスが集まっているようにみえる．

仮説②：メスはオスの多い場所を選んでいる．後着隊のオスによって群れの規模が大きくなると，規模の大きい群れを選んでメスが産卵場内で移動する．

「オスの多い場所にメスが多くみられる」理由として，仮説①は「結果的に生じる」と想定しているのに対し，仮説②は「メスの積極的な選択性によって（能動的に）生じる」と想定している．いずれにせよ，産卵場でオスを漁獲するとメスのパートナー候補が少なくなり，結果としてオスとメスの遭遇率が下がり，最終的には産み出される卵が減ると考えられる．このことは，仮説②が支持される場合，より顕著に現れるかもしれない．

(3) オスとメスの性比

くり返しになるが，群れの中のオスの個体数は，常にメスより多い（図5-7）．ナミハタの産卵はオスとメスがペアになる“ペア産卵”である（第8章）．

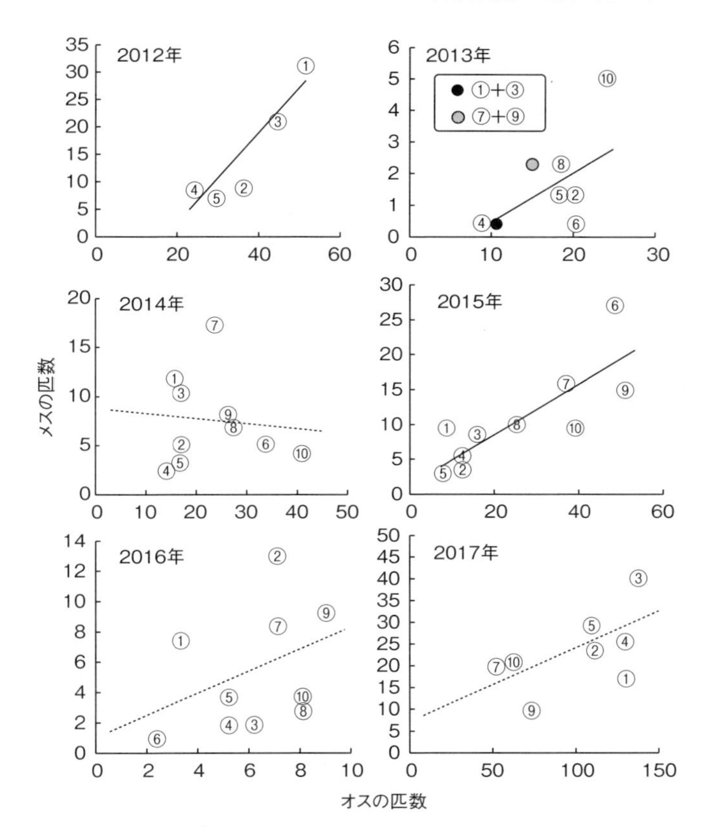

図 5-8　海洋保護区の中におけるナミハタのオスとメスの個体数の関係
実線・点線は，オスの匹数とメスの匹数の関係について単回帰式で表したもの．実線：有意な関係（統計学的な裏付けがあるもの）．点線：有意ではない関係（傾向を示したもの）．数字は 20 m × 5 m の区画番号．同じ数字は，同じ区画で得られたデータであることを示す．2013 年には，区画①と③および区画⑦と⑨のデータが同じであったため，グラフでは黒の丸とグレーの丸で示している．2012 年は 5 区画（①～⑤），2013 ～ 2016 年は 10 区画（(①～⑤＋⑥～⑩)．2017 年は区画⑥と⑧のデータなし（始点・終点の目印が消失していたため）．Nanami et al.（2017）を改変．

したがって，オスにとっては自分のライバルが多い状況といえる．オスにとってはライバルが少ない方がメスを獲得できる可能性が上がる．しかし，メスはオスの多い場所にいる．この相反した条件の中で，オスは「ライバルが多くても，メスがたくさんいるので，大きい群れに留まる」という選択をする方が有

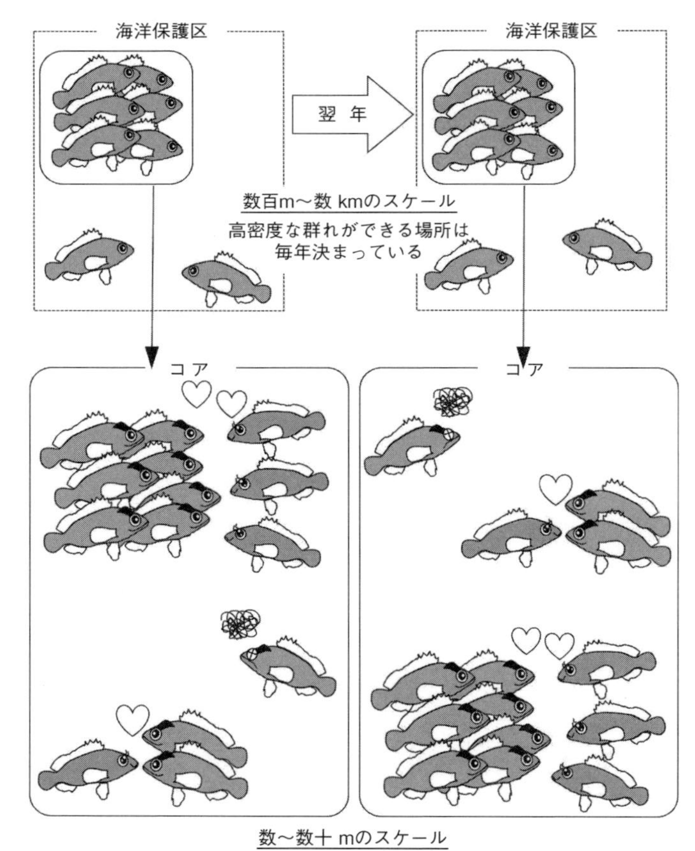

図 5-9　海洋保護区の中におけるオスとメスの分布の模式図

利なのだろう．ライバルがいない場所に移動しても，メスがいなければ意味がないからだ．産卵場に集まったオスを観察していると，お互いに噛みつき合う行動が頻繁にみられる（この噛みつき行動について，行動学的な意味を解明した研究はないが，オス同士がお互いを牽制しているようにもみえる）．

このような状況であれば，メスは自分に適したオスを選べる可能性が高くなるだろう．実際にペア産卵の行動を観察してみると，1 匹のメスの周辺に 3 匹のオスがみられた場合，メスは3匹の中の最もサイズの大きなオスとペアを組んで産卵していた（Nanami et al. 2013a，第８章）．一例だけなのでこの行動が他のメスにもみられるのかは不明であるが，サイズを基準にしてメスがオスを選んでいるのかもしれない．

ナミハタの場合，産卵場を海洋保護区にする前は，全長26 cm以上のオスが産卵場で漁獲されていた（太田・海老沢 2009a）．産卵場では，サイズの大きいオスが選択的に漁獲されることは海外からも報告されている（Carter et al. 1994，Koeig et al. 1996）．その場合，たとえサイズの大きいメスが残ったとしても，そのメスが抱える卵を受精させるオスがいなければ，集団全体の受精率が下がり，産み出される子孫の数が減るだろう（Sadovy de Mitcheson & Erisman 2012）．実際，産卵直前のオスの精巣の重さは，全長に比例していた（名波 未発表データ）．すなわち，サイズの大きいオスほど，それだけ多くの精子をもっているといえる[*6]．以上のことを考慮すると，メスだけでなく，オスについてもサイズの大きい個体を守る必要があるといえる．

なお，産卵場でオスが漁獲されている条件下では，オス1匹あたりのライバル数が減るので，生き残ったオスにとっては，繁殖成功の観点から有利にならないえなくもない．しかし，一般に生物の繁殖成功度を評価するには，生涯にわたって残す子孫の数を考慮する（桑村 1996）．したがって，ある産卵期に子孫の数を十分に残せなくても，次回以降の産卵期にチャンスを託せることを考えれば，漁獲されること（すなわち死亡）のリスクはあまりにも大きいといえる．漁獲された時点で子孫を残すチャンスが（現時点だけでなく将来にわたっても）完全にゼロになるからである．このことからも，産卵場を保護するべき日数の設定は，オスの滞在日数を考慮するのが理想的であるといえる．

（名波 敦）

[*6] 21匹のオスのデータを調べたところ（産卵日5日前～当日に採集した），全長範囲は21.6～33.0 cmであり，精巣の重さと全長に有意な正の相関がみられた．ナミハタの場合，サイズの小さいオスがスニーカーオス（スニーキング行動をするオスのこと．スニーキングについては第８章の＊6参照）のような特別に大きな精巣をもっていることはみられなかった．

第6章

どこから産卵場に集まってくる？

生物が一生を全うする中で大移動をすることは，魚類だけでなく鳥類や昆虫類でも数多くの例が知られている．その理由は越冬や産卵などさまざまであるが，「どれぐらいの距離を移動するのか？」という疑問に対して，多くの研究者が解明に挑んできた．これまで解説したように，ナミハタは産卵場に集まる習性をもっている．本章では，ナミハタの産卵移動の距離を調べた研究を紹介し，その結果をもとに産卵場周辺の環境を守る必要性についても解説する．

6-1　産卵移動の距離を調べる意味

第1章でも紹介したように，ナミハタを含め，サンゴ礁に住む魚には産卵移動をする種がおよそ 80 ～ 120 種知られている．ハタの仲間の産卵移動の距離を調べた研究は，海外からもいくつかの報告がある．なぜ産卵移動の距離を調べる必要があるのだろうか？

産卵場にやってきた魚の群れを保護せずに獲っている場合を想定してみよう．そして，その魚たちが産卵場から 10 km 離れた場所から集まってくるとしよう．産卵場所に集まる魚は，産卵場から半径 10 km 以内に住む魚たちの群れである．このことから，産卵場で魚を獲ることは，半径 10 km に住んでいる魚たちを根こそぎ獲っていることに等しい（**図 6-1**）．ここで，「魚を獲る場所が産卵場でも周辺の海域でも，魚を獲る影響は同じではないか？」と思った方のために，もう少し詳しく説明しておこう．産卵集群をつくる魚が産卵場に集まっているのは，かなり短い期間に限られる（数日から数週間）．この間に半径 10 km の中に住んでいる魚を根こそぎ獲ることはほとんど不可能に近い．なぜなら，魚は 1 カ所に集中して分布しているのではなく，産卵場所の外側に一様に広がっているだけでなく，サンゴや岩陰に隠れて暮らしているからである．一方，産

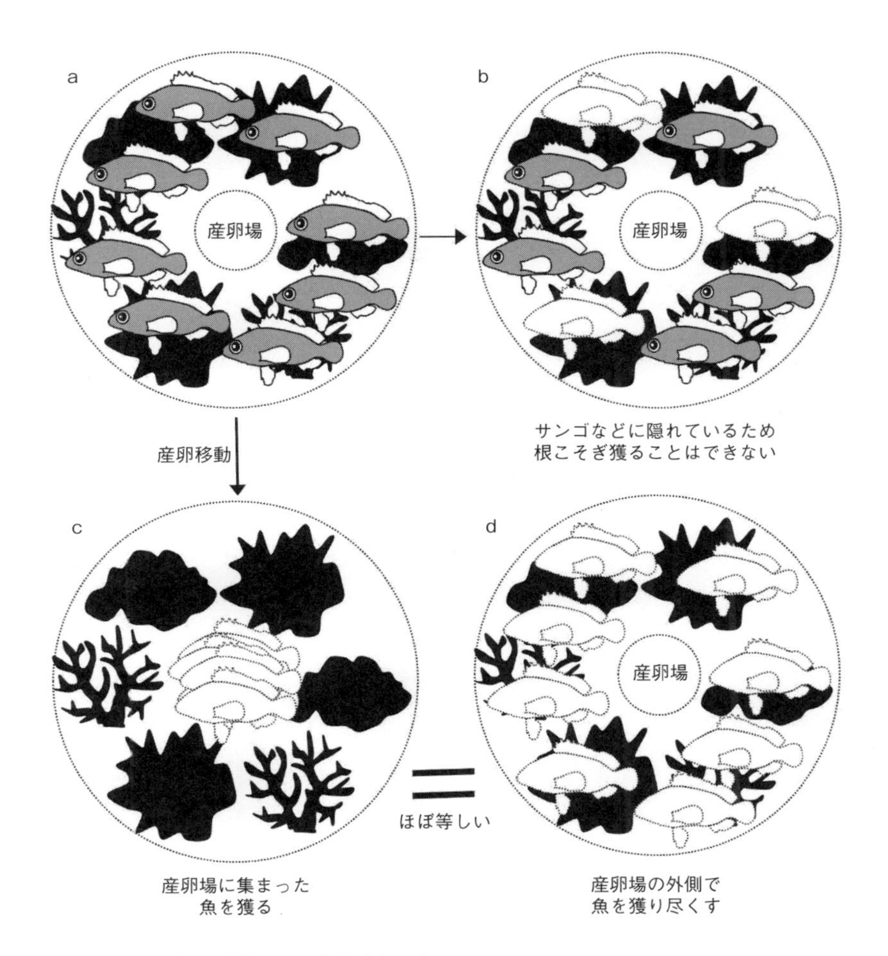

図 6-1　産卵移動の距離を調べる意味（その 1）
産卵場周辺の環境が良好で，たくさんの数の魚が住んでいる状態（a）．産卵場の外側はサンゴなどの隠れ家が多く，魚は短期間（数日から数週間）に根こそぎ獲られることはない（b）．産卵場に集まったときは，集中的に魚を獲ることができるため，短期間にたくさんの数の魚が獲られてしまう（c）．その効果は，短期間に産卵場の外側で魚を根こそぎ獲ることに等しい（d）．産卵移動の距離が明らかになれば，産卵場の外側での生息範囲が明らかになり（外側の円内のエリア），産卵場で魚を獲る効果（c）を，産卵場の外側で魚を獲り尽くす効果（d）に置き換えて検討することができる．

卵場では魚が集まってくる．産卵場にもサンゴや岩陰があるが，そこにすべての魚が入りきらないぐらいの数が集まるのである．したがって，魚を獲る効率が格段に良くなる（第３章参照）．

また，産卵移動の距離が 10 km だとすれば，産卵場から半径 10 km 以内の場所を開発や汚染で破壊すると，産卵場に集まる魚の数が減ってしまう（図6-2）．つまり，産卵場周辺の環境を守るために必要な情報といえる．このように，産卵移動の距離を調べることは，産卵集群をつくる魚たちを守るためにはとても大切なことといえる．

6-2　これまでに行われた研究

(1) 移動の距離を調べる方法

生物の移動距離を調べる方法として，生物に“名札”をつけて追跡することがよく行われる．例えば，渡り鳥の足首に番号入りの足輪をつけたり（長谷川 2006），チョウの羽に番号をマジックで直接書き込んだりする（佐藤 2006）．ここでいう名札は「標識」・「タグ」・「マーキング」などと呼ばれるもので，生物を一個体ずつ見分けるときに便利なものである．この方法は魚の移動を調べるときにもよく使われ，マグロやカツオの仲間など，さまざまな魚の研究で採用されている．なお，体の模様で判別できる種もいるが（例えば Nanami & Yamada 2008，2009，Nanami 2015），適用できる種は限られているため，標識をつける方法が最もよく使われている．標識をつけて放流（標識放流という）した後，その魚が別の場所でもう一度捕まったとき（再捕という），放流場所から再捕場所までの距離を移動距離とみなせる．

(2) 海外からの報告

サンゴ礁の魚のおよそ 80 ～ 120 種が産卵移動することを述べたが，実際の移動距離を明らかにした研究は多くない．海外の研究者のレビュー（たくさんの研究報告を取りまとめたもの）をみても，ハタの仲間のうち 39 種が産卵移動するとしているが，移動距離のデータが示されているのは 6 種にとどまっ

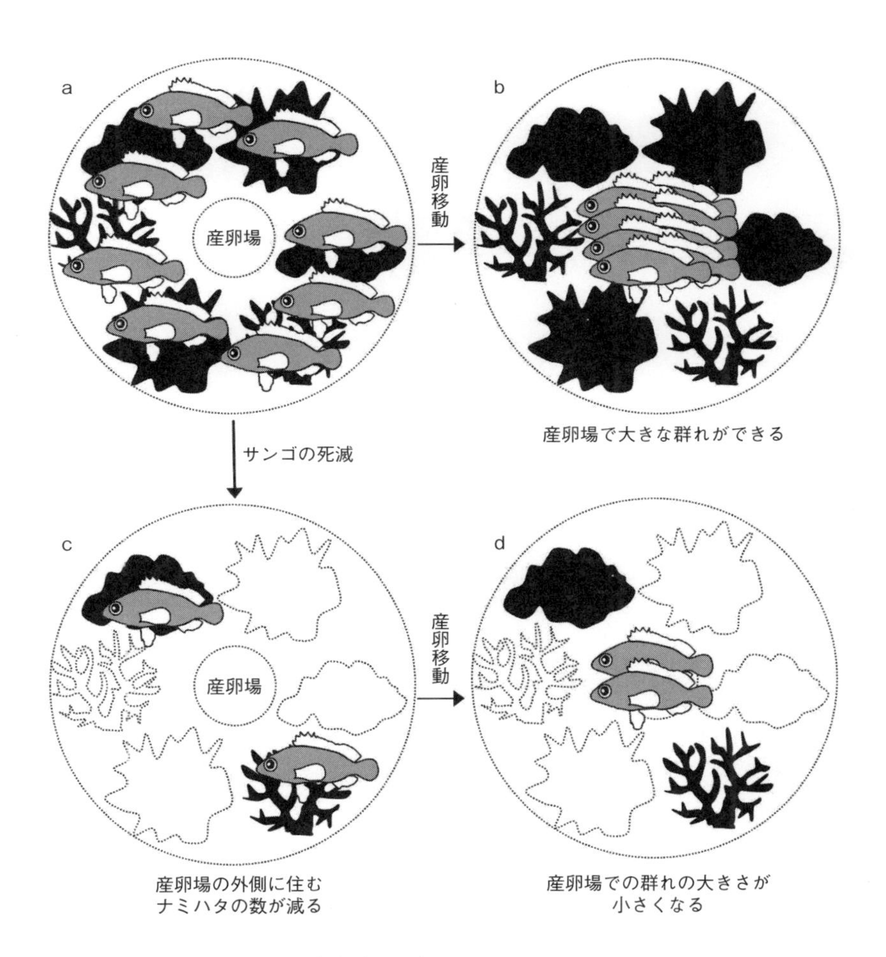

図 6-2　産卵移動の距離を調べる意味（その 2）
産卵場周辺の環境が良好で，たくさんの数の魚が住んでいる状態（a）．産卵場を海洋保護区にすれば，産卵場の大きな群れは守られる（b）．何らかの原因で産卵場周辺の環境が悪化した場合，そこに住んでいる魚の数が減る（c）．その結果，産卵場を海洋保護区にしていても，産卵場での群れは小さくなってしまう（d）．産卵移動の距離が明らかになれば，産卵場の外側での生息範囲が明らかになり（外側の円内），魚の生息環境として守るべき範囲を検討できる．

ている（Nemeth 2009）．以下に，魚に標識をつけて産卵移動の距離を調べた2種について紹介しよう．

ナッソーグルーパー：産卵移動の距離のデータを最初に報告したのは，カリブ海のロング島での研究である（Colin 1992）．ロング島周辺で30匹のナッソーグルーパーに標識をつけたところ，110 km離れた産卵場で1匹が再捕された．もう1つは，カリブ海のエグズーマ島周辺で11匹を標識放流したところ，1匹が220 km離れた産卵場で再捕されたという（Bolden 2000）．

レッドハインド：産卵移動の距離を推定する研究は，カリブ海にあるセント・トーマス島とセント・クロイ島で行われた（Nemeth et al. 2007）．標識は2つの島の近くにある産卵場に集まった魚にとりつけた．放流した後，産卵場の外側で再捕された魚について，産卵場からの距離を直線距離で見積もった．セント・トーマス島では2911匹が放流され，132匹が再捕された．セント・クロイ島では934匹が放流され，49匹が再捕された．産卵移動の距離は，セント・トーマス島では6.3～32.3 km，セント・クロイ島では1.8～16.1 kmであった．

ただし，これらの研究にはやや不十分な点がある．まず，ナッソーグルーパーの場合，産卵場で捕まえた数がColin（1992）とBolden（2000）でそれぞれ1匹ずつであり，データ数が少ない．レッドハインドの場合，データ数は十分であるが，「産卵場にいる魚は，産卵が終わると自分の住んでいたもとの場所に確実にもどる」という前提を証明していない．もし産卵し終わった魚が，自分がもともと住んでいた場所にもどらないのであれば，「産卵場から放流した魚の移動距離のデータ＝産卵移動の距離」とみなすことができない．

6-3　ナミハタに“名札”をつける

(1) ナミハタの移動距離を明らかにしたい

そこで筆者らは，ナミハタの産卵移動の距離を調べるためには，「産卵移動する前に，たくさんの数のナミハタに標識をつけなければいけない」と考えた．そして産卵場にやってきた標識つきのナミハタを見つけ出し，もう一度捕獲すれば移動距離のデータが取れると考えた．しかし，この方法は非常に労力がかかる．カリブ海のレッドハインドの研究のように，産卵場に集まった魚を捕まえることは非常に効率が良く，一度にたくさんの魚に標識をつけることができる．一方，産卵する前のナミハタは，サンゴや岩陰の周りに何匹かが集まって暮らしているものの，1 匹ずつ釣って標識をつけなければならない．また，産卵場から遠く離れたところで，ナミハタがたくさん住んでいる場所を探し出すのも労力がかかる．水中に潜ってしらみつぶしに探さなければならないからである．さらに，標識のついたナミハタを産卵場でもう一度見つけ出し，確実に再捕しないといけない．しかし，ナミハタの産卵移動の距離を直接的に証明するにはこの方法しかないため，とりあえず調査を始めることにした．

この調査に使った標識はダートタグと呼ばれるもので（図 6-3），先端にやじりのような突起があり，これをナミハタの体表にとりつけた．ダートタグの端には 4 ケタの数字を刻印し，1 本ずつ違う番号を割り当てた．これが“名札”替わりとなる．

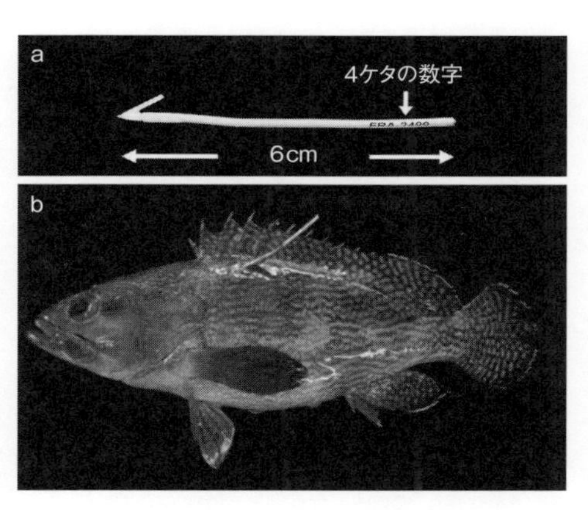

図 6-3　ナミハタの産卵移動の距離を調べるために使ったダートタグ（a）と標識されたナミハタ（b）

（2）水中でナミハタを釣る[*1]

サンゴ礁には非常に多くの種類の魚がいるため，船からの釣りではナミハタ

[*1] 沖縄県漁業調整規則では，スキューバダイビングで生物を採集することは禁止されている．すなわち，釣り，徒手，水中銃などの手段に関わらず，潜水器材を使用すること自体が違反行為になる．この調査では，同規則第 41 条（試験研究等の適用除外）により，沖縄県から特別な許可を得て水中でナミハタを釣った．公的な許可なしに水中釣りをすることは違反行為になるので注意が必要である．

だけをねらって釣るのは難しい．そこで，ナミハタだけを確実に釣るために「潜水しながらナミハタを見つけ，水中で釣りをして捕まえる」という方法を試すことにした（図6-4）．水中で魚を釣る理由はもう1つある．釣られた魚を船上に上げると空気にさらされ，魚にとって大きなストレスになる．また，水面まで引き上げたときに圧力の変化で浮き袋が膨らんでしまい，船上から放流しても自力で海底にもどれない魚もいる．海外の研究では，浮き袋が膨らんだ魚に注射器を挿入して空気を抜くらしいが（Nemeth et al. 2006），魚にとって大きなストレスになるであろう．さらに，海底にもどる途中，うまく泳げずに他の魚に食べられるおそれがある．これらの問題を解決できるのが水中釣りで，ストレスを可能な限り減らすことができるうえ，魚がもともと住んでいたサンゴに確実にもどすことができる．

筆者らはさまざまな試行錯誤をくり返し，水中で効率良くナミハタを釣る方法，すばやく標識をつける方法，正確な記録を残す方法を考案した．まず，水

図6-4　ナミハタを標識放流した場所と水中釣りの様子

中でも扱いやすい短い釣り竿とリールを探すのに苦労した．ナミハタを見つけて目の前にサンマの切り身を垂らしても，すぐには食べてくれない．他の魚が餌をつつきまわり，それでも餌を動かさなければようやく警戒心を解いて餌に飛びつくのである．捕まえたナミハタを片手に持ちながら，もう片方の手を使って標識を打つ方法も考え出した．そして，大切なのは，何番の標識を，いつ，どこでとりつけたのか，すぐにメモをとることである．調子の良いときは1日で83匹に標識をつけたこともあるが，4時間以上潜水して1匹だけ，という日もあった．この調査は3年間に及び，海洋保護区となっている産卵場から20 km以上も離れた場所でも水中釣りを行い，最終的には165カ所で1157匹のナミハタに標識をつけた（図6-5）．しかし，これで終わりではない．産卵場へ移動した標識のついたナミハタを探し出し，もう一度捕獲しないといけないのである．

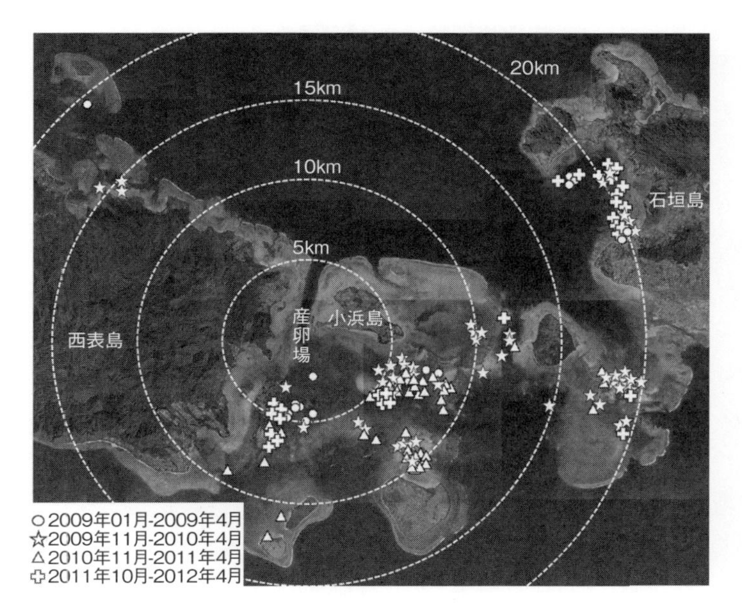

図6-5　ナミハタに標識をつけて放流した場所
放流はすべて産卵時期の前に行った．Nanami et al.（2015）を改変（航空写真：環境省国際サンゴ礁研究・モニタリングセンター提供）．

(3) 産卵場からの放流もやってみた

標識放流の調査と平行して，筆者らは別の調査の計画を立てていた．「産卵場へやってきたナミハタは，産卵の後にもとの場所にもどることができるのか？」という疑問を明らかにしたかったのである．この計画はうまくいき，ナミハタには帰巣本能があり，産卵の後に，ほぼもとの場所にもどることがわかった（**第9章**）．つまり，産卵場で標識をつけて放流し，産卵が終わった後に再捕されたならば，そのデータも産卵移動の距離として使えることを意味する．これは，海外での研究では検証されなかったことであり，ナミハタの場合，「産卵場から放流した魚の移動距離＝産卵移動の距離」といえる．そこで，産卵場でも水中釣りにより350匹に標識をつけ，産卵場の外側で再捕されるのを待った．

(4) “指名手配犯”はどこにいる？

産卵時期がやってきて，産卵場で群れが見られるようになった頃．標識がついたナミハタを産卵場で探すのは，指名手配された犯人を探すような気持ちであった．実は，筆者らにはいくつかの不安材料があった．まず，とりつけた標識が産卵移動する前に外れてしまっている可能性がある．また，産卵場に集まった数多くのナミハタから，標識のついたナミハタを見つけ出さなければならない．さらに，運良く見つけたとしても，確実に再捕しないといけない．ナミハタは警戒心が強い魚なので，水中銃や水中釣りで再捕を試みるときに中途半端に傷つけて逃がしてしまうと，サンゴや岩陰に隠れてしまい二度と姿を見せないのである．まさに“一発勝負”であった．そこで頼んだのが，海のプロである漁業者（海人）だった．漁業者に産卵場でナミハタを探してもらい，標識のついたナミハタだけを買い取ることにしたのである．同時に，筆者ら自身も産卵場で潜水し，標識のついたナミハタを探した．なお，海洋保護区となっている産卵場の中でナミハタを捕獲することは禁止されているが，標識のついたナミハタだけは捕獲して良いという特別な許可をもらって調査を行った．

(5) 再捕に成功！

最初に成功したのは漁業者で，産卵場にやってきた2匹を再捕した．再捕されたナミハタの標識は2匹ともきれいに残っており，番号もはっきりわかった．一方，筆者らも再捕に成功していた．**第5章**で紹介した潜水調査の際に，標識のついたナミハタを何匹か目撃したのである．その場所をできるだけ正確に覚えておき，潜水調査の後にもう一度その場所へもどった．そしてもう一度探し直して"指名手配犯"を仕留めるのである．その結果，産卵場では最終的に23匹のナミハタの再捕に成功した．

また，産卵場から放流したナミハタについて，産卵場の外側で再捕したのも漁業者だった．産卵場の外側に広がる海の中で，標識されたナミハタだけを筆者らだけで探しまわることは現実的には厳しかった．そこで，産卵場の外側で毎日のように漁をしている漁業者に頼み，漁獲したナミハタの中に標識がついていれば報告してもらうことにした．この場合は，再捕されたナミハタの場所を正確に教えてもらわなければならない．そこで，標識のついたナミハタを買い取りに行くときに，産卵場周辺の海が写った航空写真を持って行き，正確な位置を教えてもらった．最終的には，産卵場の外側では6匹のナミハタの再捕に成功したのである．

余談ながら，再捕されたナミハタを買い取ることができたのは，日頃から漁業者とのコミュニケーションを密に取り，顔と名前を覚えてもらうことに加え，漁業者が再捕した場合は数時間以内に現場に駆けつけて買い取ることを心がけたからだと思う．このことにより，再捕の報告をすると必ず筆者らが買い取ってくれるという信頼感につながり，結果としてデータの蓄積につながったのであろう．

6-4　産卵移動の距離がわかった！

(1) 産卵場で再捕したナミハタの移動距離

産卵の前に産卵場の外側で放流した1157匹のうち，産卵場で再捕された23匹のデータをみてみよう（**図6-6：口絵**）．ほとんどのナミハタは，放流から数カ月後の産卵時期に再捕されていたが，なかには1623日後（4年以上）に再捕されたものもあった．標識はかなり傷んでいたが，それでも番号が読み取れた．このような「放流から1年以上経って再捕された個体」については，産卵場とふだんの住み場所を数回行き来していたと仮定できるので（**第9章**），データに付け加えた．再捕されたナミハタのうち，産卵場の南側からやってきたのは4匹，南東側からやってきたのは19匹であった．産卵移動の距離の最高記録は6.6 kmであった（全長29.6 cmのオス）．しかし，産卵場から20 km以上離れた場所でも放流したにも関わらず，移動距離の最高記録が6.6 kmであったのはなぜだろうか？

(2) 産卵場の外側で再捕したナミハタの移動距離

次に，産卵場で放流した350匹のうち，産卵場の外側で再捕された6匹のデータをみてみよう（**図6-7**）．6匹すべてが1年半以内に再捕されており，産卵場の南側で1匹，南東側で5匹が再捕された．産卵移動の距離の最高記録は8.8 km[*2]であった（全長30.5 cmのオス）．結果として，このオスが筆者らの調査の中では移動距離の最高記録保持者ということになった．

これを人間に例えるとどうなるか試算してみたので紹介しよう．最高記録を出したオスにとって，移動距離は自分の全長のおよそ28852.5倍（8.8 km ÷ 30.5 cm：単位をmに合わせると8800 m ÷ 0.305 m）となる．一方，これを日本人成人男性に例えると，平均身長は171 cm[*3]なので，171 cm × 28852.5 = 49.3 kmの移動ということになる（**図6-8**）．地図や方位磁石を持たずに，本能だけで産卵場に向かうことを考えれば，かなりの移動距離だと思うがいかがだろうか［ちなみに，遠泳の挑戦で有名なドーバー海峡（イギリスとフランスの間にある海峡）の距離は34 kmである］．

[*2] この数値は放流場所と再捕場所を直線で結んだ距離である．実際には，ナミハタが放流場所から再捕場所まで一直線に泳ぐことはないので，実際に泳いだ距離はこの数値よりさらに大きくなると考えられる．しかし，実際の移動ルートの詳細は不明なので，本研究では産卵移動の"最短ルート"として，直線距離の数値を求めたことをお断りしておく．

[*3] 総務省統計局ホームページ（http://www.stat.go.jp/data/nihon/pdf/16nihon.pdf）．

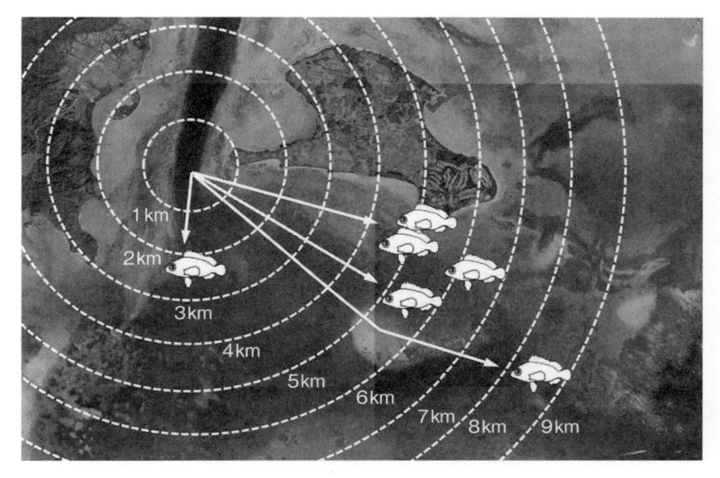

図 6-7　産卵場から放流した個体が，産卵の後に再捕された場所を示した図
Nanami et al.（2015）を改変（航空写真：環境省国際サンゴ礁研究・モニタリングセンター提供）.

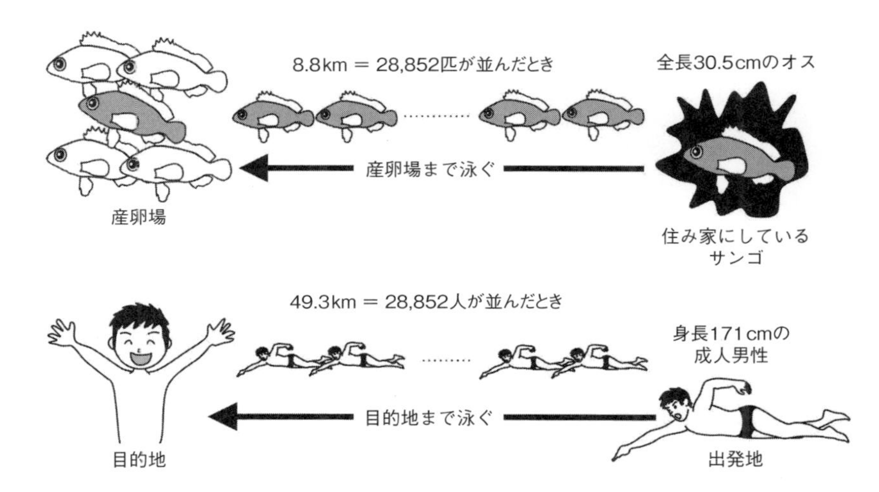

図 6-8　移動距離の最高記録 8.8 km（全長 30.5 cm のオス）を人間に例えたら ……

これらのデータから，海洋保護区となっている産卵場にやってくるナミハタは，産卵場から 8.8 km 以内に住んでいるものたちばかりのようである.

(3) 他にも産卵場があるらしい

それでは，産卵場から8.8 km以上離れた場所に住んでいるナミハタは，産卵していないのだろうか？　漁業者に尋ねてみたところ，筆者らが研究のフィールドにしている石西礁湖では，海洋保護区となっている産卵場の他に4カ所の産卵場があるという．ただし，これらは海洋保護区となっている産卵場と比べてナミハタの群れの規模が小さく，限られた漁業者しか利用していないようだ．海洋保護区となっている産卵場から8.8 km以上離れた場所に住んでいるナミハタは，これら4カ所の産卵場で産卵している可能性がある．

(4) 同じ出身地なのに……

標識をつけたナミハタは1匹ずつ見分けられるので，その情報を使ってもう少し詳しく調べてみたところ，興味深い事実が明らかになった（図6-9）．ふだんの住み場所では，複数のナミハタが同じサンゴに暮らしているが，同じサンゴに住んでいた2匹のナミハタは（標識番号1598番と1599番），産卵場

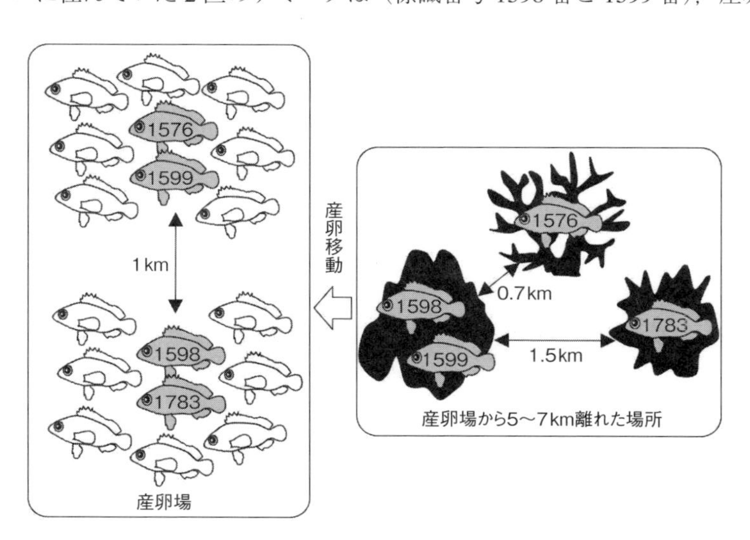

図6-9　同じサンゴに住むナミハタが，産卵場ではお互いに離れていた例（1598番と1599番），および，違うサンゴに住むナミハタが，産卵場で隣り合わせにいた例（1576番と1599番，1598番と1783番）
Nanami et al.（2015）を改変．

ではおよそ1 km離れた別々の場所へ移動していたのである．一方，このうちの1匹（1598番）は，産卵場では1783番をつけたナミハタのすぐ近くで目撃され，同じ日に再捕された．この1783番のナミハタは，1598番の放流場所から1 km以上離れたサンゴで放流されたものだった．同様に，1599番のナミハタは，産卵場では1576番をつけたナミハタのすぐ近くで目撃された．この1576番のナミハタは，1599番の放流場所から数百m離れたサンゴで放流されたものだった．

これらの結果から，同じサンゴに住むナミハタでも，産卵移動のときにはお互いに離れてしまう可能性が考えられた．産卵移動はふだん住み慣れたサンゴを離れることを意味するので，同じ出身地同士で集まって移動した方が，道に迷ったり敵に襲われたりする危険を回避できそうである．しかし，ナミハタはそのような行動をしないようだ．産卵の準備ができたものから産卵場に向かうため，故郷であるサンゴを出発する日が個体によって異なるのかもしれない．調べてみたい謎がまた1つ増えたことになる．

同じような行動は，グレート・バリア・リーフに住むハタの一種（スジアラ）からも報告されている．同じサンゴに住む3匹のスジアラについて，産卵場へ移動する行動を調べていたところ，1匹は他の2匹から740 m離れた産卵場に移動していたという（Zeller 1998）．

一方，カリブ海に住むレッドハインドは，ナミハタやスジアラとは異なる行動を示すようだ．カリブ海のサバ島近海にある産卵場で複数の釣り針をつけた釣り竿で捕獲を試み，同時に釣れた2匹に標識をつけて放流した．その後，同様の方法で周辺の海域で釣りを試みたところ，産卵場から3 km離れた場所で，この2匹が再び同時に釣れたという（Kadison et al. 2009）．このことから，この2匹のレッドハインドは産卵場ではほとんど隣同士であり，産卵の後もお互いが非常に近い距離に住んでいたと考えられる（Nemeth 2009）．レッドハインドは産卵移動のときに，同じ出身地同士が一緒になって移動するのかもしれない．

以上のように，標識をつけて放流することが，ナミハタの行動パターンについてもデータを与えてくれたのである．

6-5　この調査からわかったこと

(1) 産卵場を守る効果が明らかに

産卵場に集まってくるナミハタは，産卵場周辺の半径 8.8 km に住んでいるものたちということがわかった．つまり，産卵場を守らずに魚を獲ることは，産卵時期に半径 8.8 km 以内に住んでいるナミハタを獲り尽くすことを意味する．やはり，産卵場を海洋保護区にすることは大きな効果をもつと考えられる．

(2) 産卵場の周辺を守ることも大切

産卵場に集まってくる魚たちは，ふだんは周辺の海域に住んでいるので，住み場所となるサンゴを守る必要がある．つまり，産卵場から半径 8.8 km の海域を守ることも大切と考えられる．

産卵場周辺の環境が悪くなると，そこに住む魚がいなくなってしまい，結果的に産卵場に集まる魚の数は減るだろう．産卵場に海洋保護区をつくったとしても，十分な効果が期待できないことになる．産卵場で群れをつくる生態学的な意味は**第 1 章**で解説したが，群れの数が少なくなれば，卵の数が減るだけでなく，産卵行動そのものもうまくいかない可能性がある．

漁業者に話をうかがってみると，昔はナミハタの産卵場がいくつかあったが，周辺の環境が悪化したために産卵集群そのものが消滅した場所があるという（**第 10 章**）．この話が事実とすれば，産卵場だけを守っても片手落ちであることは確かである．今すぐとはいかなくても，産卵場周辺にも海洋保護区を拡張すれば，より一層の効果が得られるに違いない．

産卵場でのナミハタの数を長期的に調べることで，周辺海域の環境の変化について情報が得られるかもしれない．産卵場のナミハタを守っていても，集まるナミハタの数が減り続けるのであれば，周辺環境の悪化を疑ってみることも必要だろう．

(3) ナミハタのことを知ってもらうために

この調査で得られた研究成果は，漁業者へ報告している．標識されたナミハタの再捕を手伝ってもらったこともあるが，産卵場を海洋保護区にすることに理解をしてもらうためである．この調査で，移動距離の数値が明らかになったことで，産卵場保護の意味を具体的にイメージしてもらえたと思っている．

一方で，石垣島から西表島にかけて広がる 30 km × 20 km の海域はすでに紹介しているように石西礁湖と呼ばれ，さまざまな観点から自然を再生しようという取り組みが実施されている（石西礁湖ポータルウェブサイト http://www.sekiseisyouko.com/szn/entry/plan1.html）．その自然再生の対象となる区域と，ナミハタの産卵集群を守るために（最低限）必要な海域を重ね合わせてみよう（図 6-10）．この 2 つのエリアの重なり具合を調べたところ，自然再生の対象となる区域の 32.2％が，ナミハタにとって重要な海域であることがわかった．そこで，石西礁湖でサンゴの再生を試みている行政の担当者や研究者

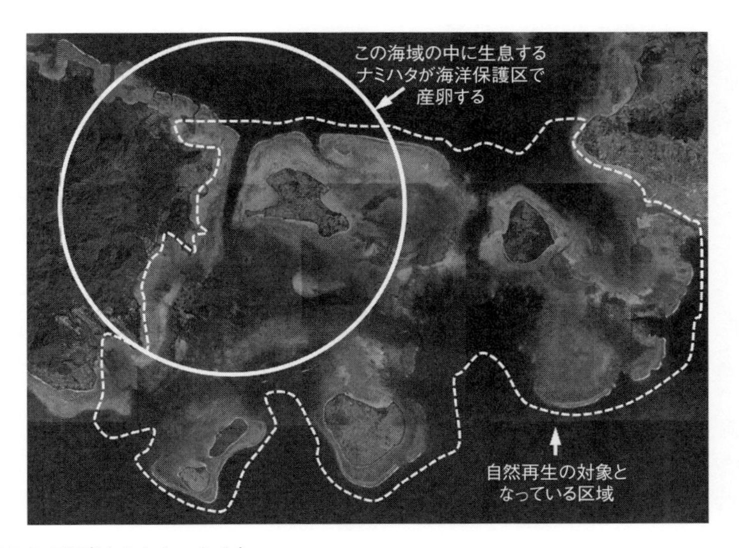

図 6-10 この調査からわかったこと
海洋保護区となっている産卵場のナミハタの群れを守ることは，半径 8.8 km で囲まれた周辺の海域に住むナミハタを守ることに等しい（白の円内）．すなわち，半径 8.8 km の範囲のナミハタの生息環境を守ることも大切．この範囲は，石西礁湖自然再生協議会が掲げる“自然再生の対象となる区域”（点線）の 32.2％に相当する．“自然再生の対象となる区域”は石西礁湖ポータルウェブサイト（http://www.sekiseisyouko.com/szn/entry/plan1.html）より引用．

には，ナミハタの産卵場周辺の海域を守る必要性を伝え，サンゴ再生の重点海域として選んでもらうようお願いしている．なお，これは他の海域でサンゴの再生をしなくてよいという意味ではないことをお断りしておく．仮に，サンゴの再生場所の選定に優先順位があるならば，海洋保護区となっている産卵場周辺のサンゴの再生を上位に位置づけてもらいたいということである．

心残りなのは，海洋保護区になっていない産卵場へ移動したと考えられるナミハタたちだ．漁業者から産卵場の場所を教えてもらうことはできても，現時点で公表はできないだろう．将来的には，産卵場の候補地で詳細な潜水調査を行い，ナミハタの産卵集群が確認できれば，新たな海洋保護区をつくることを検討することが大切だろう．新たな海洋保護区をつくることを受け入れてもらえるよう，これからも研究成果を発信していきたいと考えている．

(4) 苦労は無駄にならなかった

今回の調査では，ナミハタに標識をつけるために産卵場の周辺で潜水をくり返した．まさに「潜りまくった」という表現がぴったりである．その結果，ナミハタが比較的たくさん集まっているサンゴの位置情報をいくつか得ることができた．また，水中釣りがナミハタを捕獲するのに適していることもわかった．このような経験は，**第7章**や**第9章**で紹介する研究について，計画を立てる段階や，実際に研究を始める段階でおおいに役に立った．ナミハタに限らず，生物の調査は「調べたい生物が多い場所をみつける」，「生物をできるだけ無傷で捕獲する」といった，データを取る前の段階から研究者自身が試行錯誤しなければならないことがたくさんある．例えるならば，料理人が理想の食材を得るために，自分で畑を耕して野菜を育てたり，自分で家畜の飼育を試みているようなものである．ナミハタを捕まえるだけでひと苦労していたことが，結果的にさらなる研究の発展に役立った．「何でも挑戦してみるものだ」と，改めて思った次第である．

（名波 敦）

第7章

何日間，産卵場を保護する？

産卵集群はいわば魚の大お見合いパーティだ．お見合い会場（産卵場）に何日滞在するかを知ることは，産卵場を保護する日数を決めることと深く関わっている．本章の前半では，超音波テレメトリーという方法を用いて，ナミハタが産卵場に滞在する日数を推定した研究を紹介する．そして後半では，どのような個体が産卵場に長く滞在するのか，エネルギー収支の観点から調べた研究を紹介する．

7-1　産卵場に滞在する日数を調べる意味

産卵集群をつくる魚は，ふだんの住み家を離れて産卵場に行き，そこで繁殖し（オスは放精・メスは産卵），またもどってくると考えられている（**図 1-1**）．「同じ場所にどれだけ正確にもどってくるのか？」については**第９章**で紹介することにして，まずは「産卵場での滞在日数」に着目しよう．

「産卵場での滞在日数」は産卵場の保護の日数を検討するために重要だ．なぜなら，産卵場に集まった魚は非常に獲られやすく（**第３章**），たとえ産卵場を保護しても，保護の日数が不十分であれば乱獲される可能性が高いからだ．一方で，産卵に関するナミハタの行動は，①住み家から産卵場へ向けて出発する→②産卵場に到着する→③産卵場に滞在する（産卵日に産卵する）→④（産卵した後に）住み家に向けて出発する→⑤住み家にもどってくる，とみなせる．このうち，①から②の道筋は往路，④から⑤の道筋は復路であるので，それぞれ一定の日数が経過する．そこで，本章では，①から⑤に至る日数を「お出かけ日数」とする（**図 7-1**：この「お出かけ日数」の重要性については後述する）．また，③の日数（②から④に至る日数）は「産卵場での滞在日数」である．

それでは，どうすれば「産卵場での滞在日数」や「お出かけ日数」がわかるだろうか？　一番良い方法は，1 匹 1 匹のナミハタから「○月○日に住み家を

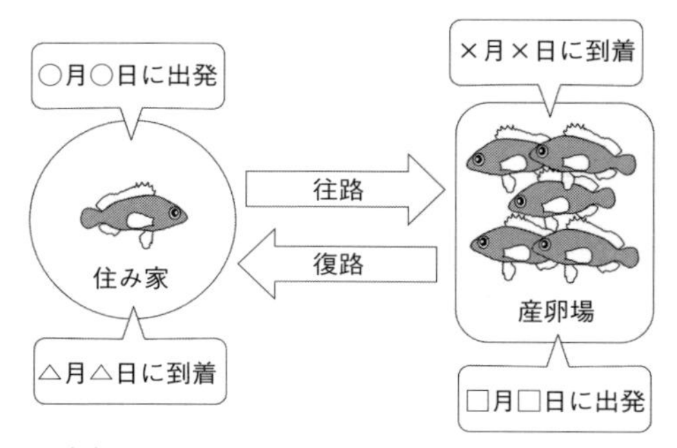

図7-1　「産卵場での滞在日数」と「お出かけ日数」の関係

出発した」，「△月△日に産卵場からもどってきた」というような情報を得ることだ．そこで，このような情報を得るために，超音波テレメトリーという方法を用いることにした．筆者はこのシステムを使ってサンゴ礁魚類の行動を調べた経験があったため（Kawabata et al. 2007，2008，2010，2011），本調査を依頼され担当することになった．まずは，「産卵場は何日間保護するのが理想的なのか？」を検討するため，超音波テレメトリーについて紹介しつつ，話を進めることにしよう．

7-2　超音波テレメトリーとは？

(1) 魚の行動を調べる画期的な方法

超音波テレメトリーとは，超音波が出る小型の発信器を魚に装着し，その信号を受信機で受信して移動を調べるものだ．発信器には，1つ1つ独自の発信パターン（ID）が割り振られているため，魚1匹ずつの行動が追跡できる．そして，受信機を海底などに固定し，受信範囲内にいる魚のIDと時刻を内部メモリに記録する（図7-2）．今回は，「産卵場での滞在日数」と「お出かけ日数」を明らかにすることが目的なので，産卵前から産卵後までの期間（約2カ月間），モニタリングを行った．

こんな最新のシステムを使えば，誰でも簡単にデータが得られるのでは？そう思う読者も多いと思う．しかし実際にはそう簡単ではない．

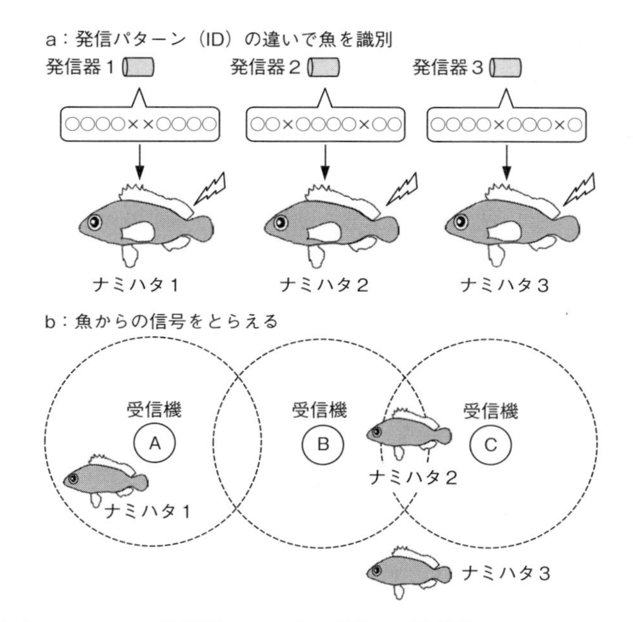

図 7-2　超音波テレメトリー（設置型システム）の仕組みの模式図
発信器は，それぞれ個別の発信パターン（ID）をもつ［a：発信パターンを○（信号を発信）と×（信号を休止）で模式的に示している］．発信器は 2 ～ 3 分間隔で信号を発する．魚からの信号は，その魚が受信機の受信範囲の中にいるときに記録される（b：受信機周辺の点線は受信範囲の境界を示す）．この図の場合，“ナミハタ 1”からの信号は受信機 A だけが記録できる．“ナミハタ 2”からの信号は受信機 B と C が記録できる．“ナミハタ 3”からの信号はすべての受信機で記録できない．受信機には，発信器の ID に加え，その発信器からの信号を受信した「日」と「時刻」が記録される［ただし，魚が受信範囲の中にいても，障害物（サンゴや岩など）の影響で，受信機に信号が届かない場合がある］．

(2) とにもかくにもお金が必要

まず，第一に研究費がかかる．研究者というと「お金のことは考えずに自分の好きなことを追求している」と思う読者もいるかもしれない．もちろん分野によるが，それは多くの場合正しくない．少なくとも筆者のような地方大学の研究者は研究費の工面に追われている．超音波テレメトリーに必要な機材は高額なものが多く，受信機は 1 台約 25 万円，発信器は 1 個約 5 万円もする．

この調査では，征矢野 清さんと河邊 玲さん（ともに長崎大学）が，筆者らと共同で研究費に応募し採択されていたために，発信器購入に十分な予算が確保されていた．また受信機は，長崎大学所有のものと水産研究・教育機構所有のものがすでにあったため，最低限の新規購入で済んだ．恵まれたことに，本調査では必要な高価な機材は当初からほぼ揃っていたわけだ．そのおかげで，受信機は27台，発信器は30個以上を準備できた．

(3) 発信器を装着しても大丈夫か？

超音波テレメトリーでは，発信器を魚に装着しても脱落しないことと，その魚の行動に影響しないことを事前に確かめなければならない．そこで，共同研究者の山口智史さん（実験当時：長崎大学大学院生，現在：水産研究・教育機構）と武部孝行さん（水産研究・教育機構）に検証実験をしてもらった．

発信器の装着方法には，魚の体表に装着する「外部装着」と手術で体内に挿入する「内部装着」がある．外部装着では，サンゴや岩などの障害物に引っかかるおそれがあったため，今回は内部装着を採用した（図7-3）．発信器を装着したナミハタと，装着していないナミハタを用意し，産卵予定日をまたぐ約

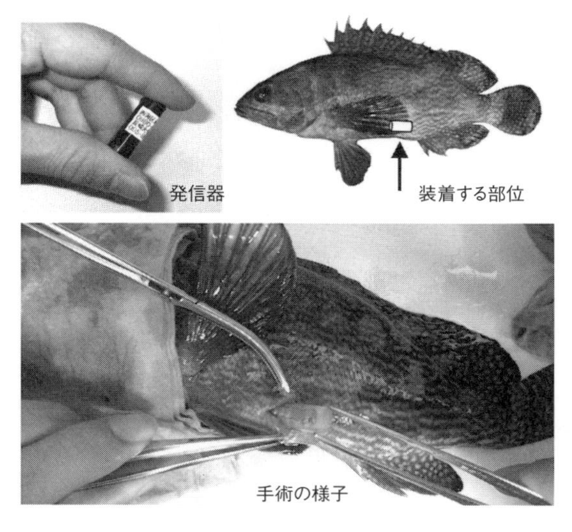

図7-3　ナミハタに発信器（長さ21 mm×直径9 mm）を装着している様子
発信器はナミハタの腹腔後部に手術で挿入する．手術道具（メス・ハサミ・鉗子・縫合針・縫合糸など）はすべて医療用（人間用）のものを使用する．

1カ月半の間，水槽で飼育した．その結果，オス，メスともに発信器が脱落した個体はなく，体重変化率は発信器ありの個体となしの個体で変わらなかった．さらに，実験終了時にメスの卵巣を詳しく観察したところ，発信器を装着したすべてのメスで産卵の痕跡がみられた．これらの結果から，ナミハタに発信器を装着しても産卵行動への悪影響はないことがわかった．

（4）調査地の選定

本研究の目的は，1匹1匹のナミハタから「○月○日に住み家を出発，×月×日に産卵場に到着，□月□日に産卵場を出発，△月△日に住み家にもどってきた」という情報を得ることであったため，産卵場とふだんの住み家の両方に受信機を設置することにした．選定した産卵場は，もちろんヨナラ水道である（図5-1）．ふだんの住み家としては，産卵場から数kmの範囲内で（第6章），ナミハタが多くいる場所を選ぶ必要があった．これについては，産卵場から約5 km離れた海域に，調査に適した住み家（直径数mのサンゴ）を3カ所見つけていたので，その場所を選んだ．

（5）受信機の配置

それでは，産卵場と住み家にどのような配置で受信機を設置するか．できるだけ広い範囲を受信したいが，そのためには1つの受信機がもつ受信範囲を明らかにしないといけない．そこで，受信機を海底に設置し，受信機から一定の距離ごとに発信器を並べ，受信確率を求めた．その結果，1つの受信機がもつ受信範囲は50～100 mであることがわかった．したがって，隣り合う受信機の距離を100 mにすれば，発信器からの信号をほぼ見逃すことがないと考えられた．

次に，産卵場での受信機の設置を考えた．27台の受信機を産卵場と住み家にうまく振り分けないといけない．産卵場すべてのエリアをカバーすることは到底不可能だったので，**第5章**で紹介した“コア”（最もナミハタが多く集まる場所）に15台の受信機を集中させることにした．最後に，住み家周辺での受信機の配置である．これについては，3つのサンゴを囲うように12台の受信機を配置した．

(6) 受信機が流されないために

ナミハタの産卵場では，潮の流れが非常に強い（第5章）．受信機が流されてしまえば，記録されたデータはすべて失われてしまうし，1台につき25万円が海の藻屑となってしまう．これは何としても避けたかった．そこで，筆者の学生時代の先輩である奥山隼一さん（水産研究・教育機構）が考案した方法を用いることにした（Okuyama et al. 2010）．コンクリート（モルタル）にステンレス製パイプを立てた土台に受信機を固定するという方法だ（図7-4）．土台の四隅にはコンクリートブロックを置くことで，さらに転倒しにくくしてある．前述の山口さんと後述の山本さん（実験当時：長崎大学4年生）と一緒にモルタルをこねて，ステンレスパイプに穴を開けてと，まるで大工のような作業を数日間行った．このような作業は少し腰にはくるが，小さい頃から工作が大好きだった筆者にとっては，研究の醍醐味の1つである．なお，実際に設置したところ，消失・転倒・破損はまったくなく，受信機をしっかりと守ってくれた．

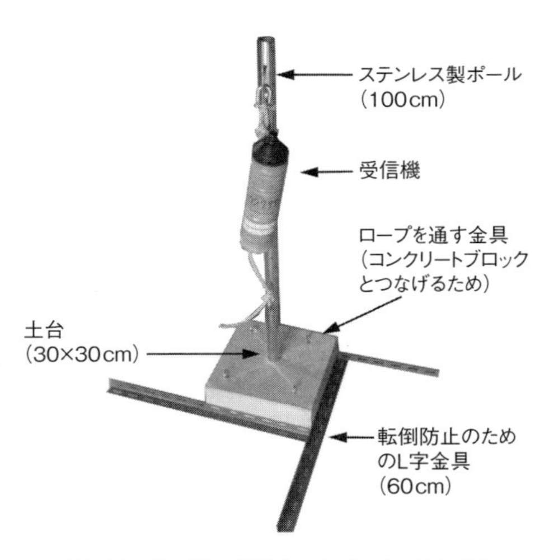

図7-4　受信機を設置するため土台の模式図

次は土台の設置である．まずは，水中リフトバックと呼ばれる気球のような装置で土台を浮かべて，ダイバーが移動させる方法を試みた．しかしこの方法は，リフトバックごと人が流されてしまい，失敗に終わった．現場での作業はやってみないとわからないものである．試行錯誤の末にようやく良い方法がみつかった．①船が目標としている場所に着いたら，すばやく土台を水中に投げ入れる→②投げ入れた地点に潜水し，その近くで土台を固定しやすい設置場所を見つける→③海底をフィンで歩くようにして土台を設置場所まで運び，固定する→④土台に受信機をとりつける．けっこう大変な作業ではあったが，無事この作業で27台の受信機を設置できた．

(7) オスとメスの判別

野外観察では，産卵場での数の増減のパターンが，オスとメスで違っていた（**第5章**）．このことから，本調査ではオスとメスの行動パターンを比較することを目的の1つとしていた．そのためには，オスとメスを確実に判別しなければならない．ナミハタの場合，メスのお腹が大きく膨れる産卵日直前を除いて，オスとメスを目視で見分けるのは難しい．そこで，発信器の装着で開腹するときに，生殖腺を観察した．精巣は白っぽく，卵巣はピンク色をしているので判別は可能である．さらに血液分析からも判別を試みた．成熟したメスであれば特別なタンパク質（ビデロジェニン）が血中にあるため，血液分析により成熟メスとそれ以外に分けることができる．血液を採取し，前述の山口さんと征矢野さんに分析してもらった結果，開腹時の目視観察と合わせて，オス・成熟したメス・未成熟個体に分けることができた．

(8) 発信器の装着・放流

次に，性別がわかったナミハタに，手術により発信器を装着した．できるだけストレスを与えないために，船上ですばやく丁寧に手術するよう心がけた．放流するときは，水面へ向かって投げ入れるのではなく，買い物かご（取っ手がついていて，水中でも運びやすい）に1匹ずつやさしく移しかえ，ゆっくりと海底へ連れて行き，もとの住み家にもどした．

(9) 受信機の回収

いよいよ最終段階である．データはすべて受信機に記録されるので，27台すべての受信機を1つずつ回収しないといけない．設置のときに記録した位置データをもとに，GPSを使って緯度・経度から場所を特定したうえで真上から潜水し，回収を試みた．船の真下に受信機があるときは作業がすぐに終わる．しかし，荒天時や潮の流れが速いときは，飛び込んだ場所が受信機の真上でないことがあり，「もう一度船に上がって潜水し直し」ということをくり返すこともあった．回収した受信機からデータをダウンロードするときが一番緊張する．何らかのトラブルで，受信機が作動していないことや，信号をうまく受信できていないことがあるからだ．

以上のようなさまざまな問題をクリアし，27台の受信機のデータをすべて無事にダウンロードすることができ，オスとメスの行動パターンがわかった．

7-3　産卵場での滞在日数

(1)「お出かけ日数」がわかった

オスとメスについて典型的な受信パターンをみてみよう（図7-5）[*1]．①住み家は12台の受信機のいずれかで毎日受信があり，②産卵日が近づくと住み家での受信が完全に途絶え，③その後に産卵場で受信があり，④産卵日が過ぎ

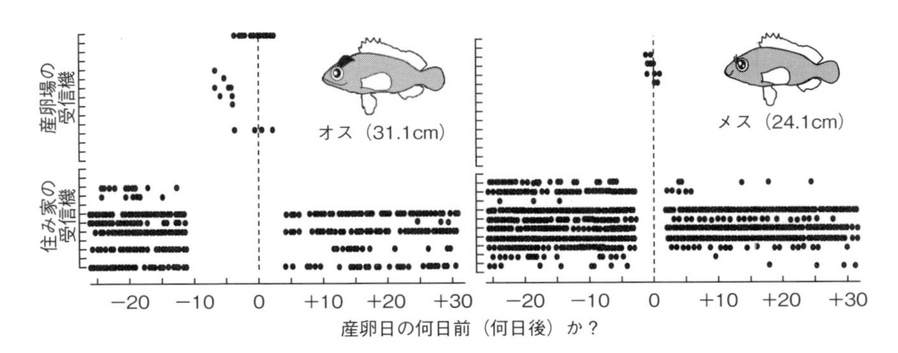

図7-5　典型的な受信パターン
オス（左）とメス（右）．産卵場での受信と住み家での受信を分けてプロットしている．受信機の数は全部で27台（住み家12台・産卵場15台）．受信機で信号が受信された場合，それぞれの受信について黒い丸（●）で示している．住み家では信号が連日受信されているが，産卵場では受信が断続的であった．横軸は産卵日を0としている（以下同）．Nanami et al.（2014）を改変．

*1　他の個体のデータはNanami et al.（2014）を参照．

ると再び住み家で受信があるというパターンがみられた．住み家では，信号の受信が毎日得られていたため，「産卵場に出発した日」と「産卵場からもどってきた日」については，かなり正確な情報を得ることができた．一方，産卵場での受信は，数回しか信号が得られていない場合や途切れ途切れの断続的なものが多かった．これは，受信機の受信範囲が産卵場の一部に限られていたためと考えられた．

それでは「お出かけ日数」についてみてみよう．オスとメスのデータを1匹ずつみると，オスはメスに比べて早くに住み家を出発し，遅くにもどってきていることがわかる（図7-6）．つまり，お出かけ日数はオスの方が長かった．このことは，オスが長く産卵場に滞在するという潜水観察や市場調査の結果（第3章・第5章）とも一致していた．おもしろいことにメスの「お出かけ日数」は6～8日とほとんど同じであったのに，オスの「お出かけ日数」は8

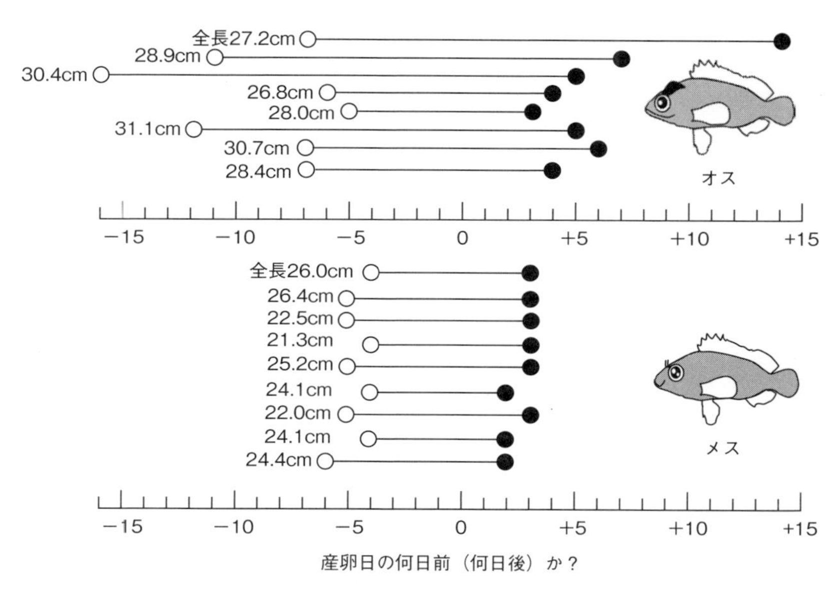

図7-6　超音波テレメトリーで得られたナミハタの「産卵場へ出発した日」（○）と「産卵場からもどってきた日」（●）
Nanami et al.（2014）を改変．

～21日と大きなばらつきがあった（この理由については後述する）．

(2)「産卵場での滞在日数」は？

この調査で最も求められていたのは，「産卵場での滞在日数」である．そのためには「産卵場に到着した日」と「(産卵の後に）産卵場を出発した日」がわかればよい．しかし，産卵場での受信データが断続的であったため，すべての個体について正確な判断は厳しいことがわかった．そこで，詳細な受信データが得られた個体について検討した結果，ナミハタが住み家から産卵場に移動する（あるいは産卵場から住み家に移動する）のに，最短でも1日はかかることがわかった．そこで，①「産卵場に到着した日」は「住み家を出発した日」の1日後，②「産卵場を出発した日」は，「住み家にもどってきた日」の1日前と仮定した*2．したがって，「産卵場での滞在日数（の最大値)」は，「お出かけ日数」から2日分（往路の1日間＋復路の1日間）を差し引いた日数とみなした．

(3) 産卵場は何日間保護するべきか？

それでは，推定された「産卵場での滞在日数」をもとに，産卵場を保護するべき日数について検討してみよう（**図7-7**）．ここでは，超音波テレメトリーで得られたナミハタの行動パターンが毎年ほぼ同じであるとみなそう．そうすると，初めて海洋保護区ができた年（2010年）では（**図5-2**），ほとんどのオスとメスが保護区開始日（産卵日の2日前）の前と保護区終了日（産卵日の2日後）の後に，獲られてしまうリスクがあったことがわかる．一方で，海洋保護区ができて8年目の現在（2017年）では（**図5-2**），産卵日の14日前から5日後まで保護されているためほとんどのオスとメス（産卵場に集まる90%

---

*2　読者の中には「仮定した日数で良いのか？」と思われる方がいるだろう．しかし，この調査の目的が「産卵場を保護する理想的な日数」の検討だったことを思い出して欲しい．上述の仮定によって推定された「産卵場での滞在日数」は，本当の滞在日数より長く推定されることがあっても，短く推定されることはないと考えられる．つまり，ナミハタの産卵集群を守るためには，「産卵場での滞在日数」をやや過大に推定しても問題はないだろう．

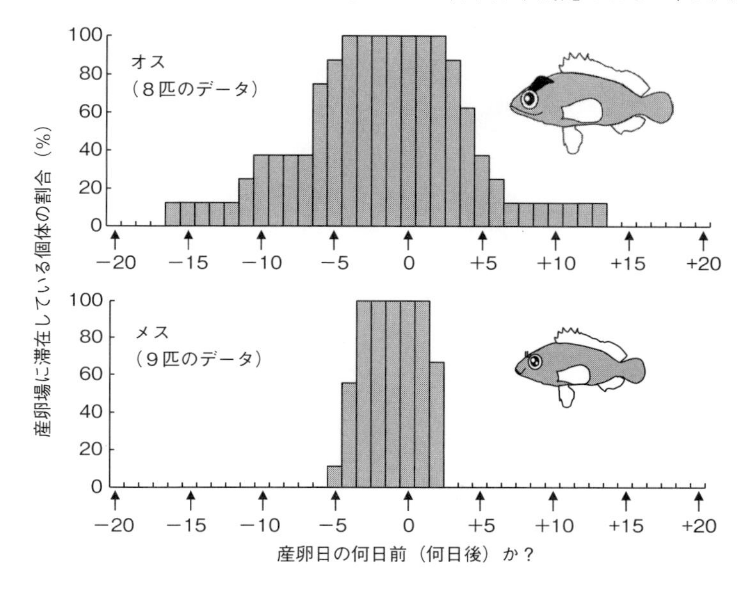

図 7-7　産卵場に滞在している個体の割合（%）と産卵日の関係

以上）が守られていると考えられる．産卵場を保護する日数は長ければ長いほど良いといえるが，現在の保護の日数は相当の保護の効果をもつと思われる．

7-4　なぜオスの「お出かけ日数」はばらつくのか？

（1）新たな疑問

この研究は多くの人を巻き込んだ共同研究であり，超音波テレメトリーによるナミハタの移動追跡はいわば筆者に課せられたミッションであった．そのため，受信機のデータをパソコンにダウンロードし，産卵場と住み家の両方でデータが取れていたことを確認したときは正直ほっとした気持ちだった．また，期待通りの成果が得られ，ナミハタの産卵場保護でリーダーシップをとっていた漁業者（金城國雄さん）が，「これはすごいよ．貴重なデータだよ」といってくれたのは，特にうれしかった．一方で，この研究は請け負ったという側面が大きかったため，独自のアイデアで何かを発見したという達成感は残念ながらあまり得られなかった．また，筆者自身はナミハタの保護といった応用面よりも，魚の行動がどのような要因で決まるのかといった行動学そのものに，より興味があった．そのため，「自分ならではのアイデアで魚の行動が決まる要因を明らかにしたい」という思いから，その後しばらくは水槽実験に打ち込んでいたが（Kawabata et al. 2014a，b），なぜメスの「お出かけ日数」は1匹1匹でばらつかないのに，オスは非常に大きくばらつくのか？　産卵場に長く滞在すれば，「他のオスより先に繁殖に適した場所を確保できる」・「多くのメスと繁殖できる」など，さまざまなメリットがありそうだ．それなのに，なぜ「お出かけ日数」が短い個体もいるのだろう？という疑問がわいてきた．

(2) 脂肪率に着目してみる

何がオスの「お出かけ日数」と関係するかを明らかにするために，一般的によく調べられる“体の大きさ”と“肥満度”（[体重]÷[全長]^3：生物の太り具合を表す指標）を算出し，「お出かけ日数」との関係を調べた．体の大きさと「お出かけ日数」にはっきりとした関係はみられなかったが，肥満度の値が高い個体ほど「お出かけ日数」が長いという傾向が見られた（Nanami et al. 2014）．産卵場ではナミハタはほとんど餌を食わない絶食状態だといわれている．そこで「太った個体ほど脂肪などの貯蓄エネルギーが多いため，長い期間お出かけできるのではないか？」という仮説が生まれた．

しかしもう1つ疑問があった．オスの「お出かけ日数」は，どのような体の中の生理メカニズムで決まるのだろうか？　このことについて悩んでいたところ，Gregory Nishihara さん（長崎大学）から体重・水温・代謝量の関係性（Gillooly et al. 2001）について詳しく聞くことができた．そこから，体脂肪率によって「お出かけ日数」が決まるという理論式を立てることができた．また，この式については，魚類の代謝に詳しい八木光晴さん（長崎大学）にも確認してもらった．

ナミハタが貯蔵した脂肪（エネルギー）を使いきることで，「お出かけ日数」を可能な限り最大化していると仮定すると，

脂肪量＝お出かけ日数×代謝率　・・・(1)

の式が成り立つ．ここで，代謝率とは，ナミハタが単位時間あたりに消費するエネルギー量のことである．代謝率は体重の0.75～1乗に比例するが，どの値を取るのかは活動レベルによって変化する（Glazier 2009）．お出かけ中のナミハタのオスは，「移動のために遊泳し続ける」・「他個体となわばり争いをする」・「産卵場での強い潮流に抵抗して留まり続ける」など，活動レベルは非常に高いと考えられる．したがって，代謝率は体重の1乗に比例すると仮定した．すると，

代謝率∝(体重)^{1}・・・(2)

が成り立つ．式（1）と式（2）により

脂肪量∝お出かけ日数×体重　・・・(3)

この式を変形すると

お出かけ日数∝脂肪量÷体重　・・・(4)

式（4）の右辺（**脂肪量÷体重**）は，体脂肪率そのものである！　すなわち，「お出かけ日数」は体脂肪率に比例して大きくなると予測できる．

(3) どうやって脂肪量を知る？

体脂肪率を求めるには，魚の脂肪量と体重がわかればよい．そして，上述の仮説を検証するためには，脂肪量と体重がわかっているオスに発信器をつけて超音波テレメトリーをすればよい．しかし，ここで大きな問題にぶつかった．魚の脂肪量は，（人とは違い）その魚を生かしたまま測定することができないのである．脂肪量を測定するには，魚の体全体をすりつぶし，特殊な装置で測

定しないといけない（後述）．

そこで，超音波テレメトリーを行う前に，魚を生かしたまま測定でき，その値から脂肪量が推定できる“指標”を探すことにした[*3]．手順は以下の通りである．①漁獲された（生きていない）ナミハタのサンプルを使い，候補となる指標（3つ[*4]）を求める→②そのサンプルの脂肪量を測る→③3つの指標と実際の脂肪量の関係を調べる→④実際の脂肪量と密接な関係にある指標を絞り込む．

(4) 脂肪量を測る

上述の「手順②」を行うためにはどうすればよいか？　専門の業者に頼むと高額（100万円以上）であったため尋ねてまわったところ，竹垣 毅さん（長崎大学）が脂肪分析装置を貸してくださった．一方で，筆者は別の調査や大学の業務もあったため，前述の山本さんに4月から5月まで石垣島に滞在してもらい，2～3日おきにオスのナミハタを入手してもらった．入手したサンプルは，筋肉だけを丹念に取り除き，ミキサーで均一にすりつぶした．さらに，内臓（主に肝臓）にも脂肪が蓄積されているため，これらはすり鉢で均一にすりつぶした．その後，山本さんは長崎にもどり，すりつぶされたサンプルを分析室にこもって分析し続けてくれた．卒業論文発表が迫り，卒業に必要な単位も残っているなか，正月休みまで返上して合計42個体もの分析をしてくれた山本さんには大変感謝している．

(5) 良い指標が見つかった

これで，ようやく“指標と脂肪量の関係”が検討できる．候補となる3つの

---

*3　人の太り過ぎ（メタボリックシンドローム）を診断するために，簡易な診断方法としてウエストサイズの測定がなされる．男性では85 cm以上，女性では90 cm以上がメタボリックシンドロームを疑う基準値となる（メタボリックシンドローム診断基準検討委員会 2005）．このような基準値を指標とみなせば，簡単な方法で診断が可能になる．本研究では同様の観点から，魚を生かしたまま計測でき，なおかつ脂肪量を推定できる指標を探した．

*4　3つの指標候補は以下の通り．①肥満度（[体重]÷[全長]^3），②［測定体重］÷［標準体重］の値（Le Cren 1951）．標準体重は，全長と体重の関係式から算出，③胴体の太さなど，ナミハタの体のさまざまな部位を測定し統計解析する方法（Rikardsen & Johansen 2003）．

指標を検討した結果，“実際の体重と標準体重の比”（**[測定体重]÷[標準体重]**）が脂肪量と密接な関係があることがわかった（**図7-8**）*5．つまり，ナミハタを生かしたまま，その脂肪量を推定することができる．

そして，ようやく超音波テレメトリーの出番がやってきた．「産卵場に出発した日」と「産卵場からもどってきた日」を調べるために，11匹のオスに発信器を装着して超音波テレメトリーを行った．もちろん，上述の指標を算出するために，体重と全長を測ることも忘れなかった．さらに，前年度に超音波テレメトリーで調べた個体からも指標と「お出かけ日数」を算出し，解析データに加えた．

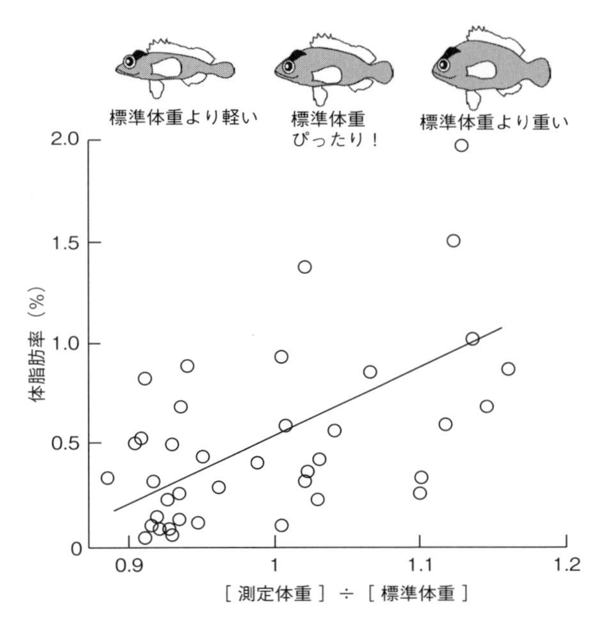

図7-8　[測定体重]÷[標準体重]と体脂肪率の関係
[測定体重]÷[標準体重]という“指標”から，体脂肪率を推定できることがわかる．このことから，体重を測定し，標準体重と比較することで，ナミハタの体脂肪率を生きたまま推定できることがわかった．Kawabata et al.（2015）を改変．

*5　人の場合「身長○○ cmの人の標準体重は△△ kg」といった“標準体重”という考え方がある．今回は，ナミハタについて標準体重を調べたことになる．この値が1より大きいと太っている傾向があり，1より小さいとやせている傾向があるといえる．

7-5　オスの「お出かけ日数」の謎がわかった！

(1) 予想通りの結果が出た！

超音波テレメトリーの結果から，脂肪量を推定したオスの「お出かけ日数」がわかった．そして，「お出かけ日数」は体脂肪率（脂肪量÷体重）と密接な関係があった（図7-9）．さらに前述のNishiharaさんに教えを請い，階層ベイズモデルという少し複雑なモデルで解析したところ，「体脂肪率が高い個体ほどお出かけ日数が長い」ということをはっきりと証明することができた（Kawabata et al. 2015）．

(2) 脂肪だけがエネルギー源か？

話が前後するが，タンパク質・炭水化物・食べた餌もエネルギー源になる可能性があるので，詳しく検討したことを付け加えておく．結論からいえば，「お出かけ日数」に密接に関係するのはやはり脂肪であり，タンパク質と炭水化物はほとんど関係がなかった．また，オスは産卵場へ“お出かけ”している間は，ほとんど餌を食べていないことも確認した（Kawabata et al. 2015）．こ

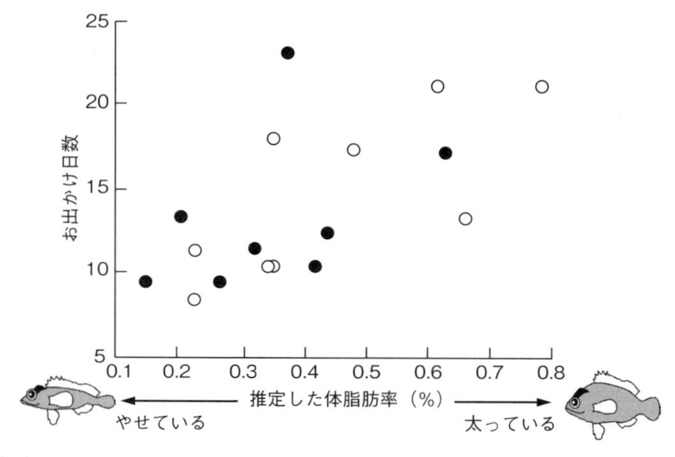

図7-9　推定したオスの体脂肪率（図7-8参照）と「お出かけ日数」の関係
2012年（○）と2013年（●）のデータを合わせている．Kawabata et al.（2015）を改変．

れで，自信をもって自分の仮説が正しかったといえる．なお，タンパク質と炭水化物の測定には，桑原浩一さん・川口和宏さん・古賀恵実さん・岡本 昭さん（長崎県総合水産試験場）のご協力があったことをお断りしておく．

(3) 太ったオスは獲っても大丈夫か？

太ったオスほど産卵場に長く滞在することを考えると，産卵場の保護の期間が短ければ，そのようなオスは獲られやすいといえる．ここで「産卵するメスだけ保護して卵を産んでもらえば，太っているオスを多少獲っても悪影響はないのでは？」と考える読者もいるかもしれない．確かにオスの精子は卵に比べて作るコストは低いし，無尽蔵にありそうである．実際に，1990年代半ばまではメスだけ保護すれば良いと考えられてきた．しかし，近年になって，オスを保護する重要性も指摘されている（Sato 2012，van Overzee & Rijnsdorp 2014）．その理由を解説しよう．

①性比の偏り：オスを選択的に獲ると性比がメスに偏る．その結果，メスがオスと出会う確率が下がったり，卵の受精に必要な精子が足りなくなると考えられる（Shapiro et al. 1994，Rowe & Hutchings 2003）．

②不自然な性転換：ナミハタのようにメスからオスに性転換する魚では（**第2章**），オスだけが選択的に漁獲されることによって性転換するサイズが小さくなることが報告されている（Platten et al. 2002）．

③やせたオスだけが残る：太っているオスを選択的に獲ると，集団内でやせているオスの割合が高くなる．太っているオスの精子は質が良く，受精成功率が高いことが報告されている（Rakitin et al. 1999）．また，太っているという特性が遺伝するものであれば，太っているオスの子どもは太りやすく，成長率や生残率が高いと予想される（Green & McCormick 2005）．

したがって，オス（特に太っているオス）だけを獲ることは，集団全体にさまざまな悪影響を及ぼすと考えられる．

以上のことから，この研究では，①ナミハタの産卵場の保護の期間はオスの滞在期間に合わせることが理想的であり，その具体的な日数を明らかにできたことに加え，②保護の期間が長い方が「質の高いオス（太っているオス）の保護の効果が高くなる」ということがわかった．

筆者は健康上の理由により，2014年1月を最後にナミハタのフィールド調査には関わっていない．そのため，最近まで保護の期間がどのように変わってきたか知らなかった．最近になって，本書の共著者である秋田雄一さん（沖縄県水産海洋技術センター）や漁業者の皆さんのおかげで，現在は保護の日数が20日間にまで延長されたことを知り（**第11章**），筆者の努力がナミハタの産卵集群の保護に少しは役に立ったかなと大変うれしく思った．

(4) いろんな分野・手法を組み合わせる

今回の研究は，フィールド調査・繁殖生理・食品分析・代謝生理・統計解析など，さまざまな専門性をもつ方たちに協力していただいたことで，形にすることができた．一方で，参画する研究者が多いということはさまざまな調整も大変だということでもある．共同研究というのは，お互いの強みを出し合うことで研究が飛躍的に進むこともあるが，ともすればいろんな思惑が錯綜し破綻することもある．今回は，何度も関係者と直接会ったり電話したりし，ときには間に入って話し合いを重ねることで，それなりに共同研究はうまくいった．

これまでナミハタの研究を含めてさまざまな共同研究を行ってきたが，①頻繁にコミュニケーションを取ること，②個人の利益だけでなく全体の利益も考えること，③相乗効果が期待できない場合はそもそも共同研究をしないこと，の3点が重要だと感じた．研究といえども，人と人との関係が大事である．

思い起こせば，無理な調査日程により体を壊したり，共同研究者間の板ばさみに合って精神的にまいったりと，何かと苦労があったものの，いろんな方と議論や雑談をすることによって，科学としてもおもしろく役に立つ研究ができたと思っている．今回の研究のように，自分が詳しくない分野の方たちとコミュニケーションを取り，必要に応じて協力していくことが，研究のブレークスルーに繋がるかもしれない．

（河端雄毅）

第8章

本当に産卵している？

第1章では，産卵集群の定義を紹介し「群れができている場所で，魚が本当に産卵しているのか確かめる」ことが必要であると解説した．それでは，ナミハタの群れは，集まった場所で本当に産卵しているのだろうか？　産卵しているとすれば，どのようなタイミングで行われるのか？　本章では，ナミハタの産卵を実際に確かめた研究を紹介する．また，産み出された卵と生まれたばかりの子ども（浮遊仔魚）の行方についても，おおまかではあるが推測を試みた．そのうえで，ナミハタの産卵行動の観点から産卵場を海洋保護区にする意義を考察したい．

8-1　魚の産卵行動と産卵時刻

（1）ハタの仲間の産卵行動と産卵時刻

ハタの仲間は浮性卵を産むことが知られている（**第2章**）．産卵集群をつくるハタの仲間のうち，産卵行動が調べられている研究を紹介しよう．

スジアラ：オーストラリアのグレート・バリア・リーフでは，日没時（日没前8分前から日没後14分後）にオスとメスがペアになって産卵する（Samoilys & Squire 1994）．ペアができる前に，オスはメスの近くで45～90度の角度で体をもち上げる，頭部を振るなどの求愛行動（courtship display）を取る．ペアは2～10 m上昇し，放卵・放精する．受精卵は卵を食べる魚（タカサゴの仲間）にねらわれることがあったという．また，オスの求愛行動は昼間もみられるが，実際の産卵は日没時に限られる．

ナッソーグルーパー：カリブ海のケイマン諸島では，日没時（日没前26分前から日没後15分後）にペアではなく群れで産卵する（Whaylen et al. 2004）．群れの数は6～25匹程度だが，50匹以上に達することもあるようだ．産卵場では，繁殖期特有の体色を示し（全身が暗い色・全身が白・暗い色と白のツートーンカラー），全身が暗い色の個体が先導して産卵行動が行われるという．集団は3～6 m上昇し，放卵・放精する．カリブ海のロング島でも同様の報告があり，日没時（日没前20分前から日没後20分後）に産卵する．また，産卵を先導する全身が暗い色の個体は，メスであると考えられている（Colin 1992）．

マダラハタ：沖縄県の八重山諸島で，水槽で飼育された集団では，22～23時の間にペア産卵する（Teruya et al. 2008）．オスは尾ビレを震わせながら，メスの鰓ぶた周辺をつつく行動を示す．その後，回転しながら上昇し，放卵・放精する．メスとペアになれなかったオスは，ペアが上昇を終えた直後に，メスが産んだ卵に突進して放精する．一方，野外でも夜間に産卵するようだが（Rhodes & Sadovy 1992，越智 2016），時間帯についての詳細な情報はない．

（2）ナミハタの産卵行動は？

それでは，ナミハタの産卵行動はどのようなものなのか？　実をいえば，この研究を始める前には，ナミハタの産卵行動の目撃者はまったくといってよいほどいなかった．さまざまな人に尋ねてみても，「夜に産卵しているのを（1回だけ）偶然みた」という漁業者が1名のみ．確かに昼間の潜水調査（**第5章**）では，産卵行動がまったくみられないことはわかっていた．そこで，「ナミハタの群れは産卵集群である」ことを証明したいことに加え，「謎に包まれた産卵行動をこの目で見たい」という好奇心も相まって，ナミハタの産卵行動を産卵場[*1]で確かめることにした．なぜ水槽ではなく，野外で確かめないといけないのか？　その理由として，①産卵場といわれている場所で実際に産卵していることを証明しないといけないこと（**第1章**），②産卵場でのさまざまな環境条件（潮の流れ・時間帯など）と関連させることで，産卵行動の生態学的な意味を検討できること，の2つが挙げられる．

---

*1　正確にいうならば，産卵行動を確かめていない時点では“産卵場の可能性が高い場所”というべきだろう．

8-2　ナミハタの産卵行動を知りたい

(1) どうやって調べる？

ナミハタの産卵行動を調べるにあたり，問題は2つあった．1つ目の問題は，産卵時刻がほとんどわからないことである．夜間とひと口にいっても，“夕暮れ時から夜明けまで”までというのは，ナミハタの産卵時期にはおよそ11時間（19～翌朝6時頃まで）に及ぶ．それほどの長時間を潜水し続けることは不可能である．2つ目の問題は，ヨナラ水道特有の潮の流れである（**第5章**）．強烈な流れの中を海底に留まって潜水観察することは，ほぼ不可能である．夜間であれば危険がさらに増すことはいうまでもない．産卵行動を調べたいと思っていた頃の自分のメモを読み返してみると「特定のポイントで船のアンカー（錨）を下ろし，アンカーロープ（錨と船を繋げているロープ）をつかみながら潜水できるか？」，「絶対にアンカーロープからはぐれないようにできるか？」，「万一，夜の海で潮に流されたらどうするか？」など，危険を想定した気がかりな点がいくつか記されている．それだけ安全で長時間の観察ができる方法を模索していたことがうかがえる．

(2) 水中カメラで“張り込み”

そして，ようやく良い方法がみつかった．船上から操作できる水中カメラを使うのである．ライトがついており，海底を明るく照らすことができる[*2]．この水中カメラは“アイボール”（日立造船）と呼ばれるもので，船上でモニターを見ながら，カメラの向きをコントローラーで操作できる（**図8-1**）．ビデオに繋げれば録画もできる．そこで，2011年5月の下弦の月（ナミハタの産卵がみられる可能性が一番高い日：**第3章**）に調査することを決めた．

まず，昼間の潜水調査（**第5章**）で観察に適する場所をあらかじめ選んでおき，潜水調査の後，その場所にアンカーを下ろして水中カメラを設置した．

[*2] 夜間に産卵する可能性が高いため，海底をライトで照らす以外に良い方法がなかった．本章で紹介するが，ライトによる照明は産卵行動にほとんど影響しなかったと考えられる．

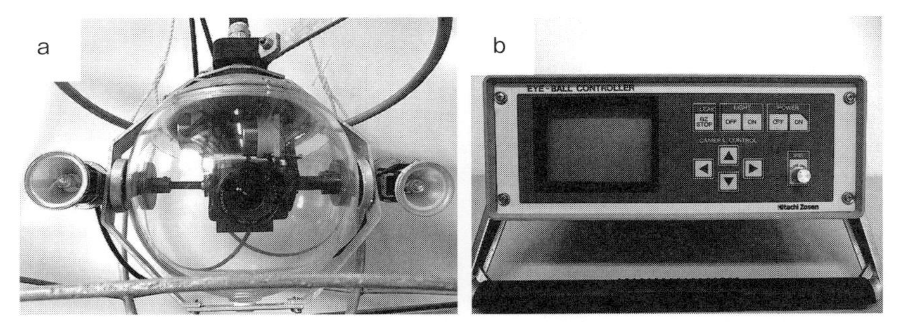

図8-1　水中カメラ本体（a）とモニター付きのコントローラー（b）

そのまま船上で夕暮れを待つ．もしかしたら夜明けまで観察が続くかもしれないと思い，大量のパンと水も積み込んでおいた．こうして，昼間の潜水調査の疲れが残っているなか，水中カメラによる“張り込み”が始まった．

8-1で紹介したように，海外からの報告では，日没時に産卵するハタの仲間がいる．そこで，まずは日没時に観察を開始した．モニターでは，ものすごい勢いで潮が流れている様子が見える．ナミハタは強烈な流れの中で，流されないように海底にへばりついている．産卵する気配はまったく見られない．そのうち日は完全に暮れ，暗闇の中での観察が始まった．

第5章のくり返しになるが，ここでヨナラ水道の潮の流れについて少し詳しく解説する．ヨナラ水道では満ち潮と引き潮で流れの向きが逆転する．満ち潮のときは南から北の方向へ，引き潮のときは北から南の方向へ潮が流れる．満ち潮と引き潮は数時間間隔で入れ替わる．つまり，ヨナラ水道では潮の流れる方向が数時間間隔で逆転することになる．流れが逆転するときは一時的に潮の流れが弱くなり，その状態を筆者らは“潮どまり（slack tide）”と呼んでいる．筆者らは観察を続けながら潮の流れを計測していた．その結果，この日の“潮どまり”は23時頃であった．23時の前は引き潮で，23時の後は満ち潮となり，23時頃を境にして流れる方向が逆転した．この時間帯を過ぎれば，再び潮の流れが速い状態が続くのである．

このようななか，なかなか産卵の気配をみせないナミハタに対して，筆者らにはさまざまな疑念がわいてきた．「今日は産卵しないのでは？」とか「もしかしたら，群れができる場所と産卵する場所が違うのでは？」など，さまざまな憶測が飛び交う．もし後者であれば，集まっている群れは産卵集群ではないことを意味してしまう．

8-3 ナミハタの産卵を確認！

(1) 産卵の時間帯がわかった

筆者らの会話を聞いて見かねたのだろう．調査に同行していた船長の金城國雄さん[*3]がモニターを見てくれた．23 時近くになって潮の流れが一時的に弱くなったのをみて，「さっきと（ナミハタの）様子が違うな……」とつぶやいたので筆者もモニターを一緒に覗き込んだ．潮の流れが弱くなったためだろう．確かにモニターには，たくさんのナミハタが姿を見せ始めた．ナミハタは他の場所に移動などしていなかったのだ．さらに，金城さんの漁業者としての勘だろうか，魚の様子をみて「なんだか産みそうだな」といった，まさにその直後に，モニターの中で複数のナミハタが一斉に上昇した！ 産卵行動である！まったくの一瞬だったが，5 匹のナミハタによる産卵だった．ナミハタの産卵行動を世界で初めて映像で捉えた瞬間だった．

この 1 例目の産卵を確認したのが 23 時 11 分で，23 時 43 分までにさらに 3 例（合計 4 例）の産卵行動を映像として記録できた．その後，潮の流れが速くなったからか，産卵行動は見られなくなった．これらの結果から，ナミハタは夜間の数十分の間に一斉産卵すると考えられた（Nanami et al. 2013b）．

(2) 産卵行動がわかった

水中カメラで撮影された 4 例の産卵行動について紹介しよう[*4]．

[*3] 海洋保護区をつくる際に多大な尽力をいただいた漁業者（第 10 章も参照）．2010 年に産卵場を海洋保護区にして以降，産卵場の調査には常に同行してもらっていた．この調査では昼間に加え，夜間まで同行していただいた．

[*4] 産卵行動の動画は，水産研究・教育機構のウェブサイトで閲覧できる（http://www.fra.affrc.go.jp/ResearchTopics/namihata/）．

1 例目の産卵行動：2 匹のナミハタが寄り添いながら海底から勢い良く上昇し，直後に 3 匹が後を追った．3 匹の性別は不明．行動を確認してから，行動終了まで 1.28 秒が経過．

2 例目の産卵行動：ペアが寄り添いながら勢い良く上昇した．行動の詳細は確認できなかった．

3 例目の産卵行動（図 8-2：口絵）：オスとメスがゆっくりと寄り添う．その後，回転しながら上昇する行動が見られた．行動開始から終了まで 9.78 秒が経過（ペア形成に 4.71 秒，回転に 4.20 秒，上昇に 0.87 秒が経過）．

4 例目の産卵行動（図 8-3）：メスの周りで 3 匹のオス（サイズが異なるので，大・中・小とする）が観察された．中サイズのオスが口を開閉しながら，メスの体の側面に複数回触れた．しかし，大サイズのオスが脇から回り込み，メスはこのオスとペアを組み，その直後に上昇した．ペアの上昇中に，小サイズのオスが同調して上昇した．

筆者が水中カメラを確認している間に，共同研究者たちに潜水観察で産卵を確認してもらった．わずかしかない“潮どまり”の時間帯をねらって潜水してもらったところ，さらに 2 例の産卵行動を記録できた（5，6 例目とする）[*5]．

5 例目の産卵行動：ペアが回転しながら上昇し，上昇しきったときにペア周辺で白濁がみられた（放卵・放精と考えられる）．また，ペアの上昇に伴い，3 匹のナミハタ（映像からは性別は不明）がやや遅れて上昇した．

6 例目の産卵行動：ペアの上昇が確認されたが，顕著な回転行動はみられなかった．また，放卵・放精した際に，他の個体による追いかけ行動はみられなかった．

また，映像として記録はできなかったものの，“潮どまり”の間に，あちらこちらで一斉に産卵していることも確かめてもらった．

これらの行動から，ナミハタの産卵行動は以下のようにまとめられる（図 8-4）．

①オスとメスのペア産卵：オスとメスがペアを組む．ペアを組む前に，オス

[*5] Nanami et al.（2013a）の Supplementary material 2, 3 として動画が閲覧できる．

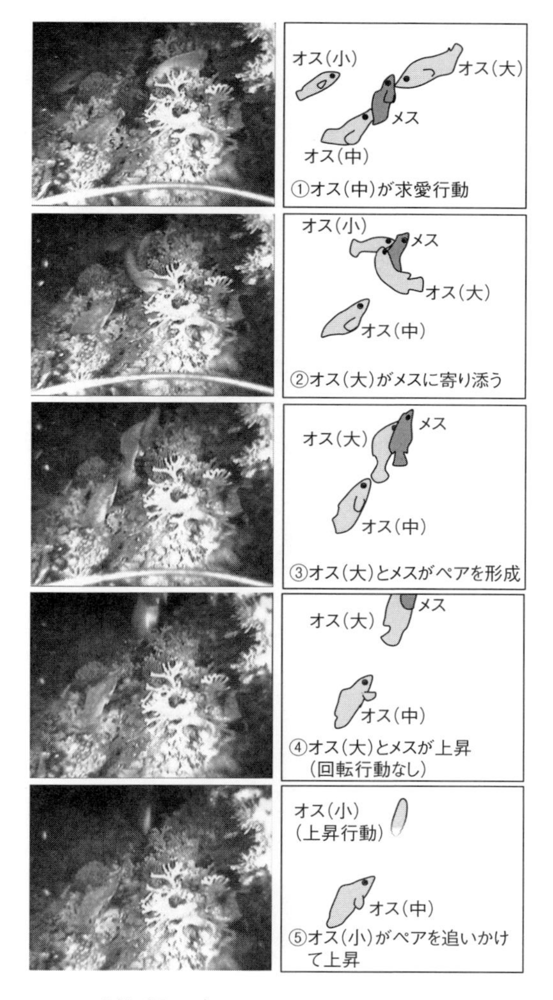

図 8-3　オスとメスのペア産卵（その 2）
動画を静止画として取り出したもの（左の列）とイラストで補足したもの（右の列）．
Nanami et al.（2013a）を改変．

は口を開閉しながら，メスの体の側面を複数回触れる行動を取る場合がある．オスの求愛行動と考えられる．ただし，オスによる求愛行動がなくてもペアが形成される場合がある．パートナーを選ぶ際には，メスが最終的な決定権を

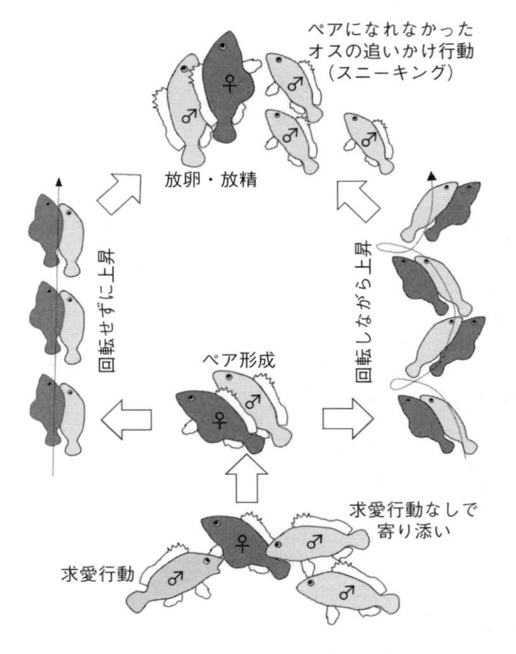

図8-4　ナミハタの産卵行動の模式図

もっている可能性がある．

②**急激に上昇して放卵・放精**：ペアは上昇し，上昇しきったところで放卵・放精する．上昇行動に回転を伴うこともあれば，伴わないこともある．

③**ペア産卵に他のオスが割り込む**：ペアが上昇中に，周辺のオスが同調して上昇していることから，オスによるスニーキング[*6]と考えられる．

このような行動は，上述したマダラハタの産卵行動に非常に似ている．

(3) さらなる裏付け

ナミハタの産卵行動を観察しながら，筆者らは“保険”をかけていた．もし産卵行動を直接観察できなくても，卵を採集できれば，その状況から産卵時刻

[*6] ペア（オスとメス）の産卵に合わせて，ペアになれなかったオスが傍から放精する行動のこと．

が推定できるかもしれない．このアイデアは，共同研究者の佐藤 琢さんに出してもらったものだ．このように，自分一人では思いつかなかったアイデアをもらえるのが，共同研究の強みである．

筆者らは，あらかじめ設定した時刻に，船上から網の目の細かいプランクトンネットを使って卵の採集を試みていた．その結果，ナミハタの卵が大量に確認できたのは23時00分で，23時30分にピークとなり，23時45分には激減した（図8-5）．このことから，ナミハタの主な産卵は23時頃から始まり24時近くで終わると考えられた．つまり，産卵行動が観察された時間帯と一致する．

ここで「それは当たり前」と思われた方がいるかもしれないので説明しよう．もしかしたら，水中カメラで観察された産卵行動は，カメラの前のナミハタだけの行動であり，カメラに映っていない場所では他の時間帯に産卵していたかもしれない．もしそうであれば，23時の前にも大量のナミハタの卵が採れているはずである．また，23時45分の時点でも，数多くの卵が採れ続けているはずである．しかし，データはそれを示していない．筆者らが産卵行動をこの目で確認した時間帯に，卵が大量に採集されていたのである．したがって，ナミハタが限定された時間帯に一斉産卵することが，卵の採れ具合から裏付けられたといえよう（Nanami et al. 2013a）．

ここで，採集された卵が本当にナミハタの卵だと判別するのは，かなり大変な作業であることを補足しておこう．プランクトンネットを使うと，さまざまな種類の魚の卵が入り混じって採集される．また，海中に漂う海藻の破片や木クズなども一緒に採れてしまう．そこで，採集されたものすべてをいったんサンプル瓶に保存し，研究室でナミハタの卵だけを探し出

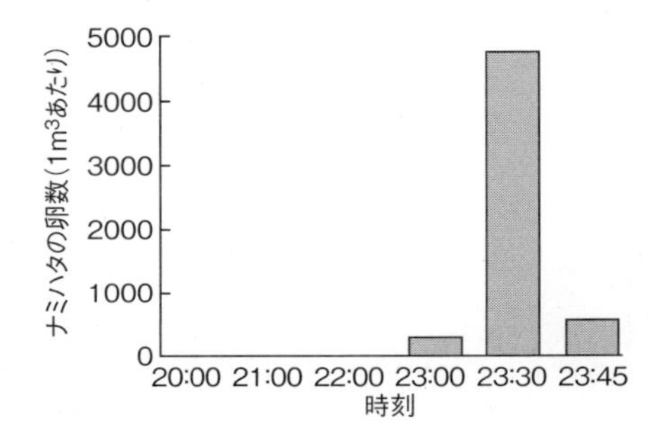

図8-5　採集されたナミハタの卵数と時間帯の関係
Nanami et al.（2013a）を改変．

した．ナミハタの卵の直径はおよそ0.8 mmなので，顕微鏡を覗きながら該当する卵を1粒ずつピンセットでつまんで選ぶ（図8-6）．ただし，同程度の直径の卵を産むサンゴ礁の魚は他にもいるため，この選別作業だけでは不十分である．そこで，DNAの情報を使う．①卵をすりつぶす→② DNAを取り出す→③ DNA増幅装置を使ってDNAの量を増やす→④ DNAが増えているかを確認する→⑤ DNAの配列を調べる→⑥ナミハタの卵かどうかを判定する，という作業を卵1粒ずつ行う．DNAを取り出したり増やしたりするときは，特別な試薬・実験装置を使い，定められた手順を踏まないといけない［詳細はNanami et al.（2013a）を参照］．なお，この分析は作業量・研究費がかさみ，フィールドワークを主な生業としてきた筆者には少々手こずるものであったが，自分がスキルアップできる絶好の機会となり，楽しく取り組むことができた．なお，一連の手順については，共同研究者である鈴木伸明さんに懇切丁寧なご指導をいただいた．

（4）なぜ夜に産卵するのか？

ナミハタは，なぜ夜間に産卵するのだろうか？　まず，夜間は卵を食べる魚

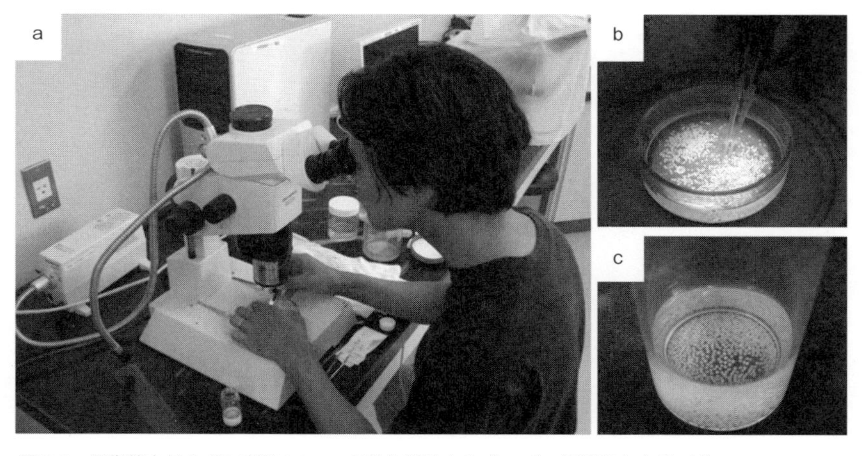

図8-6　顕微鏡を見ながら直径0.8 mmの卵を選別する（a，b）．選別された卵（c）
この後，選別された卵を1粒ずつすりつぶし，DNA分析にかけることで種が判別できる．

の数が少ないことが挙げられる（Johannes 1978，Robertson 1991）．一斉産卵とはいえ，昼間は一定の数の卵が食べられる可能性があるので，夜間に産卵することで卵が食べられる危険性を下げているのだろう．また，産卵するペアにとっては，産卵のために海底から離れて上昇しているときが，最も捕食者から攻撃されやすい．例えば，カスミアジ *Caranx melampygus* は昼間に産卵集群を捕食する（Sancho 2000，Sancho et al. 2000）．このような昼間に活動する捕食者から逃れるために，ナミハタは夜間に産卵し，そのことでペア自身が攻撃・捕食される危険性を下げているのかもしれない．一方で，パラオではマダラハタは夜間に産卵するにも関わらず，サメの仲間に捕食される（越智 2016）．夜間に産卵する理由は，地域や種類によって異なるのだろう．

(5) なぜ“潮どまり”に産卵するのか？

ナミハタは潮が流れていない（わずかな）時間帯をねらって産卵している．なぜだろうか？　おそらく卵の受精率を上げるためと考えられる．ヨナラ水道は潮の流れが非常に速いので，潮が流れているときに産卵行動に及ぶと，卵と精子が十分に混合しないまま流される可能性がある．これでは，いくら産卵しても十分な受精卵ができず，結果として十分な数の子孫を残すことができない．そこで，潮の流れが一時的に弱くなるときに産卵することで，受精率を高めていると考えられる．“潮どまり”の後，数時間後には潮の流れは速くなるので，受精卵はその場所に留まることなく拡散していく．すなわち，夜が明けたときには，卵が食べられる危険は少なくなっているといえる．

ここで，**第5章**で紹介した「ナミハタの産卵集群は潮の流れの速い場所で高密度になる」という話を思い出して欲しい．産卵集群をつくるとき，あらかじめ卵の“散らばり”の良し悪しを想定し，卵が散らばりやすい場所に集まっていると考えられる．「受精率は高めたい，だけど卵はできるだけ散らばる方が良い」という相反した要求を満たしてくれる場所がヨナラ水道であり，だからこそ，ナミハタはこの場所を産卵場として選んでいるのかもしれない．

(6) なぜ下弦の月に産卵するのか？

ナミハタの産卵日は下弦の月，すなわち潮の干満の差が最も小さくなる“小潮”（コラム1：201ページ）で産卵する．一方で，サンゴ礁の魚には，潮の干満の差が最も大きくなる“大潮”に産卵する種が数多く知られている（Johannes 1978）．Johannes（1978）は，大潮の満潮時に産卵すると，引き潮のときに卵が沖合に流され，卵を食べる魚から卵を守る効果があると考察している．また，大潮に卵を産むと，卵を遠くまで運ぶことができるため，分布域を広げるうえで有利なのかもしれない．

それではナミハタは，なぜ大潮ではなく小潮に産卵するのだろうか？　推測に過ぎないが，その理由を考えてみる．まず，産卵場そのものが流れの速い環境を備えているため，大潮でなくても卵を食べる魚に対する防御の効果が期待できるのだろう．一方，小潮に産卵すると，卵を遠くまで運ぶ効果は期待できないだろう．もしかしたら，ナミハタにとっては，卵は遠くまで運ばれない方が良いのかもしれない．例えば，遠くまで卵が運ばれた場合，自分の生息環境として適していない場所に流れ着く危険性が伴う（Jones et al. 2005）．近年の研究によると，卵からふ化した稚魚が，自分の産まれた海域にもどってくる場合があるという（Jones et al. 1999，Almany et al. 2007）．このような観点にたつと，ナミハタには「受精率は高めたい，だけど卵はできるだけ散らばる方が良い」という要求に加え，「受精した卵は遠くまで運ばれないようにしたい」という3番目の要求があるのかもしれない．すなわち，やみくもに分布域を広げるよりも，住みやすい環境に子どもたちがたどり着ける可能性を高めるために，「卵や浮遊仔魚が遠くまで運ばれない条件が整ったときに産卵する」という行動が進化したのかもしれない．

(7) 3つの空間・時間スケールによる説明

以上をまとめると，ナミハタの産卵行動を理解するために，以下の3つの空間・時間スケールを考慮すれば良いといえる（図8-7）．

①数十cm・数十分のスケール：オスとメスがペアで産卵する際に，受精率を高めるために，潮の流れがほとんどない時間帯に産卵する．

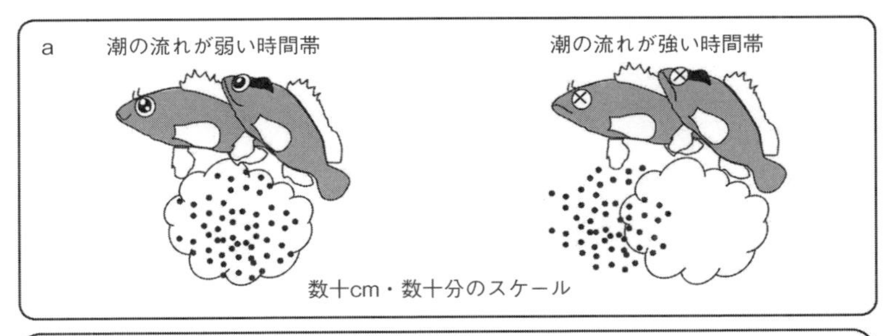

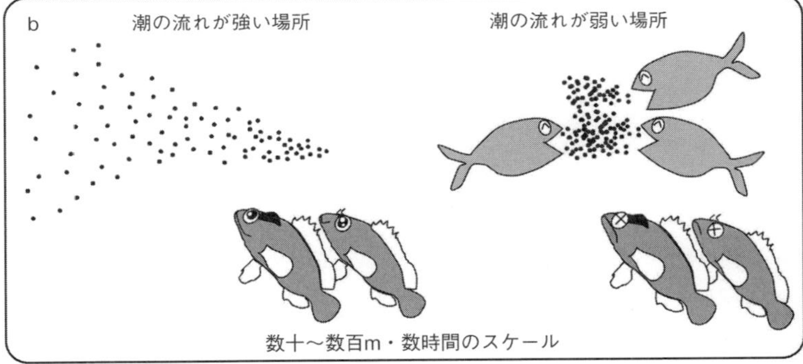

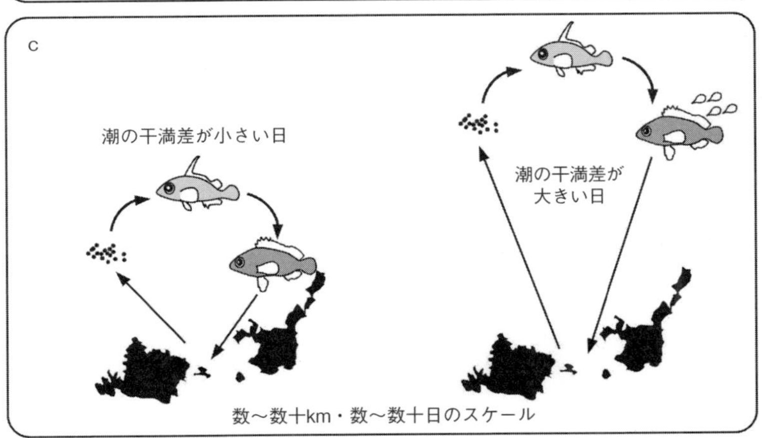

図 8-7　3 段階の空間・時間スケールでみたナミハタの産卵行動の適応的な意義についての仮説
卵を受精させるために，潮の流れが弱い時間帯に産卵する（a）．卵を散らばらせるために，潮の流れが強い場所を産卵場として利用する（b）．小潮に産卵することで，不必要な長距離分散を防ぐ（c：卵の分散を示す矢印の方向と距離は，説明のための模式的なものであり，実際の分散様式を示すものではない）．

②数十～数百 m・数時間のスケール：産み出された受精卵がいつまでも1カ所に集まったままだと，卵が食べられる危険性が高くなる．そこで，局所的に潮の流れが速いヨナラ水道で産卵することで卵が散らばり，結果として卵が食べられる危険性を下げる．

③数～数十 km・数～数十日のスケール：卵や仔魚が外洋に運ばれる際，あまり遠くまで運ばれると沿岸域（陸に近い浅い海）にもどってくる可能性が減る．したがって，潮の干満差が少ない小潮に産卵し，不必要な長距離の分散を防ぐ．

(8) 産卵行動からみた海洋保護区の意味

このように，ヨナラ水道特有の潮の流れの特性を十分に生かして，ナミハタは産卵時刻を決めているといえる．そして，この潮の流れの特性は，ヨナラ水道特有の海底地形によって生じている．このことから，ヨナラ水道の海底地形そのものを保護することが必要だといえる．ナミハタの産卵行動は，長い年月をかけて多くの世代のナミハタが積み重ねてきた進化の産物である．つまり，産卵行動の特性は彼らの遺伝子に組み込まれたものであり，一朝一夕で変化するものではない．したがって，ヨナラ水道の海底地形の改変は，ナミハタの産卵行動を阻害する原因となり，結果的に産み出される卵の数を減らすことになるだろう．実際，過去に開発行為によって，ナミハタの産卵場が消失したことがあった（**第10章**）．「ナミハタを獲らなければ，他は何をやってもよい」というわけにはいかないのである．

このような観点から，西表石垣国立公園の中の「竹富島タキドングチ・石西礁湖北礁・ヨナラ水道地区」として，ヨナラ水道が海域公園地区（環境省が定める海洋保護区の一種）に指定された意義は大きい（環境省 2016）[*7]．海域公園地区では，自然公園法により開発行為（海面の埋め立てや海底の形状の変更など）が制限されるからである．つまり，ヨナラ水道の産卵場の保護区が単なる“禁漁区”ではなく，海底環境を含めたすべてが保護されている“海洋保

[*7] ヨナラ水道が「魚類の重要な産卵場所の一つ」ということが明記されている．

護区”であることを意味する［**コラム２**（204ページ）も参照］.

他の地域や国々に生息するナミハタの産卵時刻も，その地域・国々特有の環境条件に合わせて，最も適切な時間帯が選ばれている可能性がある．産卵時刻の地域差を環境条件と合わせて検証すれば，ナミハタの産卵行動の適応的な意義が一層明らかになるかもしれない．いずれにせよ，この調査で「ナミハタの群れは産卵集群」であることを証明できたとともに，産卵場の海底環境そのものを保護する必要性を示すことができた．つまり，海洋保護区という方法がナミハタの乱獲を防ぐだけでなく，産卵行動を守るためにも有効であるといえよう．

8-4 “加入の効果”の可能性

（1）卵の行方は？

産卵場を守ることが，産卵に集まるナミハタの乱獲を防ぐだけでなく，周辺の海域で稚魚の数を増やす効果があるかもしれない（海洋保護区の加入の効果：**第１章**）．したがって，産卵場で産み出された卵がふ化し，浮遊仔魚となった後にどこへたどり着くのかを知ることが大切である．そこで，ナミハタの卵の分散の状況を調べるため，卵の採集を試みた．

ヨナラ水道の周辺に2 km間隔で採集地点を設定し，それぞれの地点でプランクトンネットを使って卵を採集した．その結果，ナミハタの卵は，ヨナラ水道の北側と南側の両方に分散していた（**図8-8**）．ただし，分布の特性は調査した年によってばらつきがみられた．産み出された卵が潮に運ばれる際に，その日の風向きや風速といった偶然の効果が働くことが，その理由だと思われる．ヨナラ水道の北側には深い海が広がっており，北側に流された卵や浮遊仔魚は八重山諸島から離れていき，（運が良ければ）宮古諸島や沖縄諸島までたどり着くかもしれない．一方で，南側に流された卵や浮遊仔魚は，そのまま滞留し，八重山諸島近海で着底し，成長するかもしれない．もしそうであれば，産卵場を守ることで，そこで産まれた子どもたちが，産卵場近辺で増える可能性がある．しかし，卵の分布特性を調べるだけでは，海洋保護区の加入の効果の検証

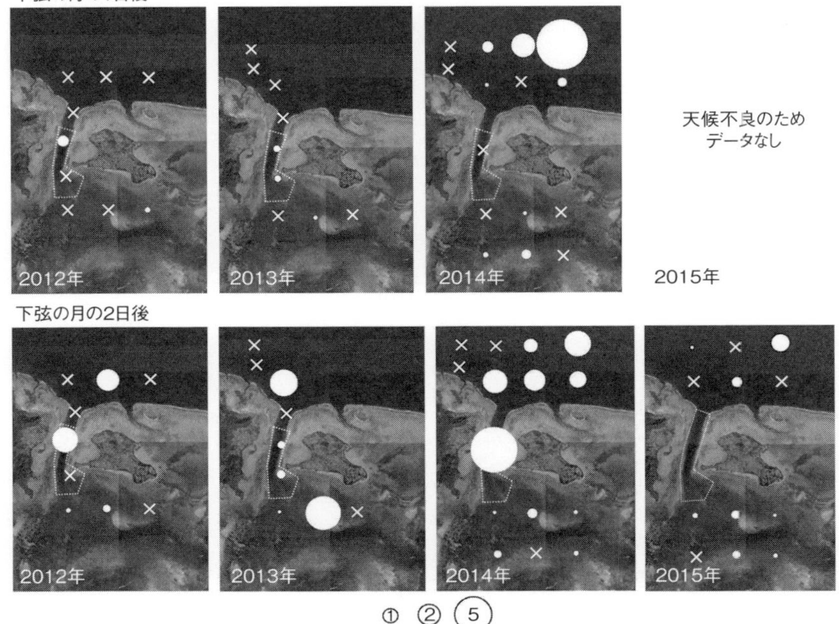

図 8-8　ヨナラ水道周辺におけるナミハタの卵の分布
×印は，ナミハタの卵が採集されなかったポイントを示す（白の点線で囲まれた海域：海洋保護区）．2015 年は，海洋保護区のエリアが拡張された（第 11 章）．

には限界があると考えられる．

(2) 海外からの報告

産卵場で産まれた魚の子どもたちはどこへたどり着くのか？　この疑問を明らかにした海外の研究があるので紹介しよう．ここでは，親子判定（parentage analysis）を用いた研究を紹介する．その前に，親子判定についてきわめて簡単に説明する．有性生殖する生物は両親（オスとメスの両方）の遺伝子を受け継いでいる．そこで，子どもの遺伝子の特徴と，周辺に住む成体（親の候補者）の遺伝子の特徴を詳細に調べ，遺伝子の配列から親の候補を絞り込んでいく解析方法である．この解析には，マイクロサテライトマーカーと呼ばれる特殊なDNAの配列を用いることが多い．なお，親子判定の詳細については，井鷺（2001）を参照されたい．

オオアオノメアラ：パプアニューギニアのマヌス島近海に，オオアオノメアラの産卵場が1カ所ある．産卵場で成魚（親の世代）を416匹，周辺海域66カ所で稚魚を782匹採集し，親子判定を行った．その結果，76匹の稚魚について親候補が見つかった（すなわち，76匹の稚魚は，親を採集した産卵場で産まれていた）．稚魚が採集された場所と産まれた場所（親候補がいた場所：産卵場）の距離を調べたところ，稚魚は産まれた場所（産卵場）から平均で14.4 km離れた場所に着底したことがわかった（Almany et al. 2013）．

スジハタ *Plectropomus maculatus*：オーストラリアのケッペル群島には，生物の採取を禁止している海洋保護区（no-take marine reserve）が複数設定されている．このうち，3つの保護区から成魚を466匹，周辺の海域19カ所で稚魚を493匹採集し，親子判定を行った．その結果，58匹の稚魚について親候補が見つかった（すなわち，58匹の稚魚について，産まれた場所が特定できた）．稚魚が採集された場所と産まれた場所（親候補がいた場所：海洋保護区）の距離を調べたところ，稚魚は産まれた場所（海洋保護区）から平均8.6 km（数百m～28 km）離れた場所に着底したことがわかった．また，58匹の稚魚のうち，48匹（83％）は海洋保護区の外側に着底していた．すなわち，海洋保護区の設置により，保護区の外で魚が増える効果が実証された（**図8-9**：Harrison et al. 2012）．

これらの結果は，海洋保護区で親が守られると，そこから生まれた稚魚の一部が周辺海域に住みつくことを意味する．とりわけ，平均すれば15 km以内に稚魚が住みつくことは注目に値する．**第6章**で紹介したように，産卵集群をつくるハタの仲間は，産卵のときに数～数十km移動する．このことから，産卵場周辺に住みついた稚魚が成長すると，自分が産まれた産卵場へ移動して産卵する可能性が高い．つまり，①産卵集群を保護する→②多くの卵が産まれる→③周辺海域にたくさんの稚魚が住みつく→④稚魚が成熟サイズまで成長する→⑤産卵場へ移動し，産卵集群の一員として加わる→⑥さらに多くの卵が産

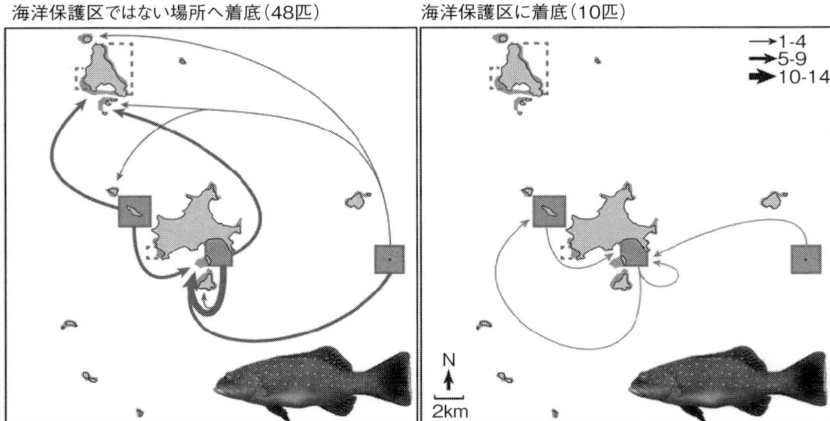

図8-9　海洋保護区で産まれたスジハタ稚魚が実際に分散した様相を示したもの（グレーの方形区：海洋保護区，矢印の太さ：分散した稚魚の匹数）
58匹の稚魚が海洋保護区で産まれ，48匹は海洋保護区の外側へ着底し（左），残りの10匹は海洋保護区の中へ着底していた（右）．Harrison et al.（2012）を改変．

まれる……という，好ましい循環が期待できる*8．なお，ナミハタのマイクロサテライトマーカーはすでに開発している（Nanami et al. 2017b）．今後，ナミハタの産卵集群の保護と加入の効果の関係について興味深い結果が出るかもしれない．

（名波 敦）

*8　ただし，この状況が実現するためには，③と④の段階で，産卵場周辺の海域が稚魚の着底や成育にふさわしい環境条件を備えていることが大切である．

第9章

産卵した後どこに行く？

第1章で，産卵集群をつくる魚は，産卵の後にもとの住み家にもどると解説した．このような，魚が大移動の後にもとの住み家にもどる能力を，本章では“帰巣性”と呼ぶことにする．しかし，帰巣性が実際に検証された種類は限られている．産卵を終えたナミハタは，産卵場からもとの住み家へもどっているのか？　本章では，バイオロギングを使ってナミハタの帰巣性を調べた研究を紹介し，産卵場保護区の効果を帰巣性の観点から検討する．

9-1　もとの住み家にもどる行動

産卵集群をつくる魚には，短距離移動タイプと長距離移動タイプの2つのタイプがあることを紹介した（**第1章**）．そして，どちらのタイプでも，産卵を終えるともとの住み家にもどることが知られている．短距離移動タイプの例としては，サンゴ礁に住むベラの仲間（ブルーヘッドラス *Thalassoma bifasciatum*）とニザダイの仲間（ナガニザ *Acanthurus nigrofuscus*）は，1～1.5 km離れた産卵場と住み家を行き来する（Warner 1995，Mazeroll & Montogomery 1998）．長距離移動タイプの例としては，ハタの仲間（カンモンハタ・アカマダラハタ・スジアラ）は，数～十数km離れた産卵場と住み家を行き来する（Zeller 1998，征矢野・中村 2006，Rhodes et al. 2012）．このような行動はサンゴ礁域だけに限らない．北海に生息するヒラメの仲間（プレイス *Pleuronectes platessa*）は，200 km離れた産卵場からもどってくるという（Hunter et al. 2004）．

以上のような，産卵集群をつくる魚は自らの行動で住み家を離れる．一方で，人為的に住み家から移動された場合でも，もとの住み家にもどってくる種類がいる．メバルの仲間（Matthews 1990，Mitamura et al. 2002）・カジカの仲間

（Yoshiyama et al. 1992）・ハタの仲間（Kaunda-Arara & Rose 2004）などが相当し，遠く離れた場所からもどってくることが確かめられている．

9-2　ナミハタは帰巣性をもつのか？

(1) 超音波テレメトリーから探る

ナミハタは帰巣性をもつのだろうか？　超音波テレメトリーのデータは，産卵移動した後のデータも記録してくれている（図7-5）．「産卵場に移動する直前の7日間」と「産卵場からもどってきた直後の7日間」について，住み家の周りに設置した12台の受信機の受信回数をみてみよう（図9-1）．17個体

オス(27.2cm)

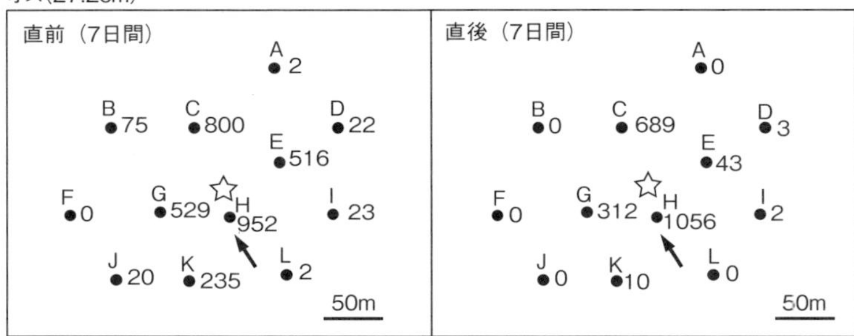

メス(22.0cm)

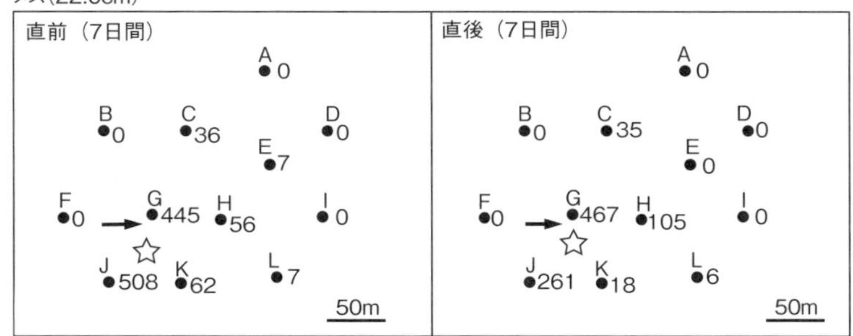

図9-1　超音波テレメトリーで得られた住み家周辺での受信パターン
オス（上）とメス（下）の例（矢印：放流場所）．産卵移動する直前の7日間と直後の7日間で得られた受信回数を示している．12台の受信機（A～L）の横の数字は，それぞれの受信機が受信した信号の回数．星印：受信回数から推定したナミハタの位置（推定方法は9-2（2）を参照）．Nanami et al.（2014）を改変．

のナミハタのデータをみると，ほとんどの個体（16 個体）で，産卵直前と直後で，最も受信回数の多い受信機は同じであった（**表 9-1**）．このことは，①産卵直前に特定の受信機の周辺にいたこと，②産卵直後に同じ受信機の周辺にもどっていること，を意味する．1 つの受信機の受信範囲は 50 ～ 100 m なので（**第 7 章**），ナミハタは産卵の後に「50 ～ 100 m の精度でもどってくる」といえる．なお，1 個体（22.0 cm のメス）は産卵直前と直後で受信パターンが違っていたが（**表 9-1**），実際の受信状況をみると（**図 9-1**），隣り合う受信機（J と G）の近辺にいたことがわかる．このことから，ナミハタが帰巣性をもつ可能性が考えられた．

表 9-1　受信回数が最も多かった受信機について，産卵移動の前後で比較したもの
受信回数が多いことは，その周辺にナミハタが生息していることを意味する．ナミハタの住み家周辺に設置した 12 台の受信機（A ～ L）の位置については，**図 9-1** を参照．Nanami et al.（2014）を改変．

性別	全長（cm）	放流場所	受信回数が最も多かった受信機	
			産卵前	産卵後
オス	31.1	G	G	G
オス	30.7	E	E	E
オス	30.4	H	H	H
オス	28.9	H	H	H
オス	28.4 [a]	E	I	I
オス	28.0	G	G	G
オス	27.2	H	H	H
オス	26.8	G	G	G
メス	26.4	H	H	H
メス	26.0	H	H	H
メス	25.2	G	G	G
メス	24.4	E	E	E
メス	24.1	G	G	G
メス	24.1	E	E	E
メス	22.5	H	H	H
メス	22.0 [b]	G	J	G
メス	21.3	G	G	G

a：受信機 E と I の距離 = 59 m
b：受信機 G と J の距離 = 70 m．詳細な受信パターンは**図 9-1**（下）参照

(2) どれだけ正確にもどってきたか？

さらに詳しく検討してみよう．受信機の受信パターンから，ナミハタの位置を大雑把ではあるが推定してみた．ここでは“重みつき平均”という方法で推定した．まず，データは「産卵場に移動する直前の7日間」と「産卵場からもどってきた直後の7日間」を使う．そして，以下の式でナミハタの位置を推定した．

12台の受信機（A～L）の設置位置（緯度・経度）の座標を，座標A，座標B… 座標Lとする（座標の単位は10進法：dd.ddddd度）

12台の受信機（A～L）が受信した信号の数を，受信回数A，受信回数B… 受信回数Lとする

ナミハタの推定位置（緯度・経度）
＝（座標A×受信回数A＋座標B×受信回数B＋ … ＋座標L×受信回数L）
÷（受信回数A＋受信回数B＋ … ＋受信回数L）

この推定位置を，産卵前と産卵後の2つの場合で求める．そして，産卵前の推定位置と産卵後の推定位置の距離を求めれば良い．

結果をみてみよう．オス・メスともに，産卵前と産卵後の推定位置はあまり変わらないことがわかる（図9-1，表9-2）．もちろん，産卵の前と後で「まったく100％変わらない」というわけではなかったが，平均するとズレは9.3 mであった（最小で2.4 m，最大で22.9 m）．このことから，ナミハタは産卵の後にほぼ同じ場所にもどっているといえるだろう．

9-3　なぜ産卵場と住み家を行き来できるのか？

ここでは，さまざまな魚類の研究を紹介しながら，ナミハタが産卵場と住み家を迷わずに行き来できる理由について考えてみる．

表 9-2　12 台の受信機の受信回数から推定したナミハタの位置（緯度・経度）を産卵移動の前後で比較したもの
Nanami et al.（2014）を改変.

性別	全長(cm)	推定したナミハタの位置（緯度・経度）				推定した位置は産卵の前後でどれだけ違うか？(m)
		産卵前		産卵後		
		緯度	経度	緯度	経度	
オス	31.1	24.30477	123.99295	24.30486	123.99298	10.0
オス	30.7	24.30452	123.99273	24.30466	123.99289	22.9
オス	30.4	24.30468	123.99334	24.30475	123.99328	9.0
オス	28.9	24.30482	123.99334	24.30487	123.99331	5.7
オス	28.4	24.30510	123.99415	24.30499	123.99424	15.8
オス	28.0	24.30464	123.99309	24.30463	123.99307	2.4
オス	27.2	24.30494	123.99329	24.30495	123.99325	3.5
オス	26.8	24.30464	123.99282	24.30467	123.99285	4.6
メス	26.4	24.30475	123.99338	24.30475	123.99329	9.8
メス	26.0	24.30479	123.99343	24.30466	123.99342	14.8
メス	25.2	24.30473	123.99277	24.30476	123.99265	12.4
メス	24.4	24.30505	123.99401	24.30506	123.99404	2.7
メス	24.1	24.30477	123.99303	24.30485	123.99302	8.9
メス	24.1	24.30506	123.99379	24.30506	123.99388	9.8
メス	22.5	24.30484	123.99335	24.30489	123.99332	6.7
メス	22.0	24.30450	123.99276	24.30460	123.99285	14.3
メス	21.3	24.30484	123.99305	24.30484	123.99301	4.7

①目印を使う：ニザダイの仲間(ナガニザ)では, 産卵場と摂餌場を行き来する際に, 海底にある障害物を目印にして移動する(Mazeroll & Montgomery 1998). 潮間帯のタイドプール(潮溜まり)に住むハゼの一種 *Bathygobius soporator* は, 住み家の周辺にあるタイドプールの空間配置を覚えており, 複数のタイドプールの間を移動し, 住み家にもどることができる(Aronson 1951, 1971).

②匂いを感知する：メバルの仲間（シロメバル *Sebastes cheni*）は住み家から離れた場所に放流されると，目隠しされても自分の住み家にもどることができるが，鼻に栓をされるともどることができなくなる（Mitamura et al. 2005). また，テンジクダイの仲間（イトヒキテンジクダイ *Apogon leptacanthus*）は，自分の住み家の近くにいる他の個体の匂いを感知して，自分の住み家にもどる（Døving et al. 2006).

③地磁気を感知する：地磁気とは地球に生じる磁場のことであり，地面と地磁気ベクトルのなす角と地磁気の強さ（全磁力）によって地球上のほぼすべての地点が特定できる（Lohmann et al. 2007，2008）．サケ・ウミガメ・イセエビの仲間は，脳内に磁場の地図をもっており（少なくともサケ・ウミガメの仲間は生まれながらにして），今いる場所の磁場と行きたい場所の磁場の違いから，遊泳方向を決定するという（Boles & Lohmann 2003，Gould 2014，Lohmann et al. 2008，Putman et al. 2012，2014）．ナミハタの産卵場と住み家間の移動は数 km と比較的短い距離ではあるが，これらの動物と同じように地磁気を用いて位置を特定している可能性も十分に考えられる．

このように，生物はさまざまな感覚を備えているため，目的地までの方向と距離を正確に知ることができるといえる．ナミハタの場合はどうだろうか？サンゴ礁の海は透明度が非常に高いので，住み家の周辺にある目印（サンゴ・岩など）の場所を覚え，産卵場と住み家を行き来しているかもしれない．ただし，産卵移動の距離は最大 8.8 km に及ぶので，（ナミハタにとっては）かなり長い道のりとなる（**図 6-8** を参照）．実際には，1つの感覚だけでなく，いくつかの感覚を組み合わせて，産卵場と住み家を行き来しているのかもしれない．

なお，産卵集群をつくる魚の中には，群れの中のリーダー的な個体が群れを先導し，産卵場と住み家を行き来する種類がいるらしい（Mazeroll & Montgomery 1995）．一方で，ナミハタの場合，産卵場に向かう際にはそれぞれがバラバラに行動する傾向があったため（**第6章**），「リーダーに付いていく」という方法で産卵移動しているとは（今のところ）考えにくい．

9-4　もとの住み家にもどるメリットは？

ナミハタにとって，もとの住み家にもどることにどのようなメリットがあるのだろう？　推測に過ぎないが，いくつかの研究を紹介しながら考えてみよう．

①餌を確実に確保する：チョウチョウウオの一種（メロンバタフライフィッシュ *Chaetodon trifasciatus*）・スズメダイの一種（アマミスズメダイ *Chromis chrysura*）は，自分が住み慣れた海域では，餌が豊富な場所を知っている

(Reese 1989, Noda et al. 1994). 同様のことがナミハタにも当てはまるとすれば，産卵の後にもとの住み家にもどれば，確実に餌にありつけると考えられる．ナミハタは住み家の周辺に一定の行動圏をもっているので（名波ら 未発表データ），限られたエリアの中で餌をとると考えられる．このことは，ナミハタが餌をとりやすい場所を確保している結果かもしれない．一方で，もし産卵の後に別の住み家に移動するならば，餌に関する情報がほとんどないため，満足な量の餌を手に入れるのには苦労するだろう．

②ねぐら・隠れ家を確実に確保する：ハゼの一種（ブラックアイゴビー *Coryphopterus nicholsi*）は，住み慣れた場所では隠れ家の位置を記憶しているため，不慣れな場所にいる場合と比べて，短い時間で隠れ家に逃げ込むことができる（Markel 1994）．ふだんの住み家では，昼間のナミハタはサンゴや岩などに隠れている（夜間は餌をとりに出かける：名波ら 未発表データ）．ナミハタは住み家に適するねぐら・隠れ家の場所を確保し，効率的に休息したり，捕食者を回避できたりするのかもしれない．逆にいえば，産卵後に毎年新たな住み家を見つけるために右往左往するとなると，自分に適したねぐら・隠れ家を探し出す苦労が絶えないことになる．

住み家と産卵場の往復・繁殖によってエネルギーを消耗しきったナミハタにとっては，産卵の後にわざわざ新たな場所に引越しすることは得策とはいえないだろう．餌・ねぐら・隠れ家を熟知している慣れ親しんだ住み家にもどり，疲れた体を休ませるのではないだろうか．

9-5　帰巣性からナミハタを守る取り組みを考える

この調査で明らかになったナミハタの帰巣性は，ナミハタを守ることとどのように関連するのだろうか？　いくつかの視点から検討してみたい．

(1) 住み家の保護

まず，住み家となる生息場所（ナミハタが好む形のサンゴ）を守ることが必須である．ふだんの住み家にもどるということは，そこが生存するうえで不可欠であると考えられる（9-4）．ナミハタの寿命は20歳で，産卵を始めるのは4歳からなので（第2章），産卵場と住み家の往復を16年間続けると考えられる．第6章で解説した「産卵場周辺の環境を守ることの大切さ」（図6-2）が，今回のデータでより一層明らかになったといえる．

（2）“通り道”の保護

産卵集群をつくる魚は，特定の産卵移動の際に“通り道”をもつといわれている（Hunter et al. 2003，Farmer & Ault 2011，Rhodes et al. 2012）．したがって，住み家そのものだけでなく，住み家から産卵場に至る海域についても十分な配慮が必要である．9-3で解説したように，ナミハタは産卵移動の際に目印を使っている可能性があり，目印をたどることで“通り道”ができているかもしれない[*1]．もしそうであれば，サンゴや岩といった目印となるものを破壊するだけでなく，改変すること（他の場所へ移植すること）も避け，可能な限り手つかずの状態を保つことが大切であろう．実際，産卵場周辺の環境が悪化したために，産卵場そのものが縮小・消失したと考えられる例がある（第10章）．

（3）産卵場で魚を守る効果

ナミハタが産卵前後で住み家を変えないことは，ナミハタの資源管理（上手に獲り続けること）を考えるうえでも重要である．漁業者にうかがってみると，魚を確実に得るために，日常的に漁に出る海域がある程度決まっているらしい．筆者らは，このような漁業者の行動を「安定した漁獲（収入）を得るため」と解釈している．「常日頃から大漁するために，魚が多い場所を探しまわる」ことは，一方では「空振りに終われば漁獲は少なくなる」というリスクがあるだろう[*2]．そこで「ある一定の量の魚を確実に得られる場所を確保しておく」方が「安心である」という解釈だ．この解釈が正しいとして話を進めよう．

[*1] 今回の調査では，ナミハタが目印を使って産卵移動することを実証できなかったが，そのことでもって「周辺環境を破壊しても問題ない」と結論づけることはできない．ナミハタの産卵集群を守る「予防的な措置」として必要である．

[*2] 第6章で紹介したように，ナミハタが多い場所を探すためには，かなりの労力がかかることを，筆者らも体験している．

産卵場を保護せずにナミハタが乱獲されれば，ふだんの漁場でも魚が減る可能性がある（図9-2）．自分が確保していた漁場にいたナミハタが，産卵場で

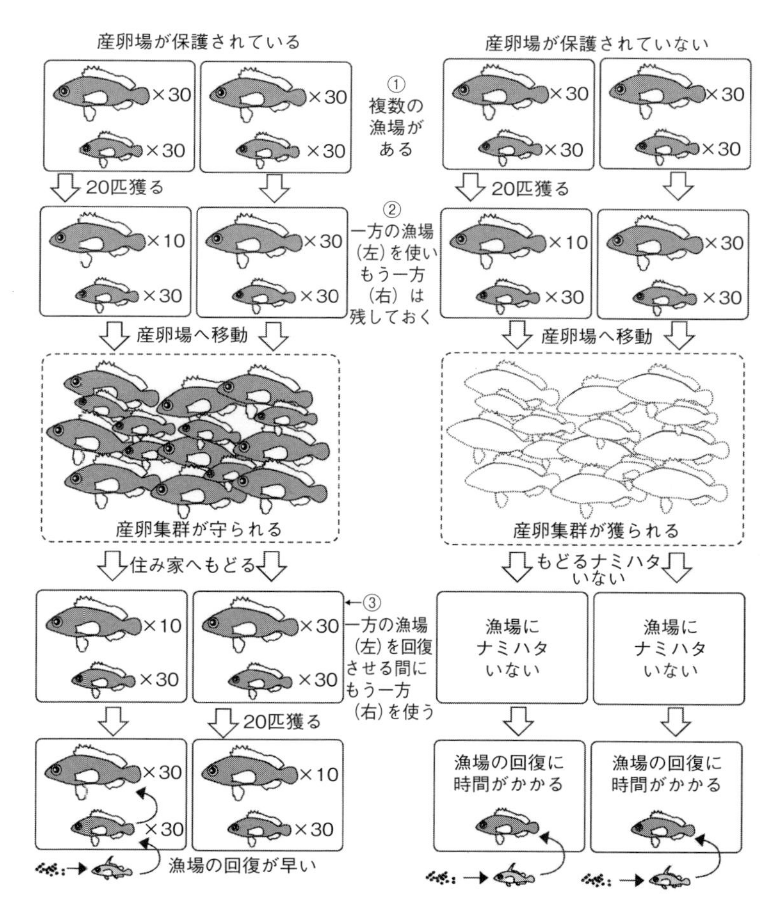

図9-2　ナミハタの帰巣性が，産卵場保護区と資源管理に及ぼす効果の模式図（ナミハタの匹数は模式的なものであり，説明しやすくするために仮に決めたもの）
産卵場が保護されているとき（左），①から③の過程を経て，自分の漁場でナミハタを獲り続けることができる．産卵場が保護されていないとき（右），漁場で残しておいたナミハタが産卵場で（他の漁業者に）獲られ，もどってこないリスクが高くなる．後者のケース（右）で，漁場を確保している漁業者自身が産卵集群を獲ることは可能だが，値段の暴落などを考慮すれば，収入の面で得策ではないと考えられる．

(他の漁業者に) 獲られたために，もどってこないかもしれないからだ．また，産卵場での乱獲は値段の暴落を招くことがある（**第 10 章**）．そこで，産卵場ではナミハタを確実に守り，産卵を終えてもどってきたとき（値段が暴落しないとき）にナミハタを獲る方が良いだろう．産卵集群を獲ることは，その漁業者自身の（思ったほど多くない）臨時収入になるかもしれないが，将来のことを考えれば，自分の確保した漁場を子や孫に伝え，ナミハタを大切に，また確実に獲り続ける方が良いだろう．

この調査で得られたナミハタの帰巣性と産卵場保護区の関係については，漁業者へ報告している．そして，筆者らの考え方に異論を唱える漁業者は今のところいない．ここで大切なのは，ナミハタの産卵場保護区の設定は，漁業者の収入の安定に貢献することをわかってもらうことである．サンゴ礁に住む生き物を“人間が自然から与えられた恵み”として捉えたうえで（**コラム 2**：204 ページ)，その恵みなしでは生きていけないことを謙虚に受け止め，漁業者の生活・自然からの恵みの享受・生態系の健全性の三者がバランス良く保てるような研究を継続したいと考えている．

（河端雄毅・名波 敦）

第3部

産卵場を守る取り組み
──海洋保護区をめぐる活動──

ナミハタの産卵場をなぜ保護するのか？　数が減り続ける生き物が愛おしいという，ただそれだけの理由では保護区は実現できないだろう．ナミハタは地域の漁業者にとって大切な収入源．いわば海からの恵みである．「魚を増やしつつ獲る」という，海の恵みを子や孫に伝えたいという漁業者の思いが，保護区の設定に大きく影響している．

第3部では，海洋保護区の実現に向けて活躍した漁業者の方々が登場する．一方で，海の恵みを復活させるという“治療法”も，漁業者のもつ知識を尊重しつつ，研究者がともに問題に向き合う姿勢があって，はじめて実現可能なものになるだろう．

このような観点から，研究者自らが漁業者のコミュニティに飛び込み，理想的な海洋保護区の実現に向けて一歩一歩近づいた経緯を詳しく紹介しよう．

第3部のキーワード
地域の漁業者　漁業者の知識
研究者と漁業者のつながり
順応的管理

第10章

海人(ウミンチュ)とともに歩んだ道のり

ここまでの章で，ナミハタの産卵生態や，産卵場での調査について紹介してきた．2010年からスタートしたナミハタの保護区が，このような研究成果の積み重ねによって発展してきたことはいうまでもないが，研究者の努力だけで成り立ってきたかというと，そういうわけではない．本章では，ヨナラ水道がナミハタの産卵場保護区となり年々その規模が拡大してきた背景や，保護区設定後の試行錯誤などについて，特に漁業者との関わりに重点を置いて紹介する．また研究者自身が，漁業者（海人）とともに歩みながら研究を進める大切さについても紹介する．

10-1　魚の生態を熟知している人たち

(1) 漁業者の知識を活かす

海の生き物の研究をするには，常日頃から海に潜る・採集するなど，観察・採集・データ収集をくり返すことが必要だ．それでもわからないことは数多く残されている．海の生き物の謎は尽きないのである．このことを本書のテーマである産卵集群に当てはめて話を進めよう．

産卵集群とは「特定の場所」・「特定の時期」・「特定の日」にできる魚の群れのことである（Domeier 2012，第1章）．産卵集群が漁業の対象となっている場合，研究者は市場で水揚げされる魚の獲れ具合から，「特定の日に特定の種が集中して獲られる」という現象を目にすることはできるだろう．つまり，産卵集群が形成される「時期」と「日」はある程度予測ができる．しかし，産卵集群ができる「特定の場所」についてはどうだろうか？　サンゴ礁では，礁縁・水路・水道といった場所が産卵場の候補として挙げられるが（第5章），正確な位置を特定するには多大な労力がかかるだろう．産卵集群ができると考えられる「特定の日」に，1人の研究者が産卵場の候補地をすべて同時に観察することはほとんど不可能だからである．複数の研究者がチームで検証するということも考えられるが，相当の研究費・労力がかかるだろうし，研究者が検討した候補地すべてで，産卵集群がみられないというリスクがつきまとう．

それでは，産卵集群ができる「特定の場所」を知るためにはどうすればよいのか？　そのためには，その地域で魚を獲っている漁業者の知識が非常に役に立つ．漁業者は，生業として魚を獲っている．また研究者とは比較できないぐらい，海の生き物と向き合う機会が多い．したがって，その地域に住む魚の生態を熟知している．また自分で得た情報だけでなく，同じ地域に暮らす他の漁業者（家族や友人など）とも情報を共有していることが多いので，彼らの博学には驚くべきものがある．このような，地域に根ざした人たちがもっている生物の知識はLocal ecological knowledge（直訳すると“地域特有の生態の知識”）と呼ばれ，近年，その価値が見直されている（Hamilton et al. 2012）．

(2) 海洋保護区への活用

「魚を守りながら獲る」という意識の高い漁業者は，彼ら自身で得た知識をもとに魚を守る取り組みをしている．また，研究者が漁業者から得た情報をもとに，適切な管理方法を検討することがある．そのいくつかを簡単に紹介しよう．

①パラオ共和国：魚を獲り過ぎないための伝統的なルールがあり，“Bul”（バル）と呼ばれている．これによって一定の海域を海洋保護区にして魚を守る．Bulでは，魚のふだんの住み場所だけでなく，産卵場を保護区にすることも行われている（Johannes 1999，Ridep-Morris 2004）．

②パプアニューギニア：ハタの仲間の産卵場を地域住民の自主管理によって保護区にしている（Hamilton et al. 2011）．保護区の面積は広くないものの（0.2 km^2 以下），産卵集群ができる海域をピンポイントで保護しているため，保護の効果は高いという．

③ブラジル：ゴライアスグルーパー *Epinephelus itajara* は，全長が2 mを超える大型のハタの仲間で，乱獲により数が激減している．本種は産卵集群をつくるといわれているが正確な場所が不明であった．そこで，漁業者の情報から

産卵場を特定したうえで有効な管理方法を検討している（Gerhardinger et al. 2009）.

このような取り組みが行われるのは，漁業者の知識が正確で信頼性が高いからに他ならない.

（3）研究者の姿勢も大切

一方で，漁業者の立場からすれば，自分たちの知識を研究者に教えることは，いわば“よそ者”に貴重な情報を与えることを意味する．苦労して得た情報であることに加え，自分たちの収入源である魚の生態を教えることは，単なる“ボランティア精神”で片付けられるものではないだろう．「魚が最近獲れなくなってきた」・「海の環境が悪くなってきた」など，漁業者自身が危機感をもち，何らかの改善点を模索しているときに，研究者とともに行動を起こしたいと感じるのでないだろうか？

このような状況では，研究者（特に地域に根ざした研究を行う筆者のような地方の研究機関）にとって，漁業者の意見に対し真摯に耳を傾ける姿勢が重要であろう．話し合いの中では，ときとして感情的な意見や，言葉尻だけを捉えると非科学的に感じる意見が寄せられることもある．しかし，後になって考えれば，漁業者自身の事情や，彼らが用いる（生物の生態についての）表現が独特であることがわかり，合点がいくことが多々ある．したがって，漁業者との十分な話し合い，漁業者への研究成果のフィードバック，漁業者がもつ生物の知識への理解が大切である.

これとは反対に，漁業者と研究者の間で十分なコミュニケーションが図られず，海洋保護区の目的が漁業者と研究者の間でかみ合っていない事例がある．例えば，西アフリカのセネガルでは，政府や環境NGOが主体となり，コミュニティ主体型を謳った海洋保護区がマングローブ林につくられた．しかし，保護区をつくる際に漁業者への説明はほとんどなく，あったとしても非常に難解だったという．また，漁業者がもつ知識を保護区の設置に活かすことはほとんどなかったという．そして，最も不幸な点は，海洋保護区によって増えて欲しいと願う魚の種類が，漁業者と研究者の間で違っていたことである（關野

2014).

閼野（2014）の言葉を借りれば，これではいったい“誰のための海洋保護区か”わからない．筆者ら研究者は，どんな問題を解決していくために何を研究するのか常に意識し，最終的には漁業者が望んでいる解決方法を実現可能な形で探していくことが必要である．

10-2　ナミハタの産卵場保護区をつくったいきさつ

八重山の漁業者は，ナミハタをはじめ多くの魚類が産卵時期に群れをつくることを知っており，この群れを釣りなどで漁獲していたようだ．ただし，漁獲量はそれほど多くなかったという．産卵集群が大量に漁獲されるようになった頃から漁業を続けている漁業者に，当時の様子をうかがうことができたので，本節では漁業者の証言や当時の操業日誌のデータをもとに保護区設定のいきさつについて紹介したい．

(1) 産卵集群が大量に獲られ始めたのはいつ頃か？

潜水漁によって産卵集群が大量に漁獲されるようになったのは，1960年代後半頃に，小浜島北の産卵場（カヤマグチ：**図10-1**）で，産卵集群を釣っていた漁業者の体験に始まる．試しに素潜りでナミハタを突いてみたところ，ひと突きで2，3匹のナミハタがモリに刺さるほどたくさん獲れたことがきっかけとなったようだ．ただ，当時は潜水器（フーカー）[*1]を所有している漁業者が少なく，素潜りで操業できる浅い漁場でしか獲れなかった．

しかし，その後潜水器が普及すると，ナミハタだけでなく産卵集群を形成する魚の大量漁獲が始まった．例えば，黒島の南東（ケングチ）や，鳩間島の南（インダビシ）には（**図10-1**），ハタの仲間のオオアオノメアラ（**口絵2**）の

[*1] 船上から水中へ空気を送ることによって，水中で活動できる潜水方法．船上から水中へ空気を送るために，コンプレッサーという特殊な機械とホース（長さはおよそ100 m）を使う．八重山諸島ではフーカー潜水が一般的である．コンプレッサーが動いている限り呼吸ができるので，長時間の潜水が可能である．そのため，魚の乱獲につながる可能性が高くなる．

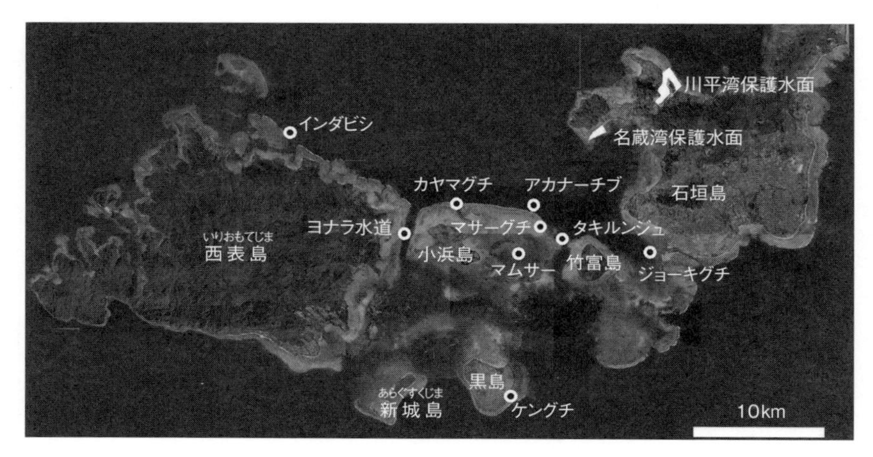

図10-1　八重山諸島におけるサンゴ礁魚類の産卵場所・漁場・保護水面
本書の中で紹介したものを示す（航空写真：環境省国際サンゴ礁研究・モニタリングセンター提供）.

産卵場があったという．その産卵集群の集まり具合は，一晩で「軽トラ何台分獲れた」・「1 t獲れた[*2]」といった武勇伝を残したほどだったが，その後間もなく獲れなくなり，今ではほとんど見かけなくなってしまった．また，1970年代から空気タンクを使用するスキューバが導入されてからは，さらに産卵集群の漁獲が加速していったという．このような漁労機材の進歩や，過度な効率化は，（ナミハタを含む）産卵集群をつくる多くの魚の繁殖に大きなダメージを与えるようになり，八重山の海に暮らす魚の数を減らす原因となったと考えられる．

(2) ナミハタの産卵集群が消滅・縮小した例

そもそも八重山周辺の海域におけるナミハタの産卵場というのは，ヨナラ水道だけなのだろうか？　実は，他にも何カ所かの産卵場が知られている[*3]（第

[*2] オオアオノメアラの大きさを1匹50 cm，2 kgと仮定（太田ら2007）すると，約500匹となる．仮に約5時間操業したとすると，1分間に1.5匹以上のペースで漁獲したことになる．魚を探し，モリで刺す→外す→取り込むという作業を考えると，ほとんど探しまわることなく獲り続けたのであろう．

6章も参照）．現在でも産卵期にはナミハタが多く集まる場所が残ってはいる．ただし，いくつかの産卵場では集まる数が大幅に減ってしまったり，あるいはまったく集まらなくなってしまったところもあるようだ．例えば，ある漁業者から提供された過去の操業日誌（1988・1989年）と，筆者が調査した2015年（沖縄県 2017）を比較すると，産卵ピーク時に竹富島北西の産卵場（アカナーチブ：図10-1）で漁業者が1日に獲ったナミハタは，43～105 kgから約30 kgへと減少していた．

他にも，産卵集群の規模が小さくなった原因として，産卵場周辺の環境の悪化が疑われる例がある．例えば，小浜島の東にある「マムサー」という海域（図10-1）では，ナミハタが非常によく獲れたという記録が残されている．当時マムサーには人の腕ほどの太さがある枝サンゴ（方言でボウウルーという）がたくさん生息し，その枝を隠れ家とするナミハタなどのハタ類が多く獲れた海域だったという．当時はサンゴの密度が非常に高かったので，古参の漁業者からは，電灯潜り漁の際，魚が隠れている枝サンゴを壊しながら魚を獲っていたと聞いたこともある．しかし1998年や2007年のサンゴの大規模白化現象などを受け，枝サンゴが密集していたマムサーは，砂や礫底に数少ないサンゴが点在する環境へと変わってしまった．その結果，ナミハタやイソフエフキ *Lethrinus atkinsoni*（フエフキダイの仲間）といったサンゴが多い環境を好む魚が減り，代わりに砂地を好むハマフエフキ *Lethrinus nebulosus*（フエフキダイの仲間：図10-2）などが増えてしまったという．マムサーの近くには，マサーグチやタキルンジュ（図10-1）といった産卵場になる水路があり，ここにも，かつてはナミハタの産卵集群が形成されていたようだ．第6章のデータなどを考慮すれば，これらの産卵場にはマムサーに住んでいたナミハタが集まっていた可能性が高い．したがって，こうした産卵場での集群規模が小さくなったのには，ナミハタが好む住み場所が失われたことも関係していると考えられる．

---

*3 実際に産卵行動が確認され，産卵場として報告されているのはヨナラ水道のみで，他の漁場については，産卵ピーク時に成熟した個体が集中的に漁獲されてくる状況から産卵場と判断している．

図10-2　イソフエフキ（上：方言名クチナギ）とハマフエフキ（下：方言名タマン）

(3)「電灯潜り研究会」：ナミハタの産卵場保護区をつくった人たち

2010年から現在までヨナラ水道で実施されているナミハタの産卵場保護区は，電灯潜り研究会という漁業者の組織が主体となって運営されている．もちろん，保護計画の立案・管理に必要な資材の工面や日当支払い等の事務については，われわれ研究機関や漁協がサポートしているが，あくまでも漁業者自身が自主規制として取り組んでいるのがこの保護区の特徴の1つである．

この電灯潜り研究会とは，八重山漁協に所属する夜間の潜水漁（電灯潜り）を生業とした漁業者が1987年に結成した組織で，当時は80名ほどいた．実は，この電灯潜り研究会では，ヨナラ水道のナミハタ産卵場保護区を実施する以前にも，別の産卵場（ジョーキグチと呼ばれる海域：図10-1）で保護区を実施していたという．当時保護区の活動に深く関わっていた金城一雄さんから提供いただいた情報を以下に紹介しよう．なお，金城一雄さんは現在のナミハタ保護区の設定にあたりリーダーシップを発揮した金城國雄さん（第7章・第8章）のお兄さんなので，兄弟揃ってナミハタの漁業と保護に携わってこられたことになる．

(4) かつて存在したナミハタの産卵場保護区

電灯潜り研究会では，産卵集群の獲り過ぎの影響や，獲った魚の値段が暴落することを懸念し，1988年にナミハタ産卵集群の保護区を石垣港沖（ジョーキグチ）に設定した．当時この海域は，ヨナラ水道と同程度にナミハタが集群する大きな産卵場であったという．保護区の期間は，3～5月の3カ月間で，保護区の面積は約2.1 km^{2}であった（図10-3）．3カ月間と長期にわたって保護期間が取られていたのは，年によって集群する月が変動することや，産卵の数週間前からナミハタが集まってくること（第3章・第7章）を考慮していたためである．このように，漁業者自らが魚の生態を熟知して，保護区のプランを立てていたことは，注目に値するだろう．この保護区は，1991年まで4年間続き，当時の資料や漁業者の証言によると，魚のサイズの大型化や漁獲量の増加といった効果が見られていたという．ただし，さまざまな事情により1991年で保護区は取りやめになっている（後述）．

当時の保護区の効果を検証するために，沖縄県水産海洋技術センターが集計している1989年以降の漁獲統計データを整理してみた．その結果，年間漁獲量に占める保護月（3～5月）の漁獲割合は，保護区実施期間中（1989～1991年）が平均35.8％であったのに対し，保護区がなくなった後（1992～2009年）は平均42.4％と高くなっており，当時の保護区が産卵集群の獲り過ぎを防いでいたことが示唆される．

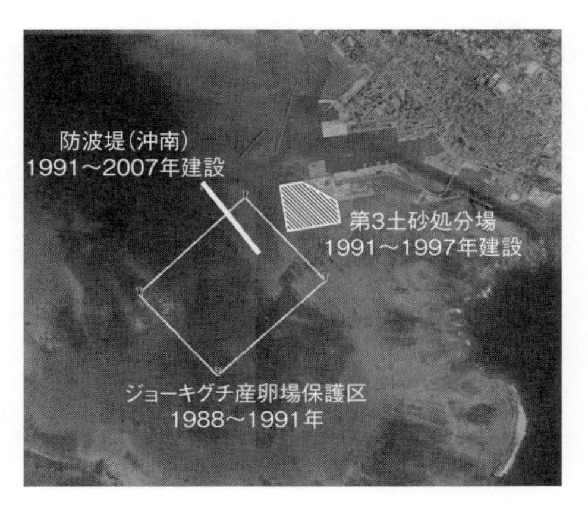

図10-3　ジョーキグチ（場所は図10-1を参照）にあったナミハタの産卵場保護区
1991年以降に防波堤（白線）と土砂処分場（斜線で囲まれたエリア）が建設されたため，産卵場保護区は1991年で取りやめとなった（航空写真：環境省国際サンゴ礁研究・モニタリングセンター提供）．

筆者らのような研究者が調査にもとづいたデータを取るまでもなく，このように合理的で効果的な保護区を運営していたことを知ったときは大変驚いた．また保護区の運営は，電灯潜り研究会の会員自身が，漁業者への周知や保護区を示すブイの設置・回収などを行っており，現在のような市・県といった行政からの支援はなかったという．保護区の取り組みは，電灯潜り研究会の会員には認識されていたようだが，保護区設定に反対していた漁業者や一般の釣り人にルールが破られてしまうこともあったという．このような状況を受け，1990 年には電灯潜り研究会から八重山漁協組合長あてに，ナミハタ保護区の区域や周知に関して総会議案として取り上げることを請願する書面が送られている（図 10-4）．

ジョーキグチのナミハタ保護区が，これほど効果的で自立した資源管理の取り組みであったにも関わらず，4 年間で取りやめになってしまったのはなぜだろうか？　石垣港周辺は，沖縄の本土復帰以降，港湾機能拡充の事業が進められており，ジョーキグチ周辺には 1991 年から約 1000 m の防波堤ならびに浚渫土砂の処分場整備が計画されていた（内閣府沖縄総合事務局石垣港湾事務所 http://www.dc.ogb.go.jp/ishigakikou/port.html#fragment-2：図 10-3）．当時の漁協幹部および石垣市としては，これらの事業を推進していたが，事業によって漁場を失う沿岸の漁業者の多くは反対していた．これらの工事にあたり，1990 年の漁協通常総会では，当該海域の漁業権放棄に関する議案が否決され，その後の臨時総会でも否決された．しかしその後，反対派の懐柔が進み，追加の臨時総会では，3 度目の決議で漁業権の放棄が可決された．このような経緯により，ジョーキグチのナミハタ保護区は防波堤工事の開始に伴ってやめざるを得なくなったという．すなわち「あるエリアの中ではナミハタを獲らない」というルールだけでは不十分であり，産卵場となる環境そのものも保護するという「海洋保護区」の観点が大切であることを示唆している（第 8 章）．そしてこのことは，後述する漁業者からの指摘とも大きく関係している．

(5) ヨナラ水道での保護区実施につながる取り組み

八重山海域では，この他にも保護区という形で水産資源を守る取り組みが実施されてきた．本題とは少しずれるが，これらの保護区が存在したことが，ヨ

平成2年5月8日

八重山漁業組合
組合長上地源光殿

八重山漁協電灯潜り研究会
会　長　西原　功

ミーバイ類の産卵期間における操業の禁止海域の設定について（要請）

見出しのことについて、漁業資源の枯渇が問題となっている今、漁業の自主規制を行い資源を保護して有効的に活用し水揚げを増やし、漁業関係者の所得の向上と生活の安定を図り、又資源を後世に残す事が私たち漁業組合員の責務であります。
八重山漁協が重点目標に揚げている自主管理型漁業、又自分達の漁場は自分達で守るという立場から当電灯潜り研究会では漁協組合の理解と協力を得まして、昭和６３年、平成元年今年とミーバイの産卵場における操業の自主規制海域を設けて漁場の自主管理を実施して来ました。
先日、自主規制海域の資源調査を実施した所、資源の回復状況は去年よりも良いとの報告を受け、当研究会が実施している漁場の自主管理について確かな手応えを感じ会員一同感激にたえません。しかし、残念なことに理解の得られない漁業者や釣り人とのトラブルもあり当研究会だけでの漁場管理には限界があるものと思慮されます。
つきましては、来る５月３１日の定期総会におきましてミーバイの産卵期間における操業の禁止海域設定について議題して取上げ、審議して下さいますようお願い申し上げます。

記

一．期　間　　毎年３月１日～５月３１日まで
一．場　所（規制海域）　石垣港沖防波堤の灯台（赤色）から南西の方向約千四百メートル沖の点を中心とする千メートル四方の海域（別添海図参照）

図 10-4　電灯潜り研究会から漁協に対して，ミーバイ類（ナミハタを指す）の産卵場保護区の取り組みについて総会で取り上げるよう求めた文書（1990 年）

ナラ水道での保護区設定に際して漁業者に受け入れられる素地を作ってきたと考えられるので，ここで少しだけ年代を追って紹介したい．

① 1970 年代：八重山海域で最も古くから存在する保護区は，川平湾保護水面（1974 年指定）と名蔵湾保護水面（1975 年指定）である（**図 10-1**）．こ

れらの保護区は，沖縄県の規則（漁業調整規則）で水産生物の採捕が制限されており，違反すると罰則がある公的なルールとなっている．罰則と海上保安庁の取り締まりにより，八重山の漁業者のほとんどが保護区について認識しており，規則も守られている．

②1980～1990年代：順番からいえば，次に行われたのがジョーキグチの産卵場保護区である（上述）．また1998年には，イソフエフキ（**図10-2**）の産卵集群を対象とした保護区が八重山海域に4カ所設けられた．この保護区設定にあたっては，海老沢明彦さん（沖縄県水産海洋技術センター石垣支所）がイソフエフキの産卵・移動生態・資源量など網羅的に研究し（海老沢1997，1998，1999），これにもとづいて保護区を提案した．イソフエフキもナミハタと同様，産卵集群をつくり，なおかつ大量に漁獲されていたため，数が減っていたからである．この産卵場保護区は5年間（1998～2002年）実施され，毎年2カ月間（4月と5月）保護されていた．この取り組みには一定の効果がみられていたようだが（海老沢2004），管理を進めていたのが一部の意欲がある漁業者のみであったことや，改良や継続についてリーダーシップをとる人物の不在から，2003年以降取りやめとなった（紫波2008）．

③2000年以降：八重山海域における資源管理において大きな変化があったのは2006年で，漁業者・漁協職員・研究員・行政担当者がメンバーとなった八重山漁協資源管理推進委員会が発足した（詳細については，**第11章**参照）．この委員会では，管理の中心になる漁業者の他に，理論的・事務的・財政的なサポートをする各機関がメンバーになっていることが重要な点である．そして，多くの魚種を対象とした漁獲体長制限（2007年～）やイソフエフキの産卵保護区の再開・拡充（2008年～）を実施している．ヨナラ水道でナミハタの産卵場保護区ができた背景には，漁業者がさまざまな資源管理に取り組んできた実績があったことに加え，資源管理推進委員会という話し合いの場が設けられたことが大きく影響したと考えられる．

10-3　ヨナラ水道での保護区実施に向けて

時代に翻弄されて立ち消えてしまったジョーキグチのナミハタ保護区だが，それから約20年後にヨナラ水道で新たな保護区が設定されるまでには，前節で説明してきたような背景があった．本節では，ヨナラ水道にナミハタの産卵場保護区をつくるにあたり，研究者が漁業者にどうやって提案し，どのように協議をしてきたか紹介する．

(1) ナミハタ研究のスタート

そもそもナミハタが資源管理の対象として注目されるようになったのはなぜだろうか？　ナミハタは，八重山海域で漁獲されるサンゴ礁性魚類約250種の中で，5番目に漁獲量が多く[*4]，特に潜水をして魚を獲る漁業者にとっては，非常に重要な種類である（太田 2007）．しかしながら，1989年に県が統計を取り始めて以降，その漁獲量は最も多かった頃の約4分の1にまで減っている（秋田ら 2015）．漁獲量減少の背景には，**第1部**で紹介したように，ナミハタが産卵のときに特定のタイミングと場所に産卵集群をつくり，それを大量に獲っていたことが関係していると考えられている．産卵場保護区ができる前は，産卵時期になると市場にはふだんと比べ物にならない量のナミハタが水揚げされていた（**図10-5：口絵**）．そして，あまりの水揚げ量の多さにナミハタの値段が暴落し，ときには買い手がいないこともたびたびあった[*5]．つまり「漁業者の収入は期待したより多くないにも関わらず，ナミハタの数だけが（大量に）減る」という，漁業者とナミハタの双方にメリットのない状態が続いていた．

これが2006年当時，県の職員として八重山の資源管理を担当していた太田さん（本書の著者）の目に留まり，一連の研究をスタートするきっかけになったようだ．その後太田さんは，当時八重山漁協資源管理推進委員会で副会長を

---

*4　近年，産卵場保護区の実施により漁獲量が減少しているため，2016年は12番目となっている．

*5　セリで買い手がつかなかった場合，組合では一定の金額での買い上げをしたこともあったが，冷凍した在庫の処理にはかなりの期間がかかるなど，組合側の負担にもなっていたという．

務めていた與儀 正さんの協力を得ながら，ナミハタの産卵場の調査を始めた．この與儀さんは，電灯潜りや延縄，一本釣りはもちろん，お父さんとともに操業していた敷網漁（しきあみりょう）（カツオ一本釣りの餌となる小魚を獲る漁）や刺網まで，何でもこなすすごい漁業者で，現在は集魚灯を使ったマグロの一本釣りを生業としている．與儀さんの海に関する幅広い知識と熟練の操船技術のサポートを受けることで，流れが速く，漁業者以外では潜ることすらままならないヨナラ水道でも安全に調査ができるようになった．翌2007年には，與儀さん以外にも資源管理推進委員会の会長を務めていた砂川政信さんや潜水漁を営んでいた柴田安廣さん・浅野正彦さん・比嘉 勝さんと，本書の著者である名波さんが加わり，産卵場の調査は本格化していった（**第5章**）．

(2) 海洋保護区を提案

研究データにもとづいた合理的な管理策が立てられたからといって，それがすぐに実行に移せるわけではない．管理策をうまく走らせるには，管理の主体である漁業者と理解を共有することが重要である．太田さんらは，漁協青年部を対象に産卵集群の漁獲制限についての勉強会を開催して意見交換の場を設けてきた．さらにその後，2009年度の資源管理推進委員会で，ナミハタの具体的な管理策が話し合われた．このときは，最も効果の期待できる「産卵期の全面禁漁」や「ヨナラ水道のできるだけ広い範囲を保護区にする」案など，複数の案が議論された．また，実際の管理主体となる電灯潜り研究会の役員会でナミハタ保護区について説明した結果，産卵予想日の前後2日（合計5日間）を保護期間とする保護区を試験的につくることが決まった（**図5-2**）．産卵期間の全面禁漁と比べると，かなり期間の限られたピンポイントでの保護になるが，これは前述した金城國雄さんの「できることから，徐々に」というアドバイスを受けてのことである．結果的に，この方針は正しかったと思う．

10-4　調査結果のフィードバック

(1) 漁業者への報告

このような経緯を経て，ヨナラ水道でのナミハタ産卵場保護区はスタートした．筆者が八重山に赴任したのは，ちょうど保護区がスタートした2010年で，5月から始まった保護区は，県職員として採用されたばかりの筆者にとって最初の仕事となった．ちなみに，筆者は太田さんの後任であり，八重山海域の沿岸漁業の資源管理を担当することになったのだが，職場で資源管理の業務を担当するのは筆者一人だけだった．したがって，着任当初は本当に何をしていいのかよくわからず，大変困惑した．また当時，筆者は潜水士の資格をもっていなかったので，大急ぎで試験勉強をし，その年に潜水士の試験を開催している愛知県まで試験を受けに行った（石垣島では，宮古島と1年おきに試験が開催されていた）．そういうわけで初めの年はまともに潜水してデータを取ることができなかったので，太田さんや名波さんが取ったデータや，保護期間中の漁獲量のデータをもとに，産卵場保護区の成果を漁業者に報告する資料などを作った．

①漁業者の自宅での報告：最初に漁業者に対する報告会を開いたのは，初めての保護区を実施した直後だった．当時の電灯潜り研究会会長であった金城國雄さんのお宅で，役員数名に対し，産卵場でのナミハタの集まり具合をグラフや動画を交えて紹介した．また，保護区を実施したことでナミハタの値段の暴落をある程度抑える効果があったことなどを説明した．このときは，報告会の後に國雄さんの奥さんが準備してくださったお刺身などをいただき，お酒を飲みながら議論を深めた．漁業者の方と直接話し合う機会は，このときが初めてだったので，なかなか顔と名前が一致せず，家に帰ってからそのとき会った方々の似顔絵と印象を手帳にメモして覚えるよう努力した．早く覚えて海や魚のことをもっと教えてもらいたいと思ったからである．このとき感じたのは，同じ業務を担当する同僚がいない筆者にとって，これから数年間最も身近な仕事の仲間は，他でもない漁業者なのである．そういうわけで，機会があれば説明会であれ，飲み会であれ積極的に顔を出し，名前を覚えてもらおうと思った．

②漁業者の（非公式な）集まりでの報告：次に漁業者に対して報告をする機会を得たのは，電灯潜り研究会が受託した海底清掃の打ち上げの場だった．このときは，数十名を相手に保護区の成果を報告したのだが，打ち上げの場とあってほとんど筆者の話を聞いてもらえなかった．そのため翌年は，報告の後になるべく漁業者一人ひとりの席を回って，昔のナミハタの集群の様子や，今後の保護区について意見を聞いてまわるようにした．

③漁業者の（公式な）会合での報告：他にも漁業者に対する説明の場として，電灯潜り研究会が開催する総会があった．総会では，その後の忘年会を楽しみに会員が大勢集まるので，筆者と名波さんは毎年参加してその年の調査の様子などを報告してきた（**図10-6**）．こちらの集まりでも，初めのうちは話をほとんど聞いてもらえなかったが，数年経つと，筆者らが話し始めると雑談を止め，耳を傾けてくれる方が増えてきた．さらに，保護区の期間やエリアの改良点についてアドバイスや意見をくださる方もあり，その後の管理策の改良にも実際に生かされてきた（**第11章**）．このように，地道な報告とコミュニケーションを続けることが，漁業者との信頼関係を築き，保護区の運営や改良がスムーズに進む下地となってきたと思われる．

図10-6　電灯潜り研究会の総会の後，ナミハタの産卵場保護区などについて漁業者と話す筆者（中央）

（2）漁業者の意見

筆者は機会があるたびに漁業者との話し合いをくり返したが，そのときに漁業者から指摘されたことがとても印象に残っている．そのうちのいくつかは，筆者自身の研究に対する姿勢や，その後の管理策の改良と運営に生かされてきた．以下に3つの意見を紹介する．

意見①：「魚が減っているのは，開発によるサンゴ礁の環境の劣化が原因であり，漁業者のせいではない．だから資源管理は必要ない」

魚は減った原因が獲り過ぎだけではなく，魚を育む自然環境の悪化であるという点は至極もっともである．従来の研究は，魚の獲り過ぎを防ぎ，魚が増える量と獲る量をうまくつり合わせることをまず考える．しかし，このような意見を聞いたことがきっかけで，直接自然を回復させる取り組みはできなくとも，人間が環境に与えている負の影響（土壌や排水の流出・埋め立てなど）に対して警鐘を鳴らし，行政を動かすような研究がしたい，という思いをもつようになった．

意見②：「八重山で保護区をやっても，その卵や稚仔魚がどこに流れて行くかわかっていないなら，八重山の漁業者のためにならないのではないか？」

これももっともな意見であり，検証が必要である．漁業者は，**第1章**で解説した“加入の効果”の有効性を心配したわけだ．先に説明したように一般に海産魚類は，小さくて海水に浮く卵をたくさん産み，ふ化した後も仔魚はしばらく海中を漂っている．その後，約20～40日経ってから着底する．琉球列島に住む海産魚類では，①黒潮の源流に当たるフィリピンから奄美地方まで卵や仔魚の行き来があるもの，②琉球列島全体では行き来があるもの，③宮古・八重山と沖縄本島間で交流がなく遠くへは分散しないものなど，種類によってさまざまなパターンがみられる（沖縄県 2016）．しかし，ヨナラ水道で産み出されたナミハタの子どもたちがどこへ着底しているのかは，今のところよくわかっていない．琉球列島においてナミハタが数多く獲れるのは，宮古諸島・八重山諸島で，沖縄本島周辺ではほとんど獲れないことから考えると，卵から生まれた子どもが地元の海にもどってきている可能性もある．今後の検討が必要だ．

意見③：「資源管理の報告会やポスター，保護区のブイを設置することで，何も知らない素人（一般の遊漁者）にまで魚がいるポイントを教えてしまっているのではないか」

これは，複数の漁業者からたびたび指摘されている．八重山では，昔から一般の釣り人も「デイゴ（沖縄県の県花）が咲く頃に，クチナギ（イソフエフキの方言名）が大漁する」などといって，産卵集群を獲っていたが，高性能なGPSやマイボートが普及した現代では，遊漁者が大変な脅威となり得る（太田　2017）．これについては次章で述べるが，一般の人も含め，みんなの財産である海の資源はみんなで守る，という意識を定着させるしかないと思った．

いずれの意見に対しても，当時の筆者はまともに答えることができず，「どうして自分がこんなことをいわれなきゃいけないのか」と，悔しい思いもしたが，同時に漁業者の取り組みに対して責任をもつため，きちんと説明ができるよう知識をもつこと，より一層研究を進めていくこと，そして漁業者の声に謙虚に耳を傾ける姿勢をもつことが大切だと思った．

(3)　漁業者と協働することの意義

本章の最後に，これまで筆者らが海洋保護区を進めていくうえで大切にしてきた漁業者と協働することの意義について紹介しよう．これまで筆者や名波さんは，ナミハタの産卵場保護区のブイ製作や設置など，漁業者が行う作業に積極的に参加してきた（図10-7：口絵）．筆者にとってこのような機会は，海での「先生」である漁業者から，ロープの縛り方から，遠くにあるブイを見つけるコツ，予測しなかった事態に対処する心構えなど，さまざまなことを教えてもらうとても貴重な体験となった．保護区が始まった最初の頃，筆者は単純に漁業者や漁業のことをもっと知りたいという好奇心から漁業者とともに作業をしてきた．しかしそうした経験により，魚や漁場・漁具についての方言名を知ることができ，さらに同じ体験をすることで共通の話題が生まれ，漁業者とより親密になる機会を得ることができた．結果的にこのことは，漁業者との円滑なコミュニケーションを可能にし，研究者からの一方的な提案による管理ではなく，漁業者からの提案や意見を踏まえた，いわば双方向のコミュニケーションによって管理策を改良していくことにつながっていったと思う．例えば，本章で紹介してきた保護区の報告会における漁業者の反応の変化や，漁業者側から提案を受けた保護区の改良案などは，このことを示す良い例だ．

この章を執筆している現在，筆者は沖縄本島に異動し，本島周辺で実施している資源管理について，各地域の漁業者や漁協と協議し，より良いルールを作っていくための調査・研究業務に従事している．今後も，ナミハタ産卵場保護区の事例から学んだ教訓を生かし，各地域のニーズに応えられるような仕事をしていきたいと考えている．

（秋田雄一）

第11章

海洋保護区をめぐる順応的管理

第10章では，ナミハタの産卵場保護区が始まった経緯や，その後の周知活動など，漁業者との関わりあいを軸に紹介してきた．2010年に5日間という短い期間でスタートしたこの保護区は，2017年には20日間×2回にまで延長され，保護区の面積も拡大してきた．本章では，保護区の評価と改良案の作成・提案・実行そしてフィードバックについて，達成のためのプロセスに焦点を当てて解説していく．また，保護区のルールを関係者に周知するため筆者らが取り組んできた活動や，保護区の運営に関する今後の課題についても紹介したい．

11-1　管理策の改良プロセス

(1)「順応的管理」という手法

われわれがスーパーなどでよく目にするイワシ・アジ・サバといった魚は，複数の都道府県をまたいで生息している．そのため，国が主導して「獲る量は1年間に○○tまで」といった計画を立てている（水産庁 http://abchan.fra.go.jp/）．

それに対し，より狭い範囲に生息する魚の場合は，地域ごとに管理の計画を立てるが，対象とする種類について，管理に必要な情報が十分でない場合も多い．特に，熱帯・亜熱帯のサンゴ礁が広がる海域では，生物の多様性が著しく高い一方で，1種だけが局所的に大量に生息することはない．したがって，たくさんの種を少しずつ漁獲する傾向がある（沖縄県では500種以上の魚介類が沿岸漁業の対象となっている：太田 未発表）．したがって，すべての種について科学的な調査を実施することはなかなか難しい．

このような場合，生態がよく似た種類のデータを代用したり，漁業者がもつ知識を活用した管理計画（**第10章**）を立てたりすることがあり，こうした管理をデータレス・マネージメント（Johannes 1998）と呼ぶ．

一方で，生態に関する十分なデータがない場合でも，魚の数が減り続け，早急に何らかの対策を立てないといけない場合がある．また対策を立てたとしても，管理の対象とする生物やそれを取り巻く自然環境には，さまざまな変動があるため，当初予測していなかった事態に陥ることもあるだろう．このような場合に，まずは実行可能な管理を行い，その効果を評価・検証しながら状況に合わせて柔軟に管理策の改良をくり返していく方法を，**順応的管理**〔**adaptive management**：Walters（1986）〕と呼ぶ．わが国でも，順応的管理の視点を取り入れた野生生物の保全・管理が注目されている．順応的管理の対象となる生物は，動物・植物を問わず，また陸上生態系と海洋生態系の両方で適用されている（鷲谷 1998，松田 2012）．

ナミハタはサンゴ礁に生息する魚類であり，食用となり，漁業者の暮らしを支える野生生物である（**コラム２**：204 ページ）．一方で，ナミハタの数は年々減っており，その原因が産卵集群の乱獲であることはほぼ間違いなかった（**第３章**）．しかし，産卵場所と産卵のタイミングに関するデータはあったものの，そこを保護区にした場合に，何匹の魚が保護でき（**第５章**），将来どのくらい数が増えるか（**第４章**），といったことを推測できるデータは，十分に得られていなかった．それでも，産卵場に集まるナミハタを獲らなければ，「少なくとも」何もしないよりは良いはずである．1 年間に獲られるナミハタの量は，保護区を始める直前の 2009 年で約 10.9 t（約 30000 匹に相当）．これは，統計を取り始めて以降，最も獲れていた 1995 年頃の約半分であり，すぐにでも何らかの対策が必要であった（**図 11-1**）．このような背景があり，ナミハタの産卵場保護区では，「漁業者の

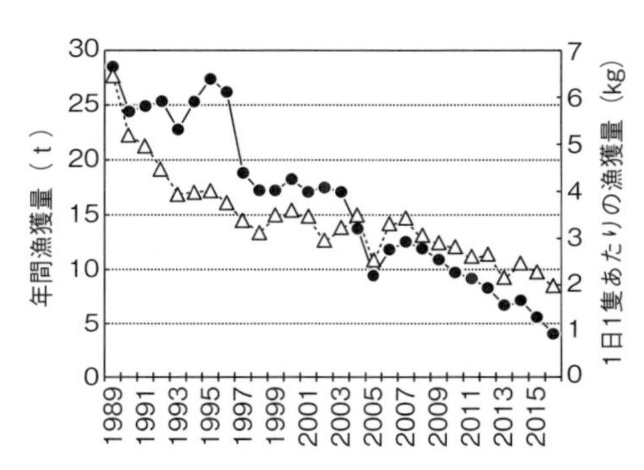

図 11-1　八重山諸島における 1989 ～ 2016 年のナミハタの年間漁獲量（●）と 1 日 1 隻あたりの漁獲量（△）の推移

知識をもとに期間と場所を決めた保護区を設ける（計画・実行）」・「研究者と漁業者の協働によるモニタリング（評価）」・「評価をもとに，協議会で管理策の再検討（フィードバック）」という順応的管理のサイクルがスタートした．

(2) 5日間保護することの効果

ナミハタは産卵期（主に4〜5月）に集中して獲られ，特に産卵日の前後で顕著である（第3章）．このことに着目し，当初検討された産卵場の保護日数は，産卵予想日の前後2日を含む5日と非常に短く設定された（図5-2）．

こうして迎えた2010年には，筆者らは保護区の中でこれまで見たこともない数のナミハタを目撃することになった．その後，調べてみると，保護期間中に獲られたナミハタの量は，2009年に比べ約160 kg少なく[*1]，また5日間の平均価格は，約170円（878円／kg）高くなっており，保護区が一定の効果を果たしていることがわかった（図11-2）．

だがその一方で，保護期間直前には，予想以上にナミハタが獲られていたこともわかった．保護区を実施する以前の漁獲量は，産卵日をピークとした単峰型であったが，保護区を実施した2010年は，保護期間の前後にピークが出現する形となった（図11-2）．これは，保護が始まる直前に，多くのナミハタが獲られたことによる．量でいえば，1日で517 kgと，2009年の産卵ピーク時に獲られた量を140 kg近く上回っていた．筆者らが目撃したよりも多くのナミハタが，保護期間外に集まっていて，それが獲られたのだろうか？　その詳細について説明する前に，「漁獲量」という尺度を基準に保護区の効果を評価するうえで注意しておくべき点があることを紹介しよう．

(3) 漁業データによる評価と問題点

1日に獲られるナミハタの量が急激に増加する時期は，産卵集群の集まり具合をおおよそ反映している（第3章）．したがって，これまで長年にわたって取られてきた漁獲データを活用すれば，産卵集群を獲らない場合，年間のナミ

---

*1　2010年の期間中，1日はセリが休みだったので保護区期間の1日前を含む．

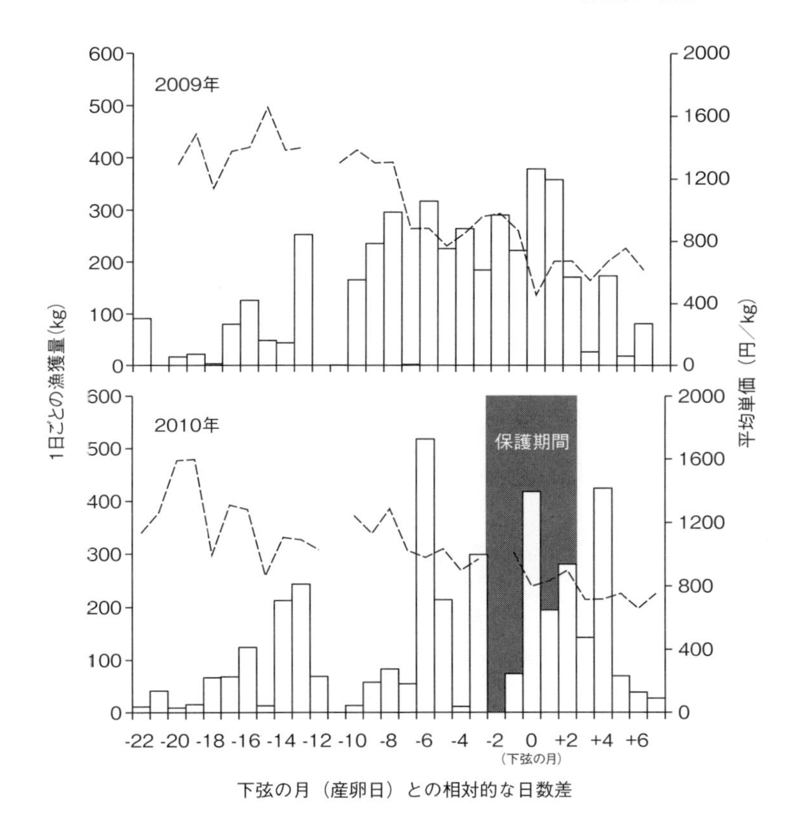

図 11-2　2009 年と 2010 年の産卵ピーク月におけるナミハタの 1 日ごとの漁獲量（□）と 1 kg あたりの単価（点線）の推移
2010 年は，保護期間をグレーで示している．2009 年に比べ 2010 年は，保護期間中の平均単価があまり下がらなかったが，保護期間に入る前に大量にナミハタが獲られていた（※データが欠落している日は，水揚げがなかった日）．

ハタの漁獲量をどれだけ減らせるのか，その見当をつけるのに役に立つ（太田・海老沢 2009b）．このような，適切な管理に向けて漁獲データを使う方法を，**漁業に依存した調査**（fisheries-dependent survey）と呼ぶ．ナミハタの場合でいえば，産卵場保護区が始まってからも漁業のデータを取り続けている．そして，保護期間の前後で獲られたナミハタの量から，適切な保護期間の検討に活用してきた.

ここで，ナミハタの漁業データを利用して保護期間を検討する際に注意すべき点について，少し詳しく述べておこう．なぜなら，漁業者がナミハタを獲るための人数と労力（漁獲努力量：**第3章**）はその都度異なるからだ.

①**魚を獲る人数**：産卵集群ができる時期は，ふだんより多くの漁業者がナミハタを獲りに行く．つまり，ナミハタをねらう漁業者の人数が増える（**図11-3**）．漁協の記録（セリ帳）には，誰が・いつ・どの魚を・どれだけ獲り・いくらで売れたのか，が記録されている．この記録から「○○さんが，△月△日にナミハタを獲り，その量は□kgであり，売上金額は●円だった」ということがわかる．そして，ナミハタを獲った漁業者の総人数と獲られたナミハタの総量がわかる.

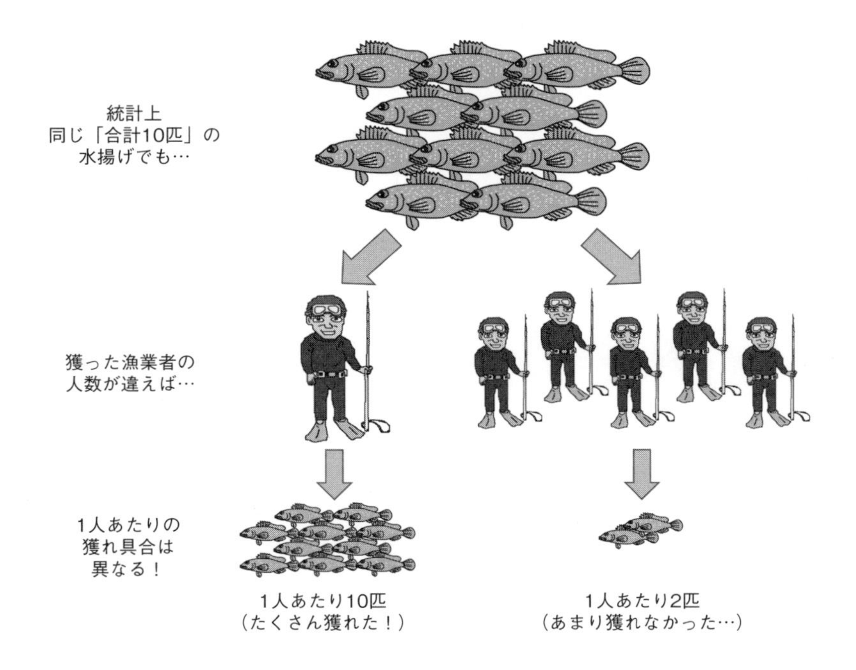

図11-3　「水揚げ量が10匹」というデータは，それを獲った人の人数（努力量）が何人かによって，意味が異なってくる
このような努力量は，漁業データから知ることができる.

②**魚を獲る労力（時間・範囲）**：産卵場には，産卵日前からナミハタが集まってくる（**第7章**）．そのため，漁業者はいつもよりたくさんのナミハタが獲れることを期待するので，ふだんの漁場での操業よりも長い時間・広い範囲を泳ぐと考えられる．この場合は，労力（操業時間・操業範囲）が増えることになる（**図 11-4**）．またふだんの操業では，さまざまな魚を見つけ次第獲るが，産卵場ではナミハタだけをねらう．つまり，漁業者の労力は「ナミハタを獲るため」に集中して使われる．

③**魚を獲る能力（技量・装備）**：ひと口に「潜水漁の漁業者」といっても，その漁獲能力には個人差が大きく存在するだろう．例えば，この道30年の大ベテランと漁業を始めて間もない新人では，広い海の中で魚がたくさんいる場

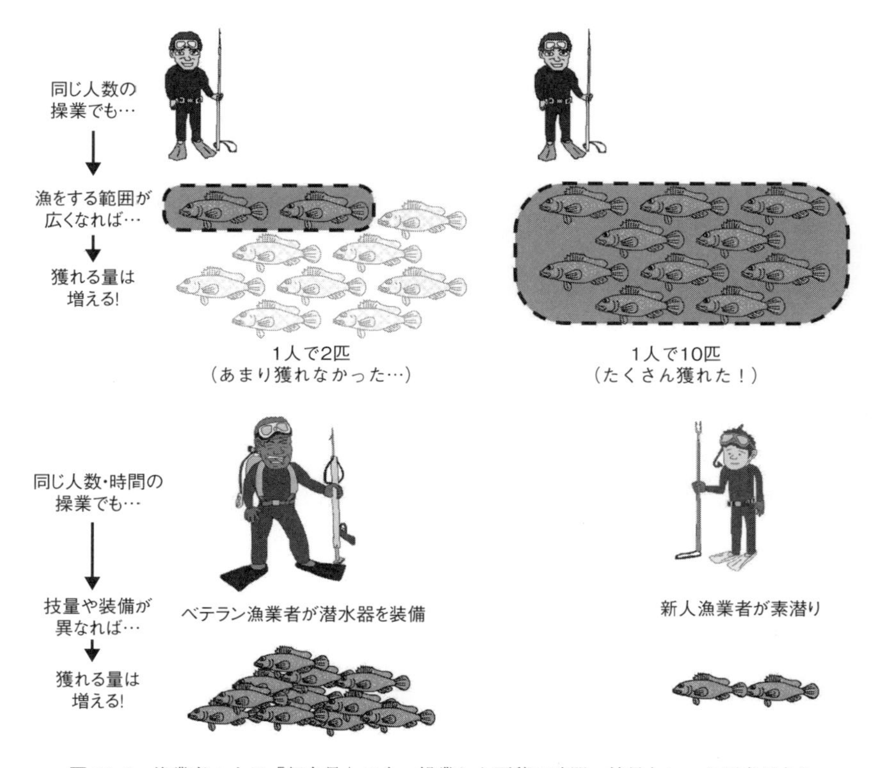

図 11-4　漁業者1人の「努力量」にも，操業した面積や時間・技量といった要素がある
このことは，漁業データからは知ることができない．

所を探す能力や，魚に気づかれないよう近づき，仕留める技術にも大差があるに違いない．また，素潜りとスキューバ潜水といった漁業の装備も，漁獲効率に影響を与えるだろう．

したがって，漁業データが示すナミハタの水揚げ量の増減の意味を読み解くには，漁場でどのようなことが起きているのか，野外調査や聞き取りによって補う必要がある．

このような場合は，**漁業に依存しない調査**（fisheries-independent survey）が有効である．実際には，産卵場保護区におけるナミハタの集まり具合の調査（**第5章**）や，超音波テレメトリーによる産卵場での滞在日数の推定を行い（**第7章**），漁業データだけではわからない部分を補うことができている．

(4) 2010年の産卵場保護区の評価

それでは，漁業に依存したデータと依存しないデータの両方から，2010年の保護期間中とその前後の状況を評価してみよう．

①保護期間中のナミハタの漁獲量：漁業データ（獲られたナミハタの量）のみで評価すると，「前年に比べ，獲られる量は期待したほど減らなかった」という評価になるかもしれない．しかし保護期間中は，筆者らがヨナラ水道で実際に調査をしており，違反は確認されなかった．したがって，漁業データで記録された「保護期間中に水揚げされたナミハタ」は，ヨナラ水道以外の産卵場で獲られたものであると考えられる．したがって，「ヨナラ水道に集まった産卵集群を保護する」という目的については，ある程度達成できたと評価できる．

②保護期間の直前・直後のナミハタの漁獲量：それでは，保護期間に入る直前に，1日500 kg以上のナミハタが獲られていたことはどう解釈できるだろうか．これについては，産卵場が保護される直前と直後に，「多くの漁業者が」・「多くの労力をかけて」ナミハタを獲ったことが関係していると考えられる．このうち，保護期間の前後（特に，産卵予想日の6日前と4日後）に着目してみると，2009年の同じ期間と比べて，より多くの漁業者がナミハタを獲っていたことがわかった．当初の管理策では，このような漁業者の行動の変化については予測することができていなかった．したがって，ヨナラ水道に集

まるナミハタについて，獲られる量を大幅に減らす効果については，当初期待したほどではなかったと考えられる．

しかし，筆者らは，「ナミハタの産卵場を保護する」という方策そのものは，ナミハタの乱獲を防ぎ，（可能であれば）周辺海域の子どもの数を増やすためには必須であると考えていた．そして，問題が生じた場合は「保護区の日数やエリア設定を改良する．また保護区継続に関わる社会的な側面を拡充していく」ことが望ましいと考えていた．次節以降では，こうした状況に対してどのように保護区が改良されていったのか解説しよう．

11-2　順応的管理（その 1）：保護の日数を増やす

（1）漁業データによる検証

上述したように，2010 年に保護区を実施してみると，保護を始める直前にナミハタが獲られる，ということが明らかになった．そこで，翌 2011 年に保護の日数を見直すことになった．保護区の日数そのものを延ばすことも検討されたが，最終的には産卵予想日の 3 日前から 1 日後の 5 日間（つまり，2010 年に比べ 1 日前倒し）を保護することに決定した．これは，「5 日間の保護」という制約の下で，可能な限り適切な日数を設定するというものであり，産卵が終わって産卵場に残っているナミハタを保護するよりも，産卵場に集まってきている産卵前のナミハタをより多く保護できるよう配慮したものである．

また，気象条件により，海水温は毎年変動をくり返す．一方で，その年の海水温により，ナミハタの産卵集群が形成される月や回数が影響を受けていることがわかっている．それによると 2011 年は 4 月と 5 月に（年に 2 回）産卵集群が形成されると予想されていた．産卵集群が 2 回形成される年は，一方の月で集群量が多く，もう一方の月では少ない，という傾向がある（**第 3 章**）．つまり，一方の月だけを保護した場合，もう一方の月に集まるナミハタを守れないというリスクがある．そこで，2011 年は 5 日間の保護を 2 回実施することになった．

(2) 野外調査からの検証

産卵場での潜水調査の結果，5 日間の保護ではどうしても限界があることがわかった．①産卵日が当初想定していた日（下弦の日）からずれる年があること，②産卵予想日が過ぎても，すぐに住み家にもどらない個体がいることが明らかになったためである（このような事態は漁業者も想定していなかった）．実際，2012 年は，予想よりも長い期間ナミハタが産卵場に残っていたため，保護が終了した直後に大量に獲られてしまったのだ．このため，産卵日の後に産卵場に残っているナミハタを守るため，2013 年からは保護を終了する日を 2 日延長し，保護の日数を 7 日間（産卵日の 3 日前から 3 日後）とした．

また超音波テレメトリーにより，ナミハタのオスは約 2 週間前から産卵場に集まってくることがわかった（**第 7 章**）[*2]．したがって，少なくとも 20 日ほど保護することが理想的である．そうしないと，保護の開始直前と終了直後に集中して獲られる状況が解消されないからである．こうした事情を毎年根気よく説明していくことで，保護の日数は 2014 年に 10 日間，2015 年に 15 日間と徐々に延長され，2016 年以降は 20 日間となった（**図 11-5**）．これで，保護区の中の産卵集群をほぼ完全に保護できるようになったと考えられる．

11-3　順応的管理（その２）：保護区のエリアを広げる

(1) ナミハタのためのエリア拡大

一方で，保護の日数を延長するのとは別に，保護区のエリアを拡大することで，産卵集群の保護の効果を高めようとする考えも出てきた．実際に保護区の

[*2] 読者の中には「なぜ産卵場保護区を始める前に超音波テレメトリーを行わなかったのか？」と思った方がいるかもしれない．実はこの調査には，相当の研究費がかかる（**第 7 章**）．保護されていない産卵場で，発信器（1 個 5 万円）をつけたナミハタが多数獲られるリスクが高い状況では，多大な研究費を投じても失敗に終わる可能性が高い．産卵場が保護されたからこそ，超音波テレメトリーが行える状況になったのである．

この超音波テレメトリーの調査で得られた成果を漁業者と共有することで，保護の日数の具体的な検討ができた．「保護の日数が不完全だったかもしれないが，保護区があったからこそ」ナミハタの産卵場での滞在日数のデータが得られ，保護するべき日数の改良案が検討できたことをご理解いただきたい．

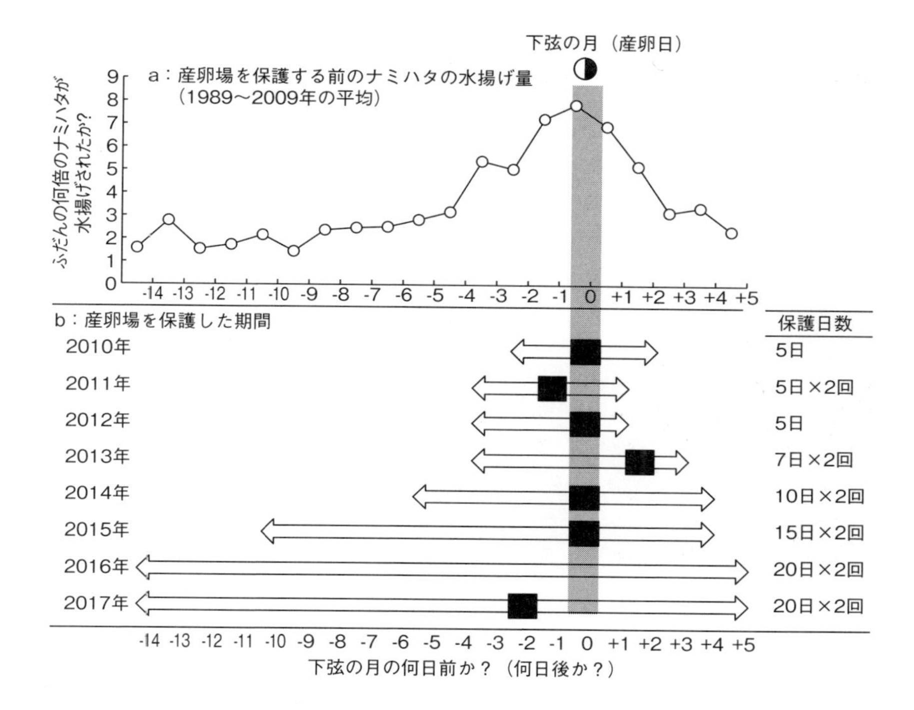

図 11-5　1日ごとのナミハタの水揚げ量の相対値（その日のナミハタの水揚げ量÷1日のナミハタの平均水揚げ量）（a：産卵場を保護する前のデータ）と産卵場を保護した期間（b）産卵期の下弦の月（産卵日）近辺の20日間について示している．産卵場を保護区にする前は，産卵日が近づくと，ふだんと比べて9倍程度の水揚げがあったことがわかる．■：野外観察をもとに，実際に産卵したと考えられる日（2016年はデータ不足のため推定できず）．

エリアが拡大されたのは，2015年からである（図 11-6）．しかし，2011年（保護区開始から2年目）に，すでに保護区のエリア拡大は提案されてきていた．しかも，それはヨナラ水道でこれまでナミハタの産卵集群をたくさん獲っていた漁業者から提案されていたのだった．

具体的には，2010年の保護区の実施状況を報告した際，（航空写真のあるエリアを指差しながら）「ここにもナミハタがたくさん集まるから，（そこを）保護区にした方が良い」とか，「もう少し南側にもエリアを広げる方が良い」と

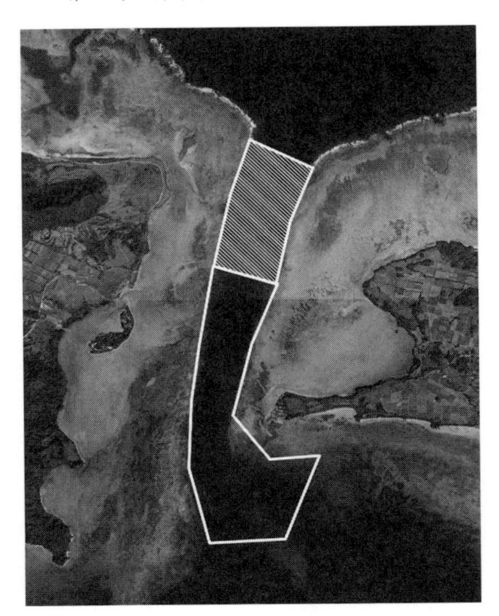

図 11-6　2010 ～ 2014 年までの保護区（白線内）と，2015 年以降追加された保護区（斜線）

いうような，ヨナラ水道で漁をしている漁業者しか知らない現場の知識をもとにした提案を受けていた．この話をもとに，筆者は 2011 年に保護区のエリア拡大を提案したが，このときは時期尚早ということで見送られてしまった．

しかし，その後も複数の漁業者から保護区のエリア拡大がたびたび提案された．その中で，特に筆者らが注目したのがエリアを北側に広げる提案である．北側のエリアを保護区にする根拠としては，「少し深いところでナミハタの産卵集群ができるところがある」とか，「小規模ではあるが，北側の広い範囲にナミハタが集まっている．これが産卵時には南側に移動していくのではないか」といった証言を漁業者から得ていたためである．

(2) 他の魚も守るためのエリア拡大

漁業者からはナミハタの産卵集群の保護にとどまらず，「スジアラが集まるサンゴがあるから，保護区を広げればスジアラも守れる」，「イソフエフキが集まる場所があり，マイボートの釣り人が毎年たくさん集まるから，そこも保護区にした方が良い」など，他の種類の産卵集群も保護する提案が出ていた．漁業者の意識が，ナミハタの保護だけでなく，他の重要な種類の保護にも向けられるようになってきていたのである．

11-4　順応的管理（その３）：関係者との連携・普及

産卵場保護区を成功させるには，上述した生態学的なデータに加え，円滑な管理・運営が大切である．つまり，保護区の効果の評価とルールの設定だけでなく，ルールが多くの人に知れわたることが重要である．なぜなら，いくら効果が高い保護区であっても，ルールを意図的に破る人や，それと知らずに保護区内で魚を獲ってしまう人が多くては意味がなくなってしまうからである．そこで，本節では，このような保護区のための社会的な連携・普及体制の確立も順応的管理の一翼とみなし，筆者らが取り組んできた内容について紹介していこう．

(1) わかりやすいポスターをつくる

世間一般に保護区の取り組みが知れわたることは，漁業者であれ一般の人であれ保護区のルールを簡単に破れないようにする「雰囲気」づくりに重要である．そこでまず初めに，筆者は保護区の内容をまとめたポスターを制作し，掲示することにした．

一番初めの年（2010 年）のポスターについては，筆者が石垣に赴任する前に，太田さんが作成したものを，漁協などに掲示していた．翌年からは筆者がポスターを作ることになったのだが，ポスターのコンセプトを少し変えてみることにした．2010 年のポスターは，「いつ，どこで，誰に対して，何を対象とし，どういった行為が制限されるのか」という情報が端的に説明された非常にわかりやすいポスターだったが，見る人の興味をより一層引くよう，擬人化された魚のイラストを入れてみることにした（図 11-7）．

ポスターの掲示場所は，当初は漁協・漁船保全施設・釣具屋くらいだったが，八重山漁協のセリに参加している仲買のお店の他，ホームセンターやプレジャーボートの整備工場など，釣り人がよく行きそうな場所にも直接出向いて掲示の協力をお願いしてまわった．どこでもおおむね好意的に受け入れていただいたのだが，保護区が始まって何年かすると，過去のポスターをそのまま貼っている場合がよくあった．ナミハタの産卵場を保護する期間は，産卵のタ

図 11-7　ナミハタの産卵場保護区を知らせるポスター
2010 年（左）と 2011 年（右）.

イミングに合わせて毎年変わるので（第 3 章），過去のポスターを見た人が勘違いしては都合が悪い.

そこで，ポスターのデザインは毎年大きく変える必要があると思い，イラストもその都度新しいものを描きおこすことにし，5 年目にはイラスト描きもだいぶ板に付いてきた（図 11-8：口絵）.

(2) 漁業者を巻き込んだ潜水調査

漁業者に保護区のルールを知ってもらうには，ポスターや説明会などの他にどういった方法があるだろうか？　ここでは，漁業者同士のコミュニケーションを通して保護区のルールが浸透し，また保護区に対する主体性をもってもらうよう工夫した事例について紹介する.

2010 年にヨナラ水道でナミハタの産卵保護区が開始されてから，筆者と太田さんが所属する沖縄県の他，名波さんら西海区水産研究所や，河端さんらの長崎大学のチームが共同しながら研究を進めてきた．このうち，筆者と名波さんが産卵集群の集まり具合を潜水調査でモニタリングしてきた．当初は，共同研究という形で同じ船に乗り合って調査をしてきた．しかし，2011年から筆者が新しく取り組むことになった事業の課題では，同じモニタリング調査でも，名波さんたちと目的を少し変えた調査に取り組むことにした．科学的に正確な調査は名波さんたちが行っているので，筆者は，モニタリングを継続しつつ，保護区の取り組みに対して漁業者のモチベーションが高まるような仕掛けづくりができないかと考えた．

そこで筆者は，2010年の保護区の報告会を行ったときに漁業者からかけられた「そんなに魚が増えているなら，ウミンチュにそこで漁をさせろ．そうすれば，意味があるって納得するだろ」という言葉を思い出した．それならば，魚を獲ってもらうわけにはいかないが，筆者らがやっているモニタリングを一緒にやってもらおう．そうすれば，保護区の効果を実際に漁業者自身に見て実感してもらうことができるし，調査に参加することで，保護区を漁業者が主体となって運営していくことのモチベーション向上にもつながる．さらに，調査の日当を支払うことで，保護区によって操業できない間の減収を補うことができるかもしれない．

こうして筆者らが実施するモニタリング調査に，2012年から漁業者も一緒に潜水することになり，筆者とバディを組んでナミハタの数を数えることになった（潜水調査の手法は**第5章**参照）．調査に参加する漁業者の数は，2012年の3名（船長含む）から，2013・2014年は15名，2015年は9名と，大勢の漁業者に参加してもらうことができた（**図11-9**）．このときの人選は非常に難しかったが，できるだけこれまでヨナラ水道でナミハタの産卵集群を獲っていた漁業者や，これからの沿岸漁業を引っ張っていくことになる若手のメンバーを入れてもらうよう働きかけた．またこのときは，電灯潜り研究会のメン

図11-9　ナミハタの産卵場保護区で潜水調査をする漁業者

バーから,「ヒルウミ（昼間の潜水漁）をやっている人も，ヨナラ（水道）でナミハタをたくさん獲っていたから，そういう人にももっと説明をした方がいい」というアドバイスをもらったので，こうした方にも調査に加わってもらった.

実際に漁業者とモニタリング調査をしてみて驚いたのは，やはり彼らは魚を見つける「プロ」であることである．筆者と同じ調査ラインを泳いでいても，人によっては圧倒的に多数のナミハタをカウントする方，わざわざ電灯を持参してサンゴの根に隠れているナミハタを探し出してカウントする方，ラインを無視してあちこち探しまわる方など，調査の努力量としては問題があるものの，漁業者のふだんの「生態」を垣間見ることができ，非常におもしろかった．調査に参加した漁業者がナミハタの産卵群を見て「獲りたくなるよな！」と口を揃えていっていたのも印象的であった.

年ごとの集群量を正確に比較する，という点では少々問題があるものの，漁業者と一緒に取り組んだ調査は，保護区を継続させていくうえで結果的に良い効果をもたらしたと考えられる．例えば，調査の結果や様子を漁業者が集まる機会に報告した場合，資料に漁業者が写っている写真が出てきたり，実際に調査に参加した漁業者が他の漁業者に当時の様子を説明したりすることで，筆者が報告する内容にも，耳を傾けてくれる方が増えたと感じるからだ．このように，資源管理の取り組みに漁業者の知識や経験を活かし，さらに調査にも参加してもらう方法は，資源管理を漁業者の間に浸透させていくうえで，他地域や他の事例にも応用していけると思った.

(3) 漁業者以外への広報と協力の呼びかけ

それでは，漁業者ではない人たちについてはどうだろうか？　一般の釣り人やダイビングなどのマリンレジャー関係の方々も海を利用する関係者であり，特に遊漁船などで沖釣りをする方に対しては，漁業者と同じように保護区の意義を理解してもらわなければならない．このような，ある事柄に関わるさまざまな人たちを，専門用語で**利害関係者**（ステークホルダー：stakeholder）と呼んでいる．海洋保護区をつくるときには，多くの利害関係者の理解が必要とされている（Mascia 2004）．

そこで，筆者は海面利用協議会という会合に着目した．この協議会は，漁協・ダイビング協会・マリンレジャー協議会・遊漁船業者・県の水産関係の部署が参加し，観光利用と漁場利用について議論する場となっている．ここで筆者は，ナミハタの産卵場保護区への協力を呼びかけたところ，レジャー関係の代表の方から，各会員に対する資料の配布や周知といった協力を得ることができた．しかし，新たな問題も明らかになった．それは，このような協議会に属さない業者が，想像以上に多いということである．このような業者に対しては，新聞など公のメディア以外に知らせる方法がない．また，石垣島は毎年のように入域観光客数が増え続けている（2016年は124万8千人を突破．沖縄県 http://www.pref.okinawa.jp/site/bunka-sports/kankoseisaku/14734.html）．それを受け，協議会に属さないスノーケリングやスキューバダイビングのツアー業者がさらに増えている状況だという．このような状況により，資源管理のPRは，特定の相手だけに実施するのではなく，より多くの人の目に触れる媒体を活用するべきだ，ということに気がついた．

（4）テレビ番組による広報

多くの人の目に触れる媒体というと，まず思いつくのはテレビだろう．ナミハタの産卵場保護区の周知活動では，テレビで取り組みを紹介する機会も得ることができた．最初は，2013年の沖縄県の広報番組で，5分間の番組だったが，県内の民放3局すべてで放送されていた．そのおかげで想像以上に見てくれた方が多く，漁業者からの反応もあった．放送時期も産卵期の少し前に当たる3月であり，タイミングが良かった．また，翌2014年の保護期間中，NHK沖縄の通信員の方が調査に同行し，夕方のニュースで調査の様子を放送してもらった．このとき意識したのは，一緒に調査をしていた漁業者にもコメントをしてもらうことである．なぜなら，研究者だけが保護区について解説するだけよりも，調査に参加した漁業者の感想や意見を発信できた方が視聴者の印象に残る．また，放送を見た他の漁業者も「（知り合いの）○○がテレビに出ていたな！」といって話題を共有し，保護区のPRにつながると考えたからである．

このように筆者は，さまざまな伝達手段を活かしてナミハタの産卵場保護区をPRしてきた．その甲斐あってか，これまでのところ目立った違反もなくナミハタの産卵集群の保護を続けることができている．今後も産卵場保護区の取り組みが続くよう，継続的に情報を発信し，より多くの人に知ってもらいたい．

11-5　産卵場保護区の副次的効果

(1) さまざまな魚を保護する効果が明らかに

ヨナラ水道で産卵することが科学的な記録として報告されているのは，現在のところナミハタだけだが（Nanami et al. 2013a），この場所は他にもさまざまな魚の産卵場となっているようである．漁業者によると，スジアラ・マダラハタ・カンモンハタ・アカハタ *Epinephelus fasciatus*（いずれもハタの仲間：口絵2）が産卵するといい，この他にもイソフエフキやタテシマフエフキ *Lethrinus obsoletus*（フエフキダイの仲間）が産卵に集まるという．また，筆者は2015年にナガニザ（ニザダイの仲間）が昼間に産卵する様子を観察し，撮影することもできた（秋田　未発表：図11-10）．さらに，ブダイの仲間が保護区の中で産卵していることも目撃されている（名波 私信）．

筆者は，2015年から保護区のエリア拡大の効果を評価するため，ナミハタの集まり具合を潜水観察によって調べてきた．その結果，新たに保護区となったエリアにもかなりの数のナミハタが集まっていること，そしてそれ以上にカンモンハタがたくさん集まっている様子を確認した．2016年の調査では，お腹が大きく膨らみ，産卵直前のカンモンハタがたくさん見つかり（図11-11・口絵2），翌日にはそれらがいなくなっていたことから，ナミハタと同様にその場所で産卵したと考えられる．産卵の瞬間を捉えることができた種はまだまだ少ないものの，ヨナラ水道はさまざまな種の産卵場となっている可能性が高い．保護の日数はナミハタに合わせたものではあるが，20日間を保護区にする意義は非常に大きい．

以上のことから，ナミハタの産卵場保護区にとって，“生物多様性に配慮した海洋保護区”という側面が，より一層増しつつあるといえよう．今後，ナミハタ以外の種でも産卵が確認されること，保護の効果が科学的に評価されること，それが漁獲量の増加として反映されることが期待される．

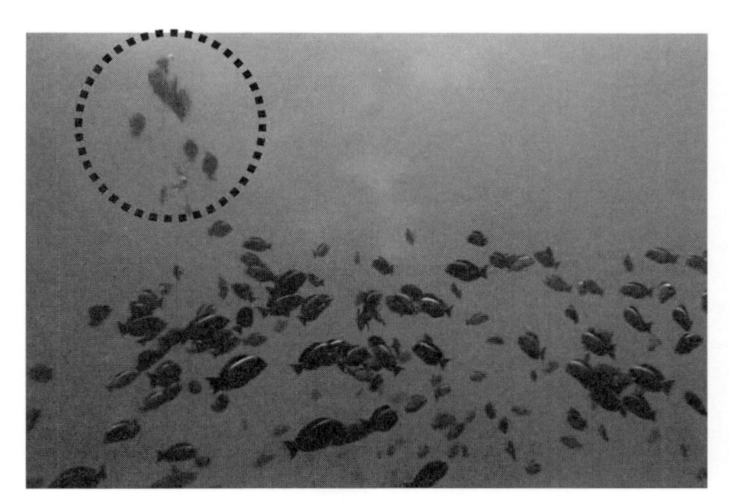

図 11-10　ヨナラ水道におけるナガニザの産卵
数個体が急上昇し，放卵・放精している（点線の範囲）．産卵された卵や精子の白濁が見られる．

図 11-11　ヨナラ水道の北側（2015 年から拡張された保護区）で見つかったカンモンハタの抱卵メス

(2) 漁業者の認識の変化

保護区ができる以前，漁業者は何の疑問ももたずに産卵集群を獲っていたのだろうか？　もちろん，そんなことはない．当たり前の話だが魚は卵を産んで子孫を増やす．産卵集群を根こそぎ獲ってしまえば，次の世代が生まれてこないのは明らかだろう．漁業者の話す方言に，「サネヂリ（種切れ(たねぎ)）」という表現がある．つまり，次の世代を残すもとがなくなってしまった状態をいっているのである．産卵集群を獲り続ければ，いずれは種切れしてしまうことはわかっていても，共通して守れるルールがない状態では，自分が獲らなくても他の誰かが獲ってしまう．そういう状態では，必然的に漁業というのは早い者勝ち競争になってしまう．

ヨナラ水道のナミハタ産卵場保護区は，かつて漁業者のみで運営していた産卵場保護区（**第 10 章**）と異なり，筆者ら公的な機関のバックアップを得ている．かつての保護区は，保護区を守りたいと思う漁業者と，そこで漁をしたいと思う漁業者の間で対立があった．しかし，公的な機関が間に入ることで，「役所がダメだっていうからよ～」というふうに，対立を避ける「言い訳」のようなものができたのではないだろうか．

このように漁業者同士の関係が変化したことにより，「本当は良くない」と思いつつ続けてきた不合理な獲り方を変えることができた点で，ヨナラ水道の産卵場保護区は，完全な自主規制にはない良さをもっているのではないだろうか．

(3) 社会的な関心の高まり

ヨナラ水道におけるナミハタの産卵場保護区は，前述のように他の種類の魚も保護する，という副産物をもたらしたが，この他にも社会的な影響を与えた点も紹介しよう．例えば，石垣市が 2013 年に素案を公開した「石垣市海洋基本計画」には，ヨナラ水道をはじめ八重山漁協の漁業者が取り組む海洋保護区の事例が紹介され，今後これらを参考に，保護すべき海域の検討や管理を進める方針が明記されている（石垣市 2013）．またこれにもとづき，大量発生するとサンゴを食べ尽くしてしまい，サンゴ礁を荒廃させることもあるオニヒトデ

Acanthaster planci（図 11-12）の駆除事業が，ヨナラ水道で実施されてきている．

図 11-12　サンゴを捕食するオニヒトデ

この他にも，漁業者が主体となって産卵集群を大量に獲ることをやめたことにより，ナミハタ自体を保護することや，価格の暴落に歯止めをかけたことが評価され，社会学的な研究論文などで紹介されたりもしている（牧野 2017）．

このようにヨナラ水道の産卵場保護区は，他の行政機関が実施する施策に反映されたり，他分野の研究者から注目されたりするようになっている．このことが，今後保護区の持続的な運営を後押しすることに発展するよう期待される．

11-6　産卵場保護区を末永く続けるために

（1）予算の確保

ここでは，保護区を運営していくために重要な要素の 1 つである，実際の管理方法について紹介しよう．

保護区の境界線を示すブイは，グラスファイバー製の竿・黒色の遮光ネットでできた旗・中通しの浮き・夜間だけ光る電池式の点滅灯・ブイをまっすぐに立たせておくための鉄筋でできた重り・海底にブイを固定するロープなどでできている．他にも，ロープのねじれを防ぐためのシャックルやビニールテープなど，たくさんの資材や消耗品が必要であり，ブイの作成にもかなりの労力が要る．ブイはすべて漁業者による手作りで，日にちを決めて集まり，さまざまな作業を分担して製作する（図 11-13）．八重山の資源管理で使用されているブイは，1 つ製作するのに，約 3 万円の費用がかかる．また，設置したブイは，毎年波浪や潮流などにより流出してしまったり，ときには心無い人に折られてしまったりするため，毎年追加分を製作したり，補修をしなくてはならない．

図 11-13　漁業者による保護区ブイ製作の様子

また，ブイの作成のときは，漁業者は漁を休んで作業をしなければならないので，作業の日当を確保することも必要である．このように，保護区を継続していくには，かなりの予算と労力が必要になる．したがって保護区を持続的に運営していくにあたっては，第一に管理に必要な予算の持続的な確保が必要である．なお，現在は，これら保護区の運営にかかる費用は，市の事業による助成や，筆者らの研究予算などからまかなわれている．

(2) 持続的な運営体制

予算の問題がクリアできたら，次に何が重要だろうか？　それは，保護区の関係者が運営や管理方法について話し合う場を設けることである．沖縄県では，八重山以外でも海洋保護区によって魚を増やす取り組みが実施されており，20 年にわたって漁業者の自主規制として運営が続いている事例があるので紹介しよう．

沖縄本島北部の今帰仁・羽地漁協では，ハマフエフキ（フエフキダイの仲間：**図 10-2**）の小型魚を保護する目的で，1997 年から 2 カ所の海域を海洋保護区に指定している．この保護区は，未熟な小型魚の保護に効果を発揮し，周辺海域のハマフエフキを増やしたり，またその海域で育った魚がかなり離れた場所へ移動する「しみ出し効果」（**第 1 章**）も確認されてきたりしている（2017 年 3 月 23 日琉球新報）成功事例である．

この保護区では，複数の漁協の職員および漁業者・その地域の行政職員・研究者が委員となっている協議会が主体となっていることが 1 つの特徴である．毎年その年の保護区の管理計画や実施状況を報告する会合が保護区の実施前後に設けられており，研究者から調査の実施状況や，保護区の効果を評価した結果などが報告されている．また，運営に必要な費用のバックアップも，周辺自治体が負担していることも特徴の1つである．本事例は，科学的データにもとづく評価，多くの関係者からなる協議体制の整備，そして安定的な予算確保により20年にわたって継続してこられたのだろう．したがってこの保護区の例は，魚を増やす効果だけでなく，持続的な運営体制としても成功事例として参考になる点が多い．

(3) 人材面の課題

この他にも，保護区を運営していくにはリーダーシップを発揮する人物の存在が重要である．幸いヨナラ水道のナミハタ産卵場保護区が始まって以降，ナミハタを守り増やしていこうという意思とリーダーシップをもった方が，電灯潜り研究会の会長を務めてきた．

他にも，管理策の評価や検討には，研究者や関係自治体の行政担当者の存在も重要だろう．しかしこうした人材は，定期的な人事異動で交代することが避けられない．したがって，保護区の運営に関して，研究者や行政職員があまりに関与し過ぎると，その人物が異動してしまった場合に支障をきたす可能性がある．こうした問題を避けるため，保護区の管理の中心にくるのは，やはり地元の漁業者が適当である．

(4) さらなる発展を期待して

現在，ナミハタの産卵場保護区については，電灯潜り研究会の自主規制から，漁協が実施する事業の一環へと管理体制を移行させるための準備を進めている段階である．これは，前述のような持続的な予算の確保と，関与する研究者の異動の問題などに対処するためである．財政的な面では，事業期間に限りがある研究予算から，地元の石垣市など継続的な支援が期待できる予算へ移行する方法を模索している．

資源管理に必要な予算の確保について参考になる事例がある．オーストラリアのニューサウスウェールズ州などでは，一般の市民や観光客が釣りをするためには，入漁権（fishing fee）を購入する必要がある（https://www.dpi.nsw.gov.

au/fishing/recreational/recreational-fishing-fee）．こうした国では，入漁権から得られた収益は，遊漁基金（recreational fishing trust）に積み立てられ，調査や自然保護活動などに充てたりしている．沖縄本島周辺では，一般の遊漁者が釣る魚の量が，種類によっては漁業者が獲る量の 3 分の 1 にも達する可能性が指摘されており（太田 2017），八重山地方についても同様であると考えられる．また，近年の移住ブームや観光客数の増加により，地元の資源管理に関するルールを知らない遊漁者が多くなっている可能性も考えられる．八重山海域で入漁権による課金制度を導入することは，持続的な予算の確保の他，遊漁者に対して保護区や体長制限について周知する機会をつくることにもなるため，漁業者と遊漁者の公平な海の利用にとって有効な手段となるかもしれない．

（秋田雄一）

コラム1 月の満ち欠けと旧暦カレンダー

(1) 月は満ち欠けするけれど……

月が満ち欠けして形を変えることは皆さんご存知と思う．月は地球の周りを回っている天体で，1 周するのにおよそ 29.5 日かかる．月が満ち欠けする理由は，太陽・地球・月の位置で説明できる(**図 A**)．

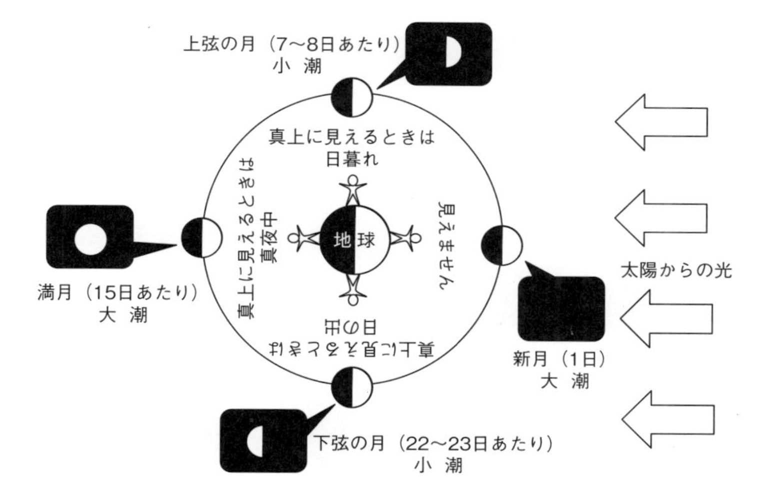

図 A　月が満ち欠けする理由を太陽・地球・月の位置関係から説明したもの
（ ）の中の日数は，旧暦カレンダーの日にちを表す．

まず，月が光って見えるのは，月面が太陽に照らされるからである．地球から見て太陽と月が同じ方向にあるとき，月が太陽に照らされている部分は地球からは見えない．したがって，空を見上げても月の姿は確認できない．このときを月の満ち欠けのスタートとみなし，**新**

月(new moon)と呼ぶ.一方,太陽と月が地球をはさむような状態になったとき,月が太陽に照らされる部分が一番大きく見える.このときを**満月**(full moon)と呼ぶ.新月から満月になる日数,および,満月から新月になる日数は,およそ14.8日(29.5日÷2)である.つまり新月から日を追うごとに月は丸みを増し,およそ15日かかって満月になる.そして,満月から日を追うごとに月は丸みを失い,およそ15日かかって新月になる.新月から7〜8日後,および,満月から7〜8日後のときは,月が半円状に見える.新月から7〜8日後を**上弦の月**(じょうげん)(first quarter moon),満月から7〜8日後を**下弦の月**(かげん)(last quarter moon)と呼ぶ.

(2) 海の生き物と月の深い関係

月の満ち欠けは海に大きな影響を及ぼす(**図B**).最もよく知られているのが潮の満ち引きである.新月と満月のとき,満潮と干潮の差が最も大きくなる.このときを大潮(おおしお)という.一方,上弦と下弦の月の

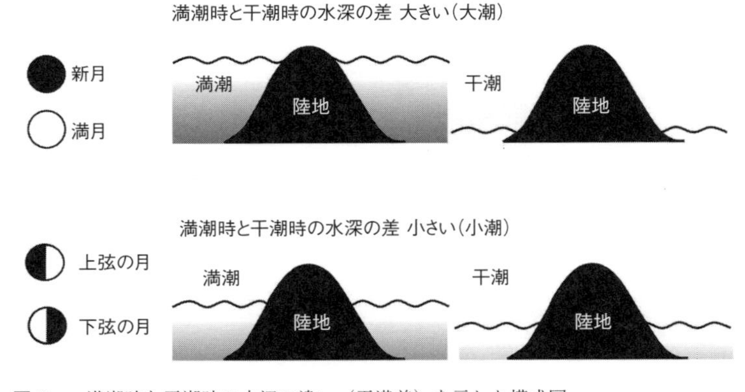

図B　満潮時と干潮時の水深の違い(干満差)を示した模式図
大潮では干満差が大きいため,海水の流れが速くなる.小潮では干満差が小さいため,海水の流れは遅くなる.

とき，満潮と干潮の差が最も小さくなる．このときを小潮という．海の生き物の産卵行動は，月の満ち欠けの影響を強く受ける（竹村 2006）．本書で紹介しているサンゴ礁の魚の産卵集群は，月の満ち欠けのリズムと同調してできあがる（**図 1-3**）．これを**月周リズム**と呼ぶ（サンゴ礁の魚の産卵集群の研究報告を読むと，必ず月周リズムについての記述がある）．また，サンゴが満月周辺で産卵することはよく知られており，ニュースなどで目にされた方も多いだろう．

(3) 旧暦カレンダーのありがたさ

「十五夜お月さん」と聞いて，カレンダーで 15 日の日に夜空を見上げたら，満月じゃなかったという経験をした方はいないだろうか．これは通常のカレンダーが太陽暦（地球が太陽の周りを 1 周する日数を元にして暦を表現する方法）だからである．一方，「十五夜お月さん」の“十五”というのは太陰暦（月が地球の周りを 1 周する日数を元にして暦を表現する方法）で表現された数字なのである．そして，この両方の暦の特徴を合わせた太陰太陽暦のカレンダーを旧暦カレンダーと呼ぶ．旧暦カレンダーでは，新月を 1 日目とみなし，29 日目あるいは 30 日目で 1 カ月が終わる．(1) で示したように，新月から満月になる日数はおよそ 15 日なので，旧暦カレンダーの 15 日目あたりで夜空を見上げれば（晴れていれば）満月が見えるはずである．

本書の主人公であるナミハタの産卵集群は，下弦の月近辺で形成される．すなわち旧暦カレンダーでおよそ 23 日目に相当する．この旧暦カレンダー，われわれのフィールド調査の日程調整におおいに役立っている（他の魚の調査にも使っている）．また，筆者の場合，学会などで出張するときに，日程確認のために旧暦カレンダーに目を通すのが習慣になってしまった．「ええと，この日は旧○日だから出張に行けるな……」というような毎日を送っている．　（名波 敦）

コラム 2

海洋保護区の定義

(1) 海洋保護区の定義は1つではない

第1章では，海洋生物を守る海域として海洋保護区を紹介し，生態学的な観点から解説した．一方で，国際自然保護連合（IUCN）と，わが国の海洋生物多様性保全戦略が定めた海洋保護区の定義があるので紹介しよう（定義の文言は，環境省のウェブサイトから引用：https://www.env.go.jp/nature/biodic/kaiyo-hozen/guideline/06-5.html）．

① IUCN の定義

生態系サービス及び文化的価値を含む自然の長期的な保全を達成するため，法律又は他の効果的な手段を通じて認識され，供用され及び管理される明確に定められた地理的空間

②海洋生物多様性保全戦略の定義

海洋生態系の健全な構造と機能を支える生物多様性の保全および生態系サービスの持続可能な利用を目的として，利用形態を考慮し，法律又はその他の効果的な手法により管理される明確に特定された区域

(2) 生態系サービスとは

2つの定義の中に，“生態系サービス” という用語がみられるので解説する．生態系サービスとは，わかりやすくいえば「人間が受ける自然からの恵み」のことで，例えば以下のようなものがある．

①供給サービス：食用となる生き物や観賞用として販売される生き物など

②調整サービス：自然のバランスを保ったり自然災害を軽減する生き物など

③文化的サービス：ダイビングや釣りなど，観光やレジャーに貢献する生き物など

④生息・生息地サービス：他の生き物に住み場所を提供し，さまざまな生き物の生息に貢献する生き物など

(3) ナミハタの産卵場保護区は海洋保護区といえるか？

ナミハタの産卵場保護区について，IUCN と，わが国の海洋生物多様性保全戦略の定義と照らし合わせ検討してみよう．

① IUCN の定義との照合

「**生態系サービス及び文化的価値を含む……**」：ナミハタを含むハタ科魚類は食用として重要であり，経済的な需要は高い．また，沖縄県の海の魚の代表的なもので，人々から「みーばい」として親しまれている．

「**自然の長期的な保全を達成するため……**」：サンゴ礁の生物多様性という観点からみれば，ナミハタはサンゴ礁のハタ科魚類の1種であり，多種多様な種類を構成するメンバーの一員といえる．ナミハタを乱獲すると，本来の自然がもつ生物の多様性が損なわれると考えられる．

「**法律又は他の効果的な手段を通じて……**」：環境省が自然公園法で定めた海域公園地区に指定されている（**第 8 章**）．また，漁業者による資源管理の一環で定められた区域である（**第 5 章・第 10 章**）．

「**認識され，供用され及び管理される明確に定められた地理的空**

間」：国・沖縄県・漁業者・試験研究機関によって認識・供用・管理されており，保護区の境界線は明確に定められている．

②海洋生物多様性保全戦略の定義との照合

「海洋生態系の健全な構造と機能を支える生物多様性の保全および……」：ナミハタはサンゴ礁のハタ科魚類の1種であり，サンゴ礁の生物多様性を支えている一構成員である．ナミハタの乱獲を防ぐことは，サンゴ礁の生物多様性を支えることにつながると考えられる．また，ナミハタの産卵場保護区では，ナミハタ以外のさまざまな種類の産卵集群がみられ，保護されている（**第11章**）．

「生態系サービスの持続可能な利用を目的として……」：ナミハタは食用魚としての供給サービスの役割を担っており，経済的な需要は高い．ナミハタの産卵場保護区は，乱獲を防ぎ，持続的な利用を促進するために設定されたものである．

「利用形態を考慮し……」：産卵場保護区では，一切の人間活動（漁業・釣り・ダイビングなど）を禁止している．

「法律又はその他の効果的な手法により管理される明確に特定された区域」：環境省が自然公園法で定めた海域公園地区である．また，漁業者による資源管理の一環で保護区が設定されている．保護区の境界線は明確に定められている．

このように，ナミハタの産卵場保護区は，IUCNおよび海洋生物多様性保全戦略の定義に合致していることから，海洋保護区といえるだろう．なお，ナミハタの産卵場保護区を海洋保護区の実例として紹介している総説があるので（牧野 2017），こちらも参照されたい．

（名波 敦）

コラム 3 サンゴ礁の魚を守る海洋保護区のあり方

本書では，ナミハタの産卵場を海洋保護区にする話を紹介している．一方で，生き物のふだんの住み家を保護するための海洋保護区も多くある．そこで，サンゴ礁の魚を守るための（理想的な）海洋保護区のあり方を解説したもの（Green et al. 2015）があるので，簡潔ではあるが紹介しよう．

（1）配慮するべきポイント

まず「どの魚を守るべきか」をはっきり定めることが大切である．「海洋保護区をつくれば，何か良いことがあるだろう……」という漠然とした目標よりは，「保護するべき魚は○○にしよう！」と決めておく方が，保護区の広さ・場所などを検討する際に有効だろう．そのうえで，以下に示すポイントに配慮する（**図 A**）．

①生物の行動圏の広さ

ある生物が生きていくためには，餌をとる場所・ねぐら・隠れ家などが必要である．そのためには一定のエリアを確保しておく必要がある．このエリアを行動圏と呼ぶ．一般に生物の行動圏は体の大きさに従って広くなる．例えば，小型の種（20 cm 以下：スズメダイ・チョウチョウウオの仲間など）の行動圏は最大で 500 m 四方，中型の種（50 cm 以下：ハタ・ブダイの仲間など）の行動圏は最大で 3 km 四方といわれている．一方で，外洋性のサメ類・エイ類・カジキ類は，数百 km 四方以上の行動圏をもつ種がいるので，海洋保護区をつくって“完全に”守ることは厳しいかもしれない．

① 行動圏の広さ→保護区の大きさを検討

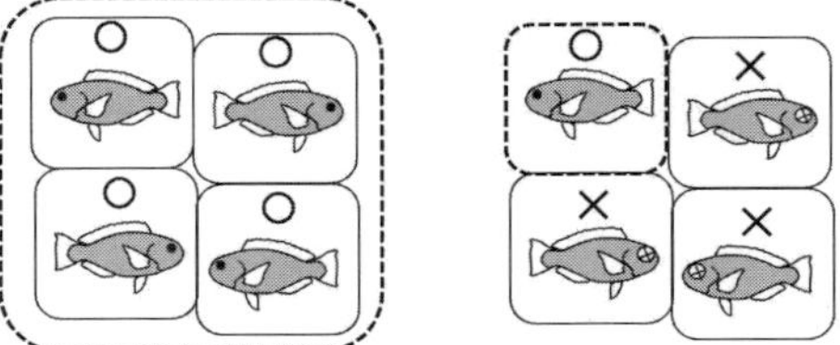

② 産卵集群をつくる種

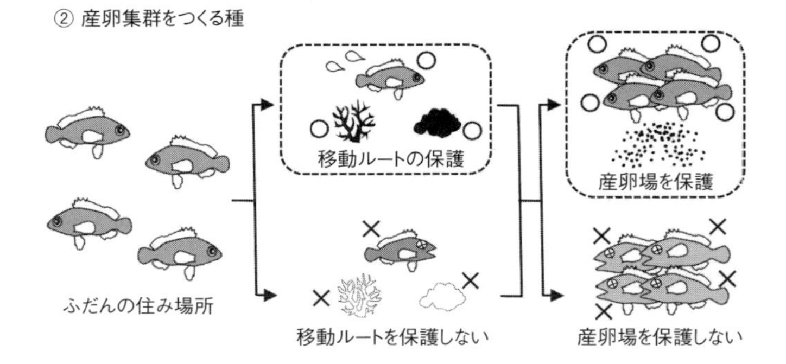

③と④ 卵や仔魚の行き着く先・子どもが育つ場所

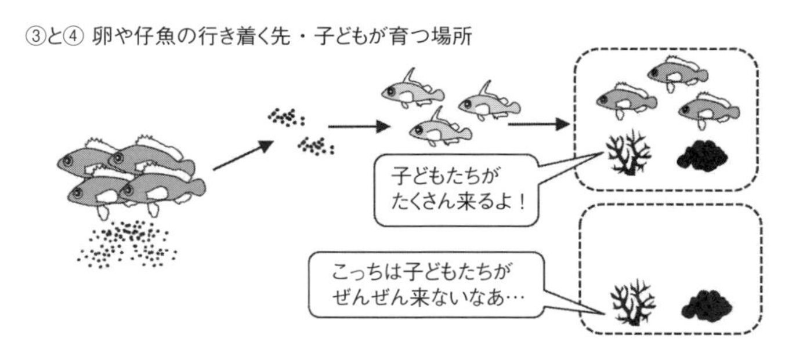

図A　サンゴ礁の魚を守る海洋保護区について配慮したいポイント
ポイントの数値（①・②・③・④）は優先順位を表すものではない．どのポイントに着目するのかは，保護に関わる地域の人々との協議が大切であろう．詳細はGreen et al.（2015）を参照．

②産卵集群をつくる種

ふだんの住み場所と産卵場を行き来する種については，産卵場を海洋保護区にすることが必要である．**第 1 章**で紹介した“短距離移動タイプ”の場合，産卵集群を保護するためには，ふだんの住み場所やその近辺を含むような海洋保護区で対応できる（産卵場はふだんの行動圏の中か，すぐ近くにできるため）．一方で，“長距離移動タイプ”の場合は，産卵場そのものを保護区にすることが必須であり，さらに移動ルートも保護の対象として考慮する必要がある（**6-5** も参照）．

③卵・子どもの行き着く先

産卵場だけでなく，卵や子どもが流れ着く場所も海洋保護区にすれば，保護の効果は一層高まるだろう．これまでの（海外の）研究によると，卵からふ化した子どもは産卵場から 5 ～ 15 km の範囲にたどり着くことが多いようだ．ただし，卵や子どもが流れ着く場所を特定することはかなり大変だろう（**8-4**）．

④子どもが育つ場所

生物の子どもが育つ海域のことを「成育場」と呼ぶ．種によっては，子どもが育つ成育場と大人の住み場所が違う．このような種にとっては，成育場を海洋保護区にすることは大切だろう．

（2）ナミハタの産卵場保護区は？

それではナミハタの場合はどうだろうか？　まず，守るべき種を明確に定めている．ナミハタの場合，数が減った大きな原因は産卵集群の乱獲と考えられたので，産卵場の保護が急務という発想に至った［Green et al.（2015）が奨励している 2 つ目のポイント］．

一方で，ふだんの住み場所を保護区にすることはできていないが，ナミハタの行動圏の広さは明らかになっている（名波ら 未発表データ）．また，ナミハタの子どもは大人と同じ海域に暮らしているので（Nanami et al. 2013b），大人が住むエリアを保護することが子どもの保護にも通じるだろう．今のところ，ふだんの住み場所を海洋保護区にするための緊急性は高くないと考えているが，将来に備えてさまざまなデータを集めておくことは大切だろう．

第1章で解説したように，海洋保護区の目的は「設置することそのもの」ではなく，「効果があること」である．産卵場を保護することは，海洋保護区という方法が産卵集群を守るために最も適しているからに他ならない［禁漁期の設定だけでは，産卵場の環境を守ることができない（**第8章・第10章**）］．一方で，産卵場の周辺海域が保護区になっていないことは，「その海域は大切ではない」ことを意味するのではない．ナミハタの産卵場周辺の海域を守る必要性については，地域の関係者に説明している（**6-5**）．大切なのは「保護するべき種」をはっきりさせておくことで，どのタイプの保護区（ポイント①〜④）が有効かを具体的に検討できることだろう．

なお，Green et al.（2015）では，“複数の保護区間のつながり”や“海洋保護区以外の手法との組み合わせ”も大切であると説いている．ここでいう“海洋保護区以外の手法”とは，魚の数が減ることを防ぐためのルール（体長制限，獲っても良い数や量，禁漁期の設定など）を指す．このようなルールと海洋保護区が互いにサポートしあうように設定することで，効果的な魚の保護が見込めると考えられる．

（名波 敦）

コラム 4 ないならば自分で作ろう

(1) 欲しい器材がなかったら……

フィールド調査には，さまざまな器材が必要になる．潜水調査の場合，スキューバダイビングをするための潜水器材は必須だ．そして，市販の器材で自分の好みに合うものを選んで使っている．サイズ・デザイン・仕様が非常にさまざまだからである．

一方で，調査のときに，どうしても市販のもので代用できないことがある．**第5章**で紹介したような「携帯式GPSがとりつけられるブイ」や「時刻・方角・水深がひと目でわかり，さらに魚と海底のデータも同時に記録できる記録板」などという，特別な目的のためだけに使う器材である．そこで「ないならば自分で作ろう」ということになる．

(2) 使いやすいデザインを探る

どうせ自作するならば，自分が使いやすいように自由にデザインできる．そういう利点を活かしながら，自分にとって一番使いやすい器材を自作する．そのうちの２つを紹介しよう．なお，いずれの器材も完成するまでに何度か試行錯誤をくり返し，現在の状態になっている．器材を作成したら，まずは現場で実際に使ってみる．そして，使いにくいところ（重い・持ちにくい・大き過ぎる・小さ過ぎるなど）を改良することで，自分だけの器材が生み出されるのである．また，材料には，①簡単に入手でき，②安価で，③丈夫なものを選ぶのがコツである．海の上でも壊れにくく，破損してもすぐに修理ができるものが重宝する．

（名波 敦）

①携帯式 GPS をとりつけたブイ（図 A）

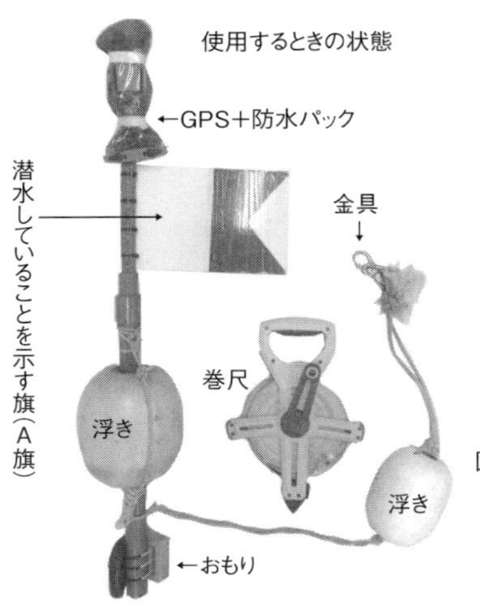

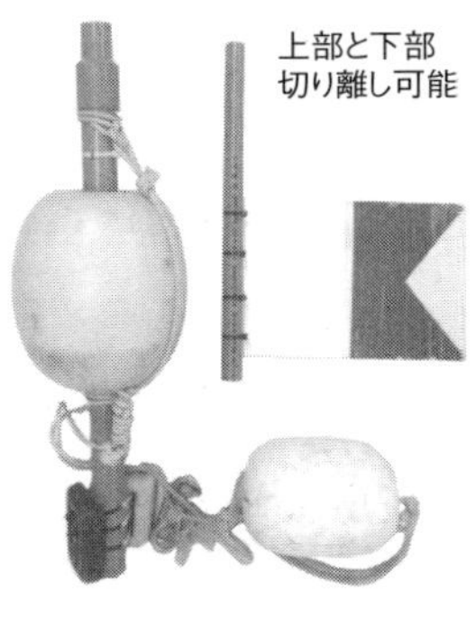

図 A　ナミハタ産卵場の調査で使うブイ
使うときは巻尺につなぎ，潜水しながら引っ張る．GPS は防水パックに入れ，ビニールテープでとめておく．

②時刻・方角・水深がひと目でわかる記録板（図 B）

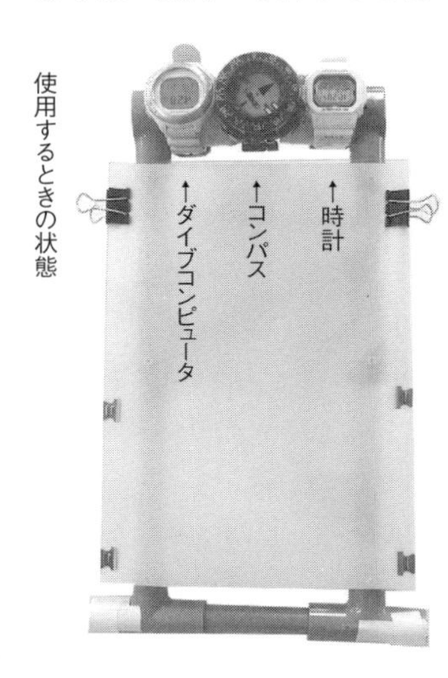

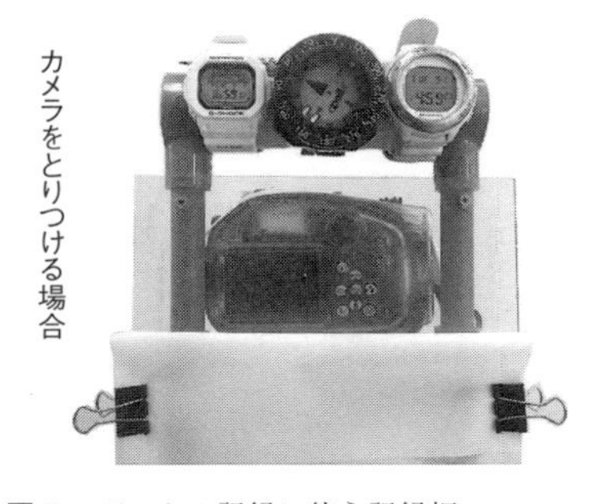

図 B　データの記録に使う記録板
ダイブコンピュータ・コンパス・時計をとりつけることができる．耐水紙はクリップで固定する．工夫次第でカメラもとりつけ可能．データの記録はロケット鉛筆を使っている．

文　献

Aguilar-Perera A（2006）Disappearance of a Nassau grouper spawning aggregation off the southern Mexican Caribbean coast. Marine Ecology Progress Series 327:289-296

秋田雄一ら（2015）八重山海域における 1989 ～ 2013 年までの沿岸性魚類の漁獲動向の変化について（八重山海域の魚類資源管理技術の確立）平成 25 年度沖縄県水産海洋技術センター事業報告書 75:65-88

Almany et al.（2007）Local replenishment of coral reef fish populations in a marine reserve. Science 316:742-744

Almany et al.（2013）Dispersal of grouper larvae drives local resource sharing in a coral reef fishery. Current Biology 23:626-630

Aronson LR（1951）Orientation and jumping behavior in the gobiid fish, *Bathygobius soporator*. American Museum of Natural Histrory 1486:1-22

Aronson LR（1971）Further studies on orientation and jumping behavior in gobiid fish, *Bathygobius soporator*. Annals of the New York Academy of Sciences 188:378-392

Benedetti LS（2013）Marine protected areas（MPAS）as a fisheries management tool for the Nassau grouper（*Epinephelus striatus*）in Belize. http://inweh.unu.edu/ portfolio/marine-protected-areas-mpas-fisheries-management-tool-nassau-grouper-epinephelus-striatus-belize/

Bolden SK（2000）Long-distance movement of a Nassau grouper（*Epinephelus striatus*）to a spawning aggregation in the central Bahamas. Fisheries Bulletin 98:642-645

Boles LC, Lohmann KJ（2003）True navigation and magnetic maps in spiny lobsters. Nature 421:60

Carter JG et al.（1994）Aspects of the ecology and reproduction of Nassau grouper, *Epinephelus striatus*, off the coast of Belize, Central America. Proceedings of Gulf and Carribean Fisheries Institute 43:65-111

Claydon J（2004）Spawning aggregation of coral reef fishes: characteristics, hypotheses, threats and management. Oceanography and Marine Biology - Annual Review 42:265-301

Colin PL（1978）Daily and summer-winter variation in mass spawning of the striped parrotfish, *Scarus croicensis*. Fisheries Bulletin 76:117-124

Colin PL（1992）Reproduction of the Nassau grouper, *Epinephelus striatus*（Pisces: Serranidae）and its relationship to environmental conditions. Environmental Biology of Fishes 34:357-377

Colin PL（2012）Studying and monitoring aggregating species. In: Sadovy de Mitcheson Y, Colin PL（eds.）Reef fish spawning aggregations: biology, research and management. Fish and Fisheries Series 35, Springer Verlag, 285-329

Colin PL et al.（2003）Manual for the study and conservation of reef fish spawning aggregations. Society for the Conservation of Reef Fish Aggregations Special Publication No. 1（Version 1.0）, pp. 1-98+iii

Collett TS, Graham P（2004）Animal navigation: path integration, visual landmarks and cognitive maps. Curent Biology 14:R475-R477

Domeier ML（2012）Revisiting spawning aggregations: definitions and challenges. In: Sadovy de Mitcheson Y, Colin PL（eds.）Reef fish spawning aggregations: biology, research and management. Fish and Fisheries Series 35, Springer Verlag, 1-20

Domeier ML, Colin PL（1997）Tropical reef fish spawning aggregations: defined and reviewed. Bulletin of Marine Science 60:698-726

Døving KB et al.（2006）Site fidelity and homing in tropical coral reef cardinalfish: are they using olfactory cues? Chemical Senses 31:265-272

海老沢明彦（1997）八重山海域におけるイソフエフキの資源生態調査（資源管理型漁業推進調査）平成7年度沖縄県水産試験場事業報告書 57:109-118

海老沢明彦（1998）八重山海域におけるイソフエフキの資源生態調査（資源管理型漁業推進調査）平成8年度沖縄県水産試験場事業報告書 58:62-72

海老沢明彦（1999）八重山海域におけるイソフエフキの資源生態調査（資源管理型漁業推進調査）平成9年度沖縄県水産試験場事業報告書 59:64-84

海老沢明彦（2004）八重山海域におけるイソフエフキ（くちなぎ）の資源管理効果について（電灯潜りの資源管理）平成14年度沖縄県水産試験場事業報告書 64:115-122

Farmer NA, Ault JS（2011）Grouper and snapper movements and habitat use in Dry Tortugas, Florida. Marine Ecology Progress Series 433:169-184

Fennessy ST（2006）Reproductive biology and growth of the yellowbelly rockcod *Epinephelus marginatus*（Serranidae）from South-East Africa. African Journal of Marine Science 28:1-16

Fennessy ST, Sadovy Y（2002）Reproductive biology of a diandric protogynous hermaphrodite, the serranid *Epinephelus andersoni*. Marine Freshwater Research 53:147-158

Froese R, Pauly D（2017）FishBase. World Wide Web electronic publication. www.fishbase.org, version（02/2017）

藤田喜久・太田 格（2010）沖縄県八重山諸島で捕獲されたナミハタの胃内容物中から得られたヨロンエビ 沖縄生物学会誌 48:107-111

Gerhardinger LC et al.（2009）Fisher's resource mapping and goliath grouper *Epinephelus itajara*（Serranidae）conservation in Brazil. Neotropical Ichthyology 7:93-102

Ghiselin MT（1969）The evolution of hermaphorodiotism among animals. The Quarterly Review of Biology 28:189-208

Gillooly JF et al.（2001）Effects of size and temperature on metabolic rate. Science 293:2248-2251

Glazier DS（2009）Activity affects intraspecific body-size scaling of metabolic rate in ectothermic animals. Journal of Comparative Physiology B 179:821-828

Golbuu Y, Friedlander AM（2011）Spatial and temporal characteristics of grouper spawning aggregations in marine protected areas in Palau, western Micronesia. Estuarine, Coastal and Shelf Science 92:223-231

Gouezo et al.（2015）Grouper spawning aggregations: the effectiveness of protection and fishing regulations. PICRC Technical Report No. 15-13

Gould JL（2014）Animal navigation: a map for all seasons. Current Biology 24:R153-R155

Green AL et al.（2015）Larval dispersal and movement patterns of coral reef fishes, and implications for marine reserve network design. Biological Reviews 90:1215-1247

Green BS, McCormick MI（2005）Maternal and paternal effects determine size, growth and performance in larvae of a tropical reef fish. Marine Ecology Progress Series 289:263-272

Hamilton R（2003）A report on the current status of exploited reef fish aggregations in the Solomon Islands and Papua New Guinea – Choiseul, Ysabel, Bougainville and Manus Provinces. Consultant for the Society for the Conservation of Reef Fish Aggregations（SCRFA）

Hamilton RJ et al.（2005）Applying local knowledge and science to the management of grouper aggregation sites. SPC Live Reef Fish Information Bulletin 14:7-19

Hamilton RJ et al.（2011）Community-based conservation results in the recovery of reef fish spawning aggregations in the Coral Triangle. Biological Conservation 144:1850-1858

Hamilton R et al.（2012）The role of local ecological knowledge in the conservation and management of reef fish spawning aggregations. In: Sadovy de Mitcheson Y, Colin PL（eds.）Reef fish spawning aggregations: biology, research and management. Fish and Fisheries Series 35, Springer Verlag, 331-369

Harrison HB et al.（2012）Larval export from marine reserves and the recruitment benefit for fish and fisheries. Current Biology 22:1023-1028

長谷川 博（1986）アホウドリの保護　絶滅のふちからよみがえる In: ペリンズ CM・ミドルトン ALA（編）動物大百科 第 7 巻 鳥類 I 平凡社 東京 pp.60-61

長谷川 博（2006）アホウドリに夢中 新日本出版社 東京

Heemstra PC, Randall JE（1993）FAO Species Catalogue, Vol.16. Groupers of the world（Family Serranidae, Subfamily Epinephelinae）. An annotated and illustrated catalogue of the grouper, rockcod, hind, coral grouper and lyretail species known to date. FAO Fisheries Synopsis No. 125, Vol.16. FAO, Roma

平松一彦（2001）VPA（Virtual Population Analysis）In: 平成 12 年度資源評価体制確立推進事業報告書 資源解析手法教科書 日本水産資源保護協会 104-128

Hoenig M（1983）Empirical use of lobgevity data to estimate mortality rates. Fishery Bulletin 81:893-903

Hunter E et al.（2003）Migration route and spawning area fidelity by North Sea plaice. Proceeding of the Royal Society of London B: Biological Sciences 270:2097-2103

Hunter E et al.（2004）Impacts of migratory behaviour on population structure in North Sea plaice. Journal of Animal Ecology 73:377-385

池田知司・水戸 敏（1988）卵と孵化仔魚の検索. In: 沖山宗雄（編）日本産稚魚図鑑 東海大学出版会 東京 pp.999-1083

伊藤勝敏（2009）沖縄の海 海中大図鑑 データハウス 東京

井鷺裕司（2001）マイクロサテライトマーカーで探る樹木の更新過程 In: 種生物学会（編）森の分子生態学 文一総合出版 東京 pp.59-84

石垣市（2013）石垣市海洋基本計画～八重山海域における海洋の保全・利活用 ～ 石垣市企画部企画政策課 pp.86

Johannes RE（1978）Reproductive strategies of coastal marine fishes in the tropics. Environmental Biology of Fishes 3:65-84

Johannes RE（1998）The case for data-less marine resource management: examples from tropical nearshore finfisheries. Trends in Ecology and Evolution 13:243-246

Johannes et al.（1999）Spawning aggregations of groupers（Serranidae）in Palau. Marine Conservation Research Series Publication #1. The Nature Conservancy

Jones et al.（1999）Self-recruitment in a coral reef fish population. Nature 402:802-804

Jones et al.（2005）Coral reef fish larvae settle close to home. Current Biology 15:1314-1318

Kadison et al.（2009）Assessment of an unprotected red hind（*Epinephelus guttatus*）spawning aggregation on Saba Bank in the Netherlands Antilles. Bulletin of Marine Science 85:101-118

Kaunda-Arara B, Rose GA（2004）Homing and site fidelity in the greasy grouper *Epinephelus tauvina*（Serranidae）within a marine protected area in coastal Kenya. Marine Ecology Progress Series 277:245-251

環境省（2016）西表石垣国立公園 公園区域及び公園計画変更書［第 3 次点検］http://www.env.go.jp/press/files/jp/102607

狩野賢司（1996）魚類における性淘汰 In: 桑村哲生・中嶋康裕（共編）魚類の繁殖戦略 1　海游舎 東京 pp.78-133

Kawabata Y et al.（2007）Post-release movement and diel activity patterns of hatchery-reared and wild black-spot tuskfish *Choerodon schoenleinii* determined by ultrasonic telemetry. Fisheries Science 73:1147-1154

Kawabata Y et al.（2008）The post-release process of establishing stable home ranges and diel movement patterns of hatchery-reared black-spot tuskfish *Choerodon schoenleinii*. Journal of Fish Biology

73:1770-1782

Kawabata Y et al.（2010）Effects of a tropical cyclone on the distribution of hatchery-reared black-spot tuskfish *Choerodon schoenleinii* determined by acoustic telemetry. Journal of Fish Biology 77:627-642

Kawabata Y et al.（2011）Effect of shelter acclimation on the post-release movement and putative predation mortality of hatchery-reared black-spot tuskfish *Choerodon schoenleinii*, determined by acoustic telemetry. Fisheries Science 77:345-355

Kawabata Y et al.（2014a）The effect of spine postures on the hydrodynamic drag in *Epinephelus ongus* larvae. Journal of Fish Biology 85:1757-1765

Kawabata Y et al.（2014b）Use of a gyroscope/accelerometer data logger to identify alternative feeding behaviours in fish. The Journal of Experimental Biology 217:3204-3208

Kawabata Y et al.（2015）Duration of migration and reproduction in males is dependent on energy reserve in a fish forming spawning aggregations. Marine Ecology Progress Series 534:149-161

Koenig et al.（1996）Reproduction in gag（*Mycteroperca microlepis*）in the eastern Gulf of Mexico and the consequences of fishing spawning aggregations. In: Arreguin Sanchez F et al.（eds.）Biology, fisheries and culture of tropical groupers and snappers. ICLARM Conference Proceedings 48:307-323

桑村哲生（1996）魚類の繁殖様式の特徴 In: 桑村哲生・中嶋康裕（共編）魚類の繁殖戦略 1 海游舎 東京 pp.1-41

Le Cren ED（1951）The length-weight relationship and seasonal cycle in gonad weight and condition in the perch（*Perca fluviatilis*）. Journal of Animal Ecology 20:201-219

Lohmann KJ et al.（2007）Magnetic maps in animals: nature's GPS. Journal of Experimental Biology 210:3697-3705

Lohmann KJ et al.（2008）Geomagnetic imprinting: A unifying hypothesis of long-distance natal homing in salmon and sea turtles. Proceedings of the National Academy of Sciences of the United States of America 105:19096-19101

Mackie MC（2003）Socially controlled sex-change in the half-moon grouper, *Epinephelus rivulatus*, at Ningaloo Reef, Western Australia. Coral Reefs 22:133-142

牧野光琢（2017）我が国の海洋保護区と持続可能な漁業 水産振興 591:1-75

Mapleston A et al.（2009）Comparative biology of key inter-reefal serranid species on the Great Barrier Reef. Project Milestone Report to the Marine and Tropical Sciences Research Facility. Cairns: Reef and Rainforest Research Centre Limited. http://www.rrrc.org.au/mtsrf/theme_4/project_4_8_3.html

Markel RW（1994）An adaptive value of spatial-learning and memory in the blackeye goby, *Coryphopterus nicholsi*. Animal Behaviour 47:1462-1464

Mascia MB（2004）Social dimensions of marine reserves. In: Sobel JA, Dahlgren CP（eds.）Marine reserves: a guide to science, design, and use. Island Press, 164-186

松田裕之（2012）海の保全生態学　東京大学出版会 東京

松山倫也（1991）マダイ In: 広瀬慶二（編）海産魚の産卵・成熟リズム 恒星社厚生閣 東京 水産学シリーズ 85:78-91

Matthews KR（1990）A telemetric study of the home ranges and homing routes of copper and quillback rockfishes on shallow rocky reefs. Canadiean Journal of Zoology 68:2243-2250

Mazeroll AI, Montgomery WL（1995）Structure and organization of local migrations in brown surgeonfish（*Acanthurus nigrofuscus*）. Ethology 99:89-106

Mazeroll AI, Montgomery WL（1998）Daily migrations of a coral reef fish in the Red Sea（Gulf of Aqaba, Israel）: initiation and orientation. Copeia 1998:893-905

メタボリックシンドローム診断基準検討委員会（2005）メタボリックシンドロームの定義と診断基準 日本内科学会雑誌 94:794-809

Mitamura H et al.（2002）Evidence of homing of black rockfish *Sebastes inermis* using biotelemetry. Fisheries Science 68:1189-1196

Mitamura H et al.（2005）Role of olfaction and vision in homing behaviour of black rockfish *Sebastes inermis*. Journal of Experimental Marine Biology and Ecology 322:123-134

Molloy PP et al.（2012）Why spawn in aggregations? In: Sadovy de Mitcheson Y, Colin PL（eds.）Reef fish spawning aggregations: biology, research and management. Fish and Fisheries Series 35, Springer Verlag, 57-83

本永文彦（1988）市場情報収集解析システムの開発－1　漁業種類，魚種コードの作成 昭和 62 年度沖縄県水産試験場事業報告書 91-108

モイヤー JT・中村宏治（1994）さかなの街 社会行動と産卵生態 東海大学出版会 東京

Murua H, Saborido-Ray F（2003）Female reproductive strategies of marine fish species of the North Atlantic. Journal of Northwest Atlantic Fishery Science 33:23-31

Nakai T（2002）Life history and social system of the darkfin hind *Cephalopholis urodeta* at Iriomote Island, Ryukyu Islands, Japan. PhD Thesis, Tokyo University. Tokyo, Japan

中村博幸ら（1998）ナミハタの種苗生産と成長試験 平成 8 年度沖縄県水産試験場事業報告書 115-119

中園明信（1991）機能的雌雄同体現象 In: 板沢靖男・羽生 功（編著）魚類生理学 恒星社厚生閣 東京 pp.327-361

Nanami A（2015）Pair formation, home range, and spatial variation in density, size and social status in blotched foxface *Siganus unimaculatus* on an Okinawan coral reef. PeerJ 3:e1280

Nanami A, Yamada H（2008）Size and spatial arrangement of home range of checkered Snapper *Lutjanus decussatus*（Lutjanidae）in an Okinawan coral reef determined using a portable GPS receiver. Marine Biology 153:1103-1111

Nanami A, Yamada H（2009）Site fidelity, size, and spatial arrangement of daytime home range of thumb print emperor *Lethrinus harak*（Lethrinidae）. Fisheries Science 75:1109-1116

Nanami et al.（2013a）Preliminary observations of spawning behavior of white-streaked grouper（*Epinephelus ongus*）in an Okinawan coral reefs. Ichthyological Research 60:380-385

Nanami et al.（2013b）Microhabitat association in white-streaked grouper *Epinephelus ongus*: importance of *Acropora* spp. Marine Biology 160:1511-1517

Nanami A et al.（2014）Spawning migration and returning behavior of white-streaked grouper *Epinephelus ongus* determined by acoustic telemetry. Marine Biology 161:669-680

Nanami A et al.（2015）Estimation of spawning migration distance of the white-streaked grouper（*Epinephelus ongus*）in an Okinawan coral reef system using conventional tag-and-release. Environmental Biology of Fishes 98:1387-1397

Nanami A et al.（2017a）Spawning aggregation of white-streaked grouper *Epinephelus ongus*: spatial distribution and annual variation in the fish density within a spawning ground. PeerJ 5:e3000

Nanami et al.（2017b）Development of 18 microsatellite markers for the white-streaked grouper *Epinephelus ongus*. Journal of Applied Ichthyology 33:121-123

Nemeth RS（2005）Population characteristics of a recovering US Virgin Islands red hind spawning aggregation following protection. Marine Ecology Progress Series 286:81-97

Nemeth RS（2009）Dynamics of reef fish and decapod crustacean spawning aggregations: underlying mechanisms, habitat linkages, and trophic interactions. In: Nagelkerken I（ed.）Ecological connectivity among tropical coastal ecosystems. Springer Verlag, 73-134

Nemeth RS（2012a）Red Hind – *Epinephelus guttatus*. In: Sadovy de Mitcheson Y, Colin PL（eds.）Reef fish spawning aggregations: biology, research and management. Fish and Fisheries Series 35, Springer Verlag, 412-417

Nemeth RS（2012b）Ecosystem aspects of species that aggregate to spawn. In: Sadovy de Mitcheson Y, Colin PL（eds.）Reef fish spawning aggregations: biology, research and management. Fish and Fisheries Series 35, Springer Verlag, 21-55

Nemeth RS et al.（2006）Status of a yellowfin（*Mycteroperca venenosa*）grouper spawning aggregation in the US Virgin Islands with notes on other species. Proceedings of 57th Gulf and Caribbean Fisheries Institute 57:543-558

Nemeth RS et al.（2007）Spatial and temporal patterns of movement and migration at spawning aggregations of red hind, *Epinephelus guttatus*, in the U.S. Virgin Islands. Environmental Biology of Fishes 78:365-381

Noda M et al.（1994）Local prey search based on spatial memory and expectation in the planktivorous reef fish, *Chromis chrysurus*（Pomacentridae）. Animal Behaviour 47:1413-1422

越智隆治（2016）マダラハタ暗闇での大産卵の現場を激写！突っ込んでくるサメたちに大興奮 Ocean+α ヘッドライン https://oceana.ne.jp/from_ocean/62361

大森 信・ソーンミラー B（2006）海の生物多様性 築地書館 東京

太田 格（2007）八重山海域における主要沿岸性魚類の漁獲状況（八重山海域資源管理型漁業推進調査）平成 18 年度沖縄県水産海洋研究センター事業報告書 68:189-196

太田 格（2008）八重山海域における主要沿岸性魚類の漁獲状況 II（八重山海域資源管理型漁業推進調査）平成 19 年度沖縄県水産海洋研究センター事業報告書 69:95-102

太田 格（2017）沖縄海域での遊漁による水産資源採捕量の推定（沖縄沿岸域の総合的な利活用推進事業）平成 27 年度沖縄県水産海洋技術センター事業報告書 77:76-88

太田 格・海老沢明彦（2009a）ナミハタの産卵集群形成と月周期および水温との関係 沖縄県水産海洋研究センター事業報告書 70:28-35

太田 格・海老沢明彦（2009b）ナミハタ産卵期の禁漁区，禁漁期間設定による漁獲量削減効果の推定（八重山海域資源管理型漁業推進調査）沖縄県水産海洋研究センター事業報告書 70:36-39

Ohta I, Ebisawa A（2015）Reproductive biology and spawning aggregation fishing of the white-streaked grouper, *Epinephelus ongus*, associated with seasonal and lunar cycles. Environmental Biology of Fishes 98:1555-1570

Ohta I, Ebisawa A（2016）Age-based demography and sexual pattern of the white-streaked grouper, *Epinephelus ongus* in Okinawa. Environmental Biology of Fishes 99:741-751

Ohta I, Ebisawa A（2017）Inter-annual variation of the spawning aggregations of the white-streaked grouper *Epinephelus ongus*, in relation to the lunar cycle and water temperature fluctuation. Fisheries Oceanography 26:350-363

太田 格ら（2007）八重山海域の沿岸性魚類資源の現状 平成 17 年度沖縄県水産試験場事業報告書 165-175

太田 格ら（2013）八重山海域におけるナミハタの資源評価と産卵場保護区の効果 平成 24 年度沖縄県水産海洋技術センター事業報告書 74:49-59

Ohta I et al.（2017）Age-based demography and reproductive biology of three *Epinephelus* groupers, *E. polyphekadion*, *E. tauvina*, and *E. howlandi*（Serranidae）, inhabiting coral reefs in Okinawa. Environmental Biology of Fishes 100:1451-1467

沖縄県（2016）平成 27 年度沖縄沿岸域の総合的な利活用推進事業に関する委託「水産重要魚類の生活史と遺伝的集団構造の解明」研究成果報告書

沖縄県（2017）ナミハタ産卵保護区の有効な期間設定 平成 28 年度沖縄県試験研究機関成果情報 沖縄県企画部 73-74

Okuyama J et al.（2010）Wild versus head-started hawksbill turtles eretmochelys imbricata: Post-release behavior and feeding adaptions. Endangered Species Research 10:181-190

Pears RJ et al.（2006）Demography of a large grouper, *Epinephelus fuscoguttatus*, from Australia's Great Barrier Reef: implications for fishery management. Marine Ecology Progress Series 307:259-272

Pears RJ et al.（2007）Reproductive biology of a large, aggregation-spawning serranid, *Epinephelus fuscoguttatus* (Fosskål): managemant implications. Journal of Fish Biology 71:795-817

Plan Development Team（1990）The potential of marine fishery reserves for reef fish management in the U.S. Southern Atlantic. NOAA Technical Memorandum NMFS-SEFC-261, 40 p.

Platten JR et al.（2002）The influence of increased line-fishing mortality on the sex ratio and age of sex reversal of the venus tusk fish. Journal of Fish Biology 60:301-318

Putman NF et al.（2012）Simulating transoceanic migrations of young loggerhead sea turtles: Merging magnetic navigation behavior with an ocean circulation model. Journal of Experimental Biology 215:1863-1870

Putman NF et al.（2014）An inherited magnetic map guides ocean navigation in juvenile Pacific salmon. Current Biology 24:446-450

Rakitin A et al.（1999）Sperm competition and fertilization success in Atlantic cod（*Gadus morhua*）: Effect of sire size and condition factor on gamete quality. Canadian Journal of Fisheries and Aquatic Science 56:2315-2323

Randall JE et al.（1997）Fishes of the Great Barrier Reef and Coral Sea: revised and expanded edition. Crawford House Publishing, Bathurst

Reese ES（1989）Orientation behavior of butterflyfishes（family Chaetodontidae）on coral reefs: spatial learning of route specific landmarks and cognitive maps. Environmental Biology of Fishes 25:79-86

Rhodes KL（1999）Grouper aggregation protection in proactive Pohnpei. SPC Live Reef Fish Information Bulletin 6:14-15

Rhodes KL（2012）Camouflage Grouper – *Epinephelus polyphekadion* In: Sadovy de Mitcheson Y. Colin PL（eds.）Reef fish spawning aggregations: biology, research and management. Fish and Fisheries Series 35, Springer Verlag, 422-428

Rhodes KL, Sadovy Y（2002）Temporal and spatial trends in spawning aggregations of camouflage grouper, *Epinephelus polyphekadion*, in Pohnpei, Micronesia. Environmental Biology of Fishes 63:27-39

Rhodes KL, Tupper MH（2008）The vulnerability of reproductively active squaretail coralgrouper（*Plectropomus areolatus*）to fishing. Fishery Bulletin 106:194-203

Rhodes KL et al.（2011）Detailed demographic analysis of an *Epinephelus polyphekadion* spawning aggregation and fishery. Marine Ecology Progress Series 421:183-198

Rhodes KL et al.（2012）Reproductive movement, residency and fisheries vulnerability of brown-marbled grouper, *Epinephelus fuscoguttatus*（Forsskål, 1775）. Coral Reefs 31:443-453

Rhodes KL et al.（2014）Spatial, temporal and environmental dynamics of a multi-species epinephelid spawning aggregation in Pohnpei, Micronesia. Coral Reefs 33:765-775

Ridep-Morris A（2004）Traditional management of marine resources in Palau. SPC Traditional Marine Resources Management and Knowledge Information Bulletin 17:16-17

Rikardsen AH, Johansen M（2003）A morphometric method for estimation of total lipid level in live Arctic charr: A case study of its application on wild fish. Journal of Fish Biology 62:724-734

Robertson DR（1991）The role of adult biology in the timing of spawning of tropical reef fishes. In: Sale PF（ed.）The ecology of fishes on coral reefs. Academic Press, San Diego, 356-386

Robinson J et al.（2008）Dynamics of camouflage（*Epinephelus polyphekadion*）and brown marbled grouper（*Epinephelus fuscoguttatus*）spawning aggregations at a remote reef site, Seychelles. Bulletin of Marine Science 83:415-431

Rowe S, Hutchings JA（2003）Mating systems and the conservation of commercially exploited marine fish. Trends in Ecology and Evolution 18:567-572

Russ G（2002）Yet another review of marine reserves as reef fishery management tools. In: Sale PF（ed.）Coral Reef Fishes: dynamics and diversity in a complex ecosystems. Academic Press, San Diego, 421-443

Russell MW et al.（2012）Management of spawning aggregations. In: Sadovy de Mitcheson Y, Colin PL（eds.）Reef fish spawning aggregations: biology, research and management. Fish and Fisheries Series 35, Springer Verlag, 371-404

Sadovy Y, Eklund AM（1999）Synopsis of biological data on the Nassau grouper, *Epinephelus striatus*（Bloch 1792）and the jewfish *E. itajara*（Lichtenstein 1822）. NOAA Technical Report NMFS 146, U.S. Department of Commerce, Seattle, Washington

Sadovy de Mitcheson Y, Colin PC（2012）Reef fish spawning aggregations: biology, research and management. Fish and Fisheries Series 35, Springer Verlag, Berlin

Sadovy de Mitcheson Y, Erisman B（2012）Fishery and biological implications of fishing spawning aggregations, and the social and economical importance of aggregating fishes. In: Sadovy de Mitcheson Y, Colin PL（eds.）Reef fish spawning aggregations: biology, research and management. Fish and Fisheries Series 35, Springer Verlag, 225-284

Sadovy de Mitcheson Y et al.（2008）A global baseline for spawning aggregations of reef fishes. Conservation Biology 22:1233-1244

Sadovy de Mitcheson Y et al.（2012）Nassau Grouper – *Epinephelus striatus* In: Sadovy de Mitcheson Y, Colin PL（eds.）Reef fish spawning aggregations: biology, research and management. Fish and Fisheries Series 35, Springer Verlag, 429-439

Samoilys MA（1997）Periodicity of spawning aggregations of coral trout *Plectropomus leopardus*（Pisces: Serranidae）on the northern Great Barrier Reef. Marine Ecology Progress Series 160:149-159

Samoilys MA（2012）Leopard Coralgrouper – *Plectropomus leopardus* In: Sadovy de Mitcheson Y. Colin PL（eds.）Reef fish spawning aggregations: biology, research and management. Fish and Fisheries Series 35, Springer Verlag, 449-458

Samoilys MA, Squire LC（1994）Preliminary observations on the spawning behavior of coral trout, *Plectropomus leopardus*（Pisces: Serranidae）, on the Great Barrier Reef. Bulletin of Marine Science 54:332-342

Sancho G（2000）Predatory behaviours of *Caranx melampygus*（Carangidae）feeding in spawning reef fishes: a novel ambushing strategy. Bulletin of Marine Science 66:487-496

Sancho G et al.（2000）Predator-prey relations at a spawning aggregation site of coral reef fishes. Marine Ecology Progress Series 203:275-288

佐藤英治（2006）アサギマダラ 海を渡る蝶の謎 山と渓谷社 東京

Sato T（2012）Impacts of large male-selective harvesting on reproduction: illustration with large decapod crustacean resources. Aqua-BioScience Monographs 5:67-102

關野伸之（2014）だれのための海洋保護区か　西アフリカの水産資源保護の現場から 新泉社 東京

瀬能 宏（2013）ハタ科 In: 中坊徹次（編）日本産魚類検索 全種の同定第三版 東海大学出版会 東京 pp.757-802

征矢野 清・中村 將（2006）月周産卵魚カンモンハタの産卵関連行動 In: 山田勝太郎ら（編）テレメトリー：水生動物の行動と漁具の運動解析 恒星社厚生閣 東京 水産学シリーズ 152:22-30

Shapiro DY et al.（1993）Periodicity of sex change and reproduction in the red hind, *Epinephelus guttatus*, a protogynous grouper. Bulletin of Marine Science 53:1151-1168

Shapiro DY et al.（1994）Sperm economy in a coral reef fish, *Thalassoma bifasciatum*. Ecology 75:1334-

1344
紫波俊介（2008）八重山漁協資源管理計画の樹立 平成 19 年度沖縄県水産業改良普及活動実施報告書 117-118
清水昭男（2010）環境条件による魚類生殖周期の制御機構 水産海洋研究 74（特集号）:58-65
Smith CL（1972）A spawning aggregation of Nassau grouper, *Epinephelus striatus*（Bloch）. Transactions of the American Fisheries Society 101:257-261
Smith WL, Craig MT（2007）Casting the percomorph net widely: The importance of broad taxonomic sampling in the search for the placement of serranid and percid fishes. Copeia 2007: 35-55
水産庁・国立研究開発法人水産研究・教育機構（2017）平成 28 年度我が国周辺水域の漁業資源評価（魚種別系群別資源評価・TAC 種）第一分冊 693pp.
竹村明洋（2006）月と暮らす魚たち－産卵の周期性から－ In: 琉球大学 21 世紀 COE プログラム編集委員会（編）美ら島の自然史 サンゴ礁島嶼系の生物多様性 東海大学出版会 東京 pp.61-70
Teruya K et al.（2008）Spawning season, lunar-related spawning and mating systems in the camouflage grouper *Epinephelus polyphekadion* at Ishigaki Island, Japan. Aquaculture Science 56:359-368
Tuz-Sulub A, Brulé T（2015）Spawning aggregations of three protogynous groupers in the southern Gulf of Mexico. Journal of Fish Biology 86:162-185
van Overzee HMJ, Rijnsdorp AD（2014）Effects of fishing during the spawning period: implications for sustainable management. Reviews in Fish Biology and Fisheries 25:65-83
von Bertalanffy L（1938）A quantitative theory of organic growth. Human Biology 10:181-213
Walters CJ（1986）Adaptive management of renewable resources. Macmillan Publishers Ltd
Warner RR（1975）The adaptive significance of sequential hermaphoroditism in animals. American Naturalist 109:61-82
Warner RR（1995）Large mating aggregations and daily long-distance spawning migrations in the bluehead wrasse, *Thalassoma bifasciatum*. Environmental Biology of Fishes 44:337-345
鷲谷いづみ（1998）生態系管理における順応的管理 保全生態学研究 3:145-166
Whaylen L et al.（2004）Observations of a Nassau grouper（*Epinephelus striatus*）spawning aggregation site in Little Cayman Island. Environmental Biology of Fishes 70:305-313
Whaylen L et al.（2007）Aggregation dynamics and lessons learned from five years of monitoring at a Nassau grouper（*Epinephelus striatus*）spawning aggregation in Little Cayman, Cayman Islands, BWI. Proceedings of the 59th Gulf and Caribbean Fisheries Institute. Fort Pierce, FL, USA. 413-422
吉川朋子（2001）サンゴ礁魚類における精子の節約 In: 桑村哲生・狩野賢司（編）魚類の社会行動 1 海游舎 東京 pp.1-40
Yoshiyama RM et al.（1992）Homing behavior and site fidelity in intertidal sculpins（Pisces: Cottidae）. Journal of Experimental Marine Biology and Ecology 160:115-130
Zeller DC（1998）Spawning aggregations: patterns of movement of the coral trout *Plectropomus leopardus*（Serranidae）as determined by ultrasonic telemetry. Marine Ecology Progress Series 162:253-263

あとがき

この本では，沖縄のサンゴ礁で実際に海洋保護区をつくって魚を守る取り組みを紹介してきました．まえがきでも書いたのですが，海洋保護区という言葉に“生き物の楽園”というイメージをもたれていた方には，本書の内容はいささか“現実的過ぎる”かもしれません．しかし，「海洋保護区をつくって何がしたいのか？」という目的をはっきりさせておくことで，「どのような保護区が有効なのか？」を検討できることをお伝えできたと思います．すなわち「どんな魚を守りたいのか？」・「誰のために海洋保護区をつくるのか？」・「到達するべき目標をどこに見すえるのか？」という視点をもつことで，理想的な観点を意識しつつ，現実的で実現可能な海洋保護区のあり方がわかってきました．もちろん問題はまだまだ山積みだと思いますが，海洋保護区を実現するためには，多くの生態学・社会学的な配慮が必要なことをご理解いただければ幸いです．

サンゴ礁の魚の産卵集群については，（特に産卵集群の定義や保護の取り組みについては）日本語による解説はこれまでほとんどありませんでした．そのようななか，海外の研究者らによる文献から得たものは大きかったことを申し添えておきます．これらの文献の内容としては，産卵集群をつくる魚の生態を調べたものが多いのですが，産卵集群を守るためには海洋保護区が適していることや，保護区の実現に向けて地域の漁業者の知識や経験を取り入れる必要性を解説しているものもあります．これらの文献を私たちはいつも参考にし，研究に役立ててきました．その中に，Sadovy de Mitcheson 博士と Colin 博士がとりまとめた *Reef Fish Spawning Aggregation: Biology, Research and Management*（2012 年）という，産卵集群の研究の集大成的な本があります．この中に産卵集群をつくる魚種のリストがあるのですが，ナミハタについては“Possible spawning aggregation”（「産卵集群をつくる可能性がある」という意味）と記されています．すなわち，2012 年の時点では，ナミハタの産卵集群について明確な科学的裏付けは海外では得られていなかったといえます．そのようななか，私たちの研究によって「ナミハタは産卵集群をつくる種」であることがはっきりと証明でき，2013 年以降から論文（研究成果を正式に発表したもの）として公表できたことは，産卵集群の研究に微力ながら貢献できたと大変うれしく思っています．また，赤道に近い国々でハタの仲間の産卵集群を守るための海洋保護区があることを知り，ナミハタの産卵場を海洋保護区にすることは，世界的な視点から見ても決して“的外れ”なものではないとおおいに勇気づけられています．

この本で紹介したナミハタの研究成果は，「ナミハタの産卵集群を守りたい」という漁業者の皆さんと，「良いデータが取れるなら喜んで協力しましょう」という研究者や地域の皆さんからのご協力があって得られたものです．そういうわけで，私たち 4 名だけでは何ひとつ成果はあげられなかったことでしょう．お世話になった方々にこの場を借りて心より感謝いたします．

お世話になった方々（順不同：敬称略）

金城國雄，與儀 正，砂川政信，柴田安廣，浅野正彦，比嘉 勝，砂川正人，砂川昌満，金城国広，上里正幸，金城一雄，上原亀一，新城和彦，増田裕基，海老沢明彦，町口裕二，佐藤 琢，奥山隼一，林原 毅，征矢野 清，河邊 玲，Gregory Nishihara，竹垣 毅，山口智史，山本 賢，武部孝行，鈴木伸明，桑原浩一，川口和宏，古賀恵実，岡本 昭，鹿熊信一郎，牧野清人，紫波俊介，崎原盛行，崎原竹子，佐川鉄平，本宮信夫，加藤 学，山本以智人，福田嘉彦，矢野暁嗣，渡辺文章，間宮 静，八重山漁協電灯潜り研究会・青年部・資源管理推進委員会の皆さん，標識のついたナミハタをいただいた皆さん，沖縄県水産海洋技術センター石垣支所の皆さん，西海区水産研究所亜熱帯研究センターの皆さん，その他多くの方々

ナミハタ産卵場の海洋保護区は，まだまだ出発点にたったばかりです．これがきっかけとなり，古参の漁業者の方々が語る“魚が湧き出るような八重山の海”が再び現われることを願ってやみません．

この本の出版にあたり，恒星社厚生閣の河野元春さんと小浴正博さんには企画にご賛同いただき，多くのお力添えをいただきました．この場を借りて厚くお礼申し上げます．最後になりましたが，私たち 4 人が研究に打ち込めるのは，家族のみんなからの応援と励ましのおかげです．いつもありがとうございます！

著者一同

索　引

＜アルファベット＞
batch spawner　39
Catch Per Unit Effort（CPUE）　49
DNA　140
GPS　76
Local ecological knowledge　161
Resident spawning aggregation　5
Science and Conservation of Reef Fish Aggregation（SCRFA）　14
total spawner　39
Transient spawning aggregation　7
Virtual Population Analysis（VPA）　59

＜あ＞
アカハタ *Epinephelus fasciatus*　194
アカマダラハタ *Epinephelus fuscoguttatus*　21
石垣市海洋基本計画　196
イソフエフキ *Lethrinus atkinsoni*　22
1 回産卵（semelparous）　38
遺伝子　146
胃の内容物　26
西表石垣国立公園　144
海人　160
運営体制　198
餌　154
エリア拡大　187
オオアオノメアラ *Plectropomus areolatus*　21
大潮　202
お出かけ日数　113
重みつき平均　152
親子関係　66
親子判定（parentage analysis）　146

＜か＞
海域公園地区　144
階層ベイズモデル　128
海底地形　144
外部装着　116
外部の効果（effects outside reserves）　17
海洋生物多様性保全戦略　204
海洋保護区（marine protected area）　17
隠れ家　155
下弦の月（last quarter moon）　202
加入の効果（recruitment effect）　18
環境 NGO　162
環境の劣化　175
カンモンハタ *Epinephelus merra*　9
帰巣性　150
求愛行動（courtship display）　131
旧暦カレンダー　203
漁獲　44
　——死亡係数（F）　59, 63
　——制限　172
　——統計　47
　——努力量　49
漁業者　160
漁業調整規則　170
漁業に依存した調査　181
漁業に依存しない調査　184
魚種コード　47
漁法　45
禁漁区　144
血液検査　119
月周期カレンダー　35
月周期月（LCM）　35
月周リズム　7, 203
コア（core）　74
行動圏　207
広報　193
国際自然保護連合（IUCN）　13
小潮　203
コスト（cost）　10
コミュニケーション　174

ゴライアスグルーパー *Epinephelus itajara* *161*

＜さ＞

再生産成功指数　*66*
再捕　*98*
サネヂリ　*196*
サンゴ　*25*
　——礁（coral reef）　*26*
産卵　*131*
　——移動　*96*
　——期（spawning season）　*34*
　——行動　*131*
　——時刻　*131*
　——集群（spawning aggregation）　*3*
　——場　*74*
　——場保護区　*166*
潮どまり（slack tide）　*134*
資源管理　*156*
　——推進委員会　*170*
資源量　*59*
雌性先熟（protogyny）　*39*
耳石　*28*
自然公園法　*144*
自然再生　*111*
自然死亡係数　*59*
脂肪量　*125*
しみ出し効果（spillover effect）　*18*
受信機　*114*
受信パターン　*120, 150*
受精　*10*
　——卵　*12*
寿命　*29*
順応的管理　*179*
礁縁　*74*
上弦の月（first quarter moon）　*202*
進化　*10*
新月（new moon）　*201*
信頼関係　*174*
水温　*54*
水中カメラ　*133*
水道（reef channel）　*75*
水路（reef channel）　*75*
スジアラ *Plectropomus leopardus*　*9*
スジハタ *Plectropomus maculatus*　*147*
ステークホルダー（stakeholder）　*192*
スニーキング　*138*
住み家　*113*
成育場　*209*
生殖腺（gonad）　*32*
生殖腺指数（gonadosomatic index）　*35*
精巣　*32*
生態系サービス　*204*
成長　*31*
性転換（sex change）　*39*
性比　*90*
石西礁湖　*111*
設置型システム　*115*
全長　*124*
全面禁漁　*65*

＜た＞

ダートタグ　*101*
ターミナルF　*63*
太陰太陽暦　*203*
滞在日数　*90*
体脂肪率　*125*
代謝率　*125*
体重　*124*
体長制限　*170*
多回産卵（iteroparous）　*38*
竹富島タキドングチ・石西礁湖北礁・ヨナラ水道地区　*144*
タテシマフエフキ *Lethrinus obsoletus*　*194*
種切れ　*196*
稚魚（juvenile）　*12*
地磁気　*154*
着底　*12*
チューニング　*63*
超音波テレメトリー　*114*
潮流　*75*
貯蓄エネルギー　*124*
沈性卵　*36*
データレス・マネージメント　*179*

電灯潜り　*78*
通り道　*156*

＜な＞

内部装着　*116*
内部の効果（effects inside reserves）　*17*
ナガニザ *Acanthurus nigrofuscus*　*149, 194*
ナッソーグルーパー *Epinephelus striatus*　*10*
ナミハタ *Epinephelus ongus*　*9, 24*
なわばり　*20*
匂い　*153*
日照時間　*54*
ねぐら　*155*
年輪　*28*
年齢　*28*
年齢別漁獲尾数　*59*

＜は＞

パートナー　*10*
バイオロギング　*149*
ハイパースタビリティ（hyperstability）　*15*
排卵後濾胞　*33*
発信器　*114*
繁殖成功　*95*
繁殖戦略　*37*
引き潮　*76*
ビデロジェニン　*119*
肥満度　*124*
標識　*98*
　——放流　*98*
標準体重　*127*
標本　*46*
ヒルウミ（昼間の潜水漁）　*192*
ブイ　*197*
フィードバック　*162*
不確実性　*86*
浮性卵　*36*
浮遊仔魚（pelagic fish larvae）　*12*
ブルーヘッドラス *Thalassoma bifasciatum*　*149*
プレイス *Pleuronectes platessa*　*149*
ペア　*136*
　——産卵　*136*
ベネフィット（benefit）　*10*
ベルタランフィの成長式　*31*
放精　*10*
暴落　*171*
放卵　*10*
保護水面　*169*
矛突き　*48*
捕食者　*13*
ポスター　*175, 189*

＜ま＞

マイクロサテライトマーカー　*147*
マダラハタ *Epinephelus polyphekadion*　*8*
マトンスナッパー *Lutjanus analis*　*22*
満月（full moon）　*202*
満ち潮　*76*
密度　*72*
目印　*153*
モニタリング　*180*

＜や＞

遊漁者　*175*
雄性先熟（protandry）　*39*
ヨナラ水道　*75*

＜ら＞

卵　*12, 138*
乱獲　*13*
卵群同期性発達（groupsynchronous）　*39*
卵細胞　*33*
卵巣　*32*
リーダーシップ　*170*
利害関係者（stakeholder）　*79, 192*
両性生殖腺　*40*
輪紋　*28*
ルール　*189*
レッドハインド *Epinephelus guttatus*　*9*

著者紹介

名波　敦（ななみ　あつし）
1972年生まれ．東北大学大学院理学研究科生物学専攻博士後期課程修了．博士（理学）．現在，国立研究開発法人水産研究・教育機構 西海区水産研究所・亜熱帯研究センター主任研究員．長崎大学大学院水産・環境科学総合研究科連携分野を併任（准教授）．
サンゴ礁魚類を中心に，沿岸域の海洋生物の生態学を専門にしている．著書に「魚類環境生態学入門」（分担執筆：東海大学出版会），「最新ダイビング用語事典」（分担執筆：成山堂書店），“Biology and Ecology of Mudskippers”（分担執筆：CRC Press）．小学生や一般の人に向けたサンゴ礁の生物の解説も手がけている．

太田　格（おおた　いたる）
1973年生まれ．琉球大学大学院理学研究科修士課程修了．沖縄県水産海洋技術センターでマグロ類の回遊行動生態に関する研究，沿岸性魚類の初期生活史に関する研究，ハタ類の資源生態に関する研究等を経て，現在，沖縄県農林水産部水産課勤務．
著書に“Electronic Tagging and Tracking in Marine Fishes”（分担執筆：Kluwer Academic Publications），「日本産稚魚図鑑第二版」（分担執筆：東海大学出版会），“Biology and Ecology of Bluefin Tuna”（分担執筆：CRC Press）．

秋田雄一（あきた　ゆういち）
1984年生まれ．琉球大学大学院理工学研究科修士課程修了．沖縄県水産海洋技術センター石垣支所での八重山海域のサンゴ礁性魚類の資源管理に関する研究業務担当を経て，現在，水産海洋技術センター本所で本島周辺海域のサンゴ礁性魚介類の資源管理担当．
支所在籍中に水産海洋技術センターホームページ上で，魚の資源管理に関する一般の人に向けた解説も担当（さかなのおはなし：2カ月間隔の連載）．

河端雄毅（かわばた　ゆうき）
1983年生まれ．京都大学大学院情報学研究科社会情報学専攻博士後期課程修了．博士（情報学）．現在，長崎大学大学院水産・環境科学総合研究科准教授．
沿岸域に生息する魚類の行動学を専門にしており，現在は主に食う食われるの関係について研究を進めている．著書に「バイオロギング2－動物たちの知られざる世界を探る」，「バイオロギング－最新科学で解明する動物生態学」（分担執筆：京都通信社），「ハタ科魚類の水産研究最前線」（分担執筆：恒星社厚生閣）．

水産研究・教育機構 叢書
海洋保護区で魚を守る
サンゴ礁に暮らすナミハタのはなし

2018 年 9 月 20 日　初版第 1 刷発行

定価はカバーに表示してあります

著　者　名波　敦
太田　格
秋田　雄一
河端　雄毅
発行者　片岡　一成
発行所　恒星社厚生閣
〒160-0008　東京都新宿区四谷三栄町 3 番 14 号
電話 03（3359）7371
http://www.kouseisha.com/

印刷・製本　㈱ディグ

ISBN978-4-7699-1626-0